Volkmar Gossow

Baubetriebspraxis

Springer

Berlin
Heidelberg
New York
Barcelona
Budapest
Hongkong
London
Mailand
Paris
Singapur

Volkmar Gossow

Baubetriebspraxis

Leitfaden für die Bauausführung

Mit 54 Abbildungen

Springer

Dr.-Ing. Volkmar Gossow
Theodor-Heuss-Weg 19
61381 Friedrichsdorf

Die Deutsche Bibliothek - CIP-Einheitsaufnahme
Gossow, Volkmar:
Baubetriebspraxis: Leitfaden für die Bauausführung / Volkmar Gossow
Berlin; Heidelberg; New York; Barcelona; Budapest; Hongkong; London;
Mailand; Paris; Singapur; Tokio: Springer, 1998
ISBN-13:978-3-642-72184-7

ISBN-13:978-3-642-72184-7   e-ISBN-13:978-3-642-72183-0
DOI: 10.1007/978-3-642-72183-0

Einbandentwurf: Struve & Partner, Heidelberg
Satz: Reproduktionsfertige Vorlage des Autors
SPIN: 10673342   68/3020 5 4 3 2 1 0   Gedruckt auf säurefreiem Papier

Vorwort

Der Baubetrieb hat die wirtschaftliche, termingerechte und technisch einwandfreie Abwicklung von Baumaßnahmen zum Ziel. Baubetrieb als Managementaufgabe basiert auf fundierten Kenntnissen der Angebotsbearbeitung, des Bauvertragsrechts, der Arbeitsvorbereitung und der fachtechnischen Abwicklung des jeweiligen Projektes. Die Bauausführung wird in der Praxis in großem Umfang von wirtschaftlichen Aspekten und vertragsrechtlichen Randbedingungen geprägt. Deshalb sind ganzheitliches und unternehmerisches Denken notwendig, um Baumaßnahmen zu einem wirtschaftlichen Erfolg zu führen. Praxiserfahrungen im Bereich „Kosten", der Baudurchführung auf der Basis von standardisierten Leistungsverzeichnissen oder Funktionalausschreibungen und dem Bauvertragsrecht werden von Absolventen der wissenschaftlichen Hochschule meistens erst als Bauleiter erworben - also nach dem Abschluß der Ausbildung.

Das vorliegende Buch gibt einen unter Praxisaspekten zusammengestellten Überblick über die für die Bauausführung wichtigen Aspekte des Bauvertragsrechts, der Angebotsbearbeitung, Kosten- und Terminkontrolle sowie über die maßgeblichen Grundlagen der Bauausführung in den Bausparten Erdbau, Brückenbau, Hochbau, Tunnelbau, Tief- und Spezialbau. Es bietet Informationen zu vertragsrechtlichen Fragen im Auslands- und Inlandsbau. Die unterschiedlichen Anforderungen bezüglich Angebotsbearbeitung und Bauabwicklung bei Aufträgen der öffentlichen Hand und privaten Auftraggebern, insbesondere im Bereich des Schlüsselfertigen Hochbaus, werden in separaten Beiträgen unter Heranziehung von Beispielen praxisnah dargestellt. Das Buch soll einen Beitrag leisten, Jungingenieuren und Hochschulabsolventen einen straff gefaßten Überblick über die Anforderungen im modernen Baugeschehen zu geben und sie auf die zukünftigen Aufgaben als Bauleiter, Projektleiter bzw. Oberbauleiter vorzubereiten.

Für die zahlreichen Hinweise, Unterlagen, Informationen und Verbesserungsvorschläge zu den einzelnen Kapiteln, die mir von kompetenten Praktikern und Fachleuten zuteil wurden, bedanke ich mich auf diesem Wege sehr herzlich.

Friedrichsdorf/Taunus, Sommer 1998   **Volkmar Gossow**

Inhaltsverzeichnis

1 Begriffsdefinition

Baubetrieb im hier dargestellten Sinne ist die Bauausführung in ihrer Gesamtheit, d.h. die Umsetzung der planerischen Vorstellung und die Realisierung des Bauwerks. Der Baubetrieb ist kein klar abgrenzbares Wissens- und Lehrgebiet, sondern ist eng verbunden mit wirtschaftlichen, vertragsrechtlichen und bautechnischen Randbedingungen. Unter Baubetrieb wird ein folgende Bereiche umfassender Komplex verstanden:

- Bauvertragsrecht (Ausschreibung, Vergabe, Vertragsmanagement etc.),
- Baubetriebliche Grundlagen (Kosten-/ Leistungsermittlung, Ergebnisrechnung),
- Bauausführung (Arbeitsvorbereitung, Baugeräte- und Personaleinsatz).

Aus betriebswirtschaftlicher Sicht handelt es sich beim Baumarkt um einen Käufermarkt. Sowohl der öffentliche als auch der private Bauherr haben ihre Vorstellungen über das zu erstellende Bauwerk hinsichtlich Konstruktion, Ausbaustandard, Nutzung und Fertigstellungstermin. Die Unternehmen, die Interesse an der Ausführung der Bauleistung haben und über entsprechende Kapazitäten verfügen, bieten ihre Leistungen zu einem bestimmten Preis an. Der Bauherr wählt unter den eingegangenen Angeboten das für ihn günstigste aus und erteilt den Bauauftrag, – meist an den Bieter mit dem niedrigsten Angebot.

Die bauindustrielle Fertigung ist insbesondere dadurch gekennzeichnet, daß diese an immer anderen Standorten erfolgt. Die Produktionsmittel Baugeräte, Personal, Baustoffe etc. müssen jeweils zur Produktionsstätte, d.h. der einzelnen Baustelle transportiert werden. Die Standorte selbst besitzen unterschiedliche Boden- und Grundwasserverhältnisse. Bauwerke sind Unikate, was Abmessungen, Größe, Gestaltung und Funktion betrifft.

Die Baustelle sollte grundsätzlich als profit center geführt werden. Dann werden die Kosten, welche die Baustelle verursacht, dieser belastet sowie Erlöse, die von der Baustelle erzielt werden, entsprechend gutgeschrieben. Damit wird der wirtschaftliche Erfolg meßbar. Kontinuierliche Kostenkontrollen sowie Vergleiche zwischen Ist- und Soll-Aufwandswerten sollen mithelfen, den wirtschaftlichen Erfolg der Baustelle sicherzustellen. Neben der Baubetriebswirtschaft gehören selbstverständlich auch die vertragsgerechte Erfüllung sowie die bautechnisch einwandfreie Ausführung ebenfalls zur Bauausführung dazu. Auftragshöhe, Ausführungszeiträume und technische Anforderungen differieren je nach Bausparte wie z.B. Erdbau, Schlüsselfertiger Hochbau, Spezialtiefbau etc. in erheblichem Maße. Entsprechend reicht die Palette der im Bauhauptgewerbe tätigen Unternehmen vom kleinen, spezialisierten Handwerksbetrieb bis hin zum Großunternehmen.

Die einzelnen Bereiche im Baugeschehen unterscheiden sich in starkem Maße hinsichtlich der Genehmigungsverfahren, der Einschaltung von Architekten- und Ingenieurbüros bei der Planung und Überwachung, der Vertragsgestaltung, des Maschineneinsatzes etc..

So werden z.B. bei Baumaßnahmen der öffentlichen Hand wie die Genehmigungsverfahren für den Bau von Infrastrukturmaßnahmen (Fernstraßenbau, Neubau von ICE-Strecken) als sog. Planfeststellungsverfahren unter Anhörung von Betroffenen, Hinzuziehung von Fachbehörden etc. durchgeführt. Der Bau von Gebäuden sowohl bei öffentlichen wie auch bei privaten Bauherrn unterliegt dagegen dem örtlichen Baurecht. Genehmigungsbehörde ist hier die zuständige Aufsichtsbehörde.

Private Bauherrn verfügen meist nicht über die notwendige Sachkunde, um den Bau eines Wohn- oder Bürogebäudes durchführen zu können. Sie bedienen sich bei der Planung und meist auch bei der Überwachung während der Ausführung eines Architekten. Öffentliche Auftraggeber verfügen in der Regel über besondere Ämter, die die Planung und Ausschreibung von Bauleistungen inkl. deren Überwachung übernehmen. Die Überwachung der Bauausführung kann behördlicherseits auch an ein Ingenieurbüro übertragen werden, soweit es sich um delegierbare, also keine hoheitlichen Aufgaben, handelt.

Die einzelnen Bausparten wie Straßenbau, Ausbaugewerke, Brückenbau, Tunnelbau etc. unterscheiden sich in starkem Maße, was den Einsatz von Personal und Baugeräten, die technischen Anforderungen etc. betrifft. Für die wichtigsten Bausparten werden die technischen Spezifikationen, die Schlüsselgeräte und die unterschiedlichen Bauverfahren dargestellt (Kapitel 8).

2 Baumarkt

Der Baumarkt ist generell ausgesprochen heterogen. Auftragsvolumina, Ausführungsfristen, technische Anforderungen etc. unterscheiden sich je nach Bausparte ganz erheblich. Im Ausland, d.h. sowohl im europäischen als auch im außereuropäischen Ausland, kommen noch weitere Einflußfaktoren hinzu, die eine getrennte Darstellung sinnvoll erscheinen lassen. Im Auslandsbau sind nur einige wenige Bauunternehmen tätig. Dies hat sicher mit den in aller Regel sehr hohen Auftragsvolumina, den hohen Ausführungsrisiken, dem großen Kapitalbedarf für die Vorfinanzierung, den vertragsrechtlichen Besonderheiten u.ä. zu tun.

Beim Auslandsbau unterscheidet man zwischen dem europäischen und dem außereuropäischen Baumarkt. Die Marktstruktur ist sehr unterschiedlich. Der Marktzugang als deutsches Unternehmen im Ausland ist generell ein relativ schwieriger und langwieriger Prozeß. Die Anlaufkosten sind hoch. Um im Ausland präsent zu sein, haben zahlreiche deutsche Unternehmen Beteiligungen an in den jeweiligen Ländern tätigen ausländischen Bauunternehmen erworben oder mit diesen Gemeinschaftsunternehmen gegründet.

2.1
Ausland

2.1.1
Außereuropäisches Ausland

Der außereuropäische Auslandsbau hat naturgemäß höchst unterschiedliche Marktgegebenheiten, je nach dem, ob es sich um ein Entwicklungsland oder ein Land mit leistungsfähiger Infrastruktur handelt. Die Anforderungen an Kalkulation, Arbeitsvorbereitung, gewerbliche Arbeitskräfte, Führungspersonal, Vertragsmanagement und Baugeräte sind bei diesen Baumaßnahmen besonders hoch.

Wesentliche Impulse für den Auslandsbau gingen von den ölexportierenden Ländern aus. Durch hohe Einnahmen aus der Ölförderung wurden Länder wie Saudi-Arabien, Iran, Irak, Libyen etc. in die Lage versetzt, den Ausbau ihrer Infrastruktur zu finanzieren. Somit entstanden Flughäfen, Verwaltungszentren, Hotels, Krankenhäuser und sonstige Großbauvorhaben. Deutsche Unternehmen haben seinerzeit, meist von einer innerhalb der Hauptverwaltung angesiedelten Auslandsabteilung gesteuert, die Projekte unter Entsendung von Baugeräten und deutschem Führungspersonal abgewickelt. Im Vergleich zu Inlandsbaustellen zeichneten sich die Bauprojekte im Ausland durch ein außerordentlich hohes

Auftragsniveau aus, teilweise mit Einzelaufträgen in Milliardenhöhe. Entsprechend lange Ausführungszeiten machten die Einrichtung von Camps inkl. Kindergärten und Schulen notwendig.

Seit Anfang der neunziger Jahre kamen zu diesem „traditionellen" Auslandsbau Tochter- und Beteiligungsgesellschaften hinzu. Um Schwankungen im Inlandsmarkt zu kompensieren, haben einige der großen Bauaktiengesellschaften in Märkten wie Australien, USA und Südostasien Beteiligungen an dortigen Bauunternehmen erworben. Diese Beteiligungsgesellschaften agieren als weitgehend selbständige Unternehmen im jeweiligen Baumarkt. Führungspersonal und Beschäftigte rekrutieren sich fast ausschließlich aus dem jeweiligen Land. Es wird meist versucht, durch Einschaltung des eigenen Technischen Büros und Nutzung des vorhandenen Know-hows gemeinsam mit der Beteiligungsgesellschaft neue Märkte zu erschließen.

Über den sog. traditionellen Auslandsbau werden überwiegend Bauprojekte in Afrika, Südamerika, Vorderasien und Südostasien abgewickelt, während Märkte in Nordamerika und Australien meistens über Tochter- und Beteiligungsgesellschaften erschlossen wurden.

Auf dem afrikanischen Kontinent besitzt Nigeria mit einem Anteil von 70% eine dominierende Stellung. In Nordamerika entfallen auf die USA 90% der erteilten Aufträge, 10% auf Kanada. In Südostasien waren 1996 Thailand und Hongkong die wichtigsten Auftraggeber. Generell ist bei der Verteilung der Anteile auf die einzelnen Länder zu beachten, daß die Auftragseingangs-Statistik des Hauptverbandes der Deutschen Bauindustrie stark von einzelnen Großaufträgen geprägt ist. Dadurch können sich zwangsläufig auch die Länderschwerpunkte von Jahr zu Jahr verschieben.

Tabelle 1 Erteilte Bauaufträge im außereuropäischen Ausland (1996)

	Mio. DM	%
Afrika	543,5	4,7
Nordamerika	4.697,5	40,9
Südamerika	386,3	3,3
Vorderasien	317,1	2,8
Ost-/ Südostasien	1.638,9	14,3
Australien	3.904,3	34,0
Gesamt:	11.487,6	100,0

2.1.2
Europäischer Auslandsbau

In den europäischen Ländern gibt es meist einen gut ausgebildeten Facharbeiterstamm sowie leistungsfähige Unternehmen. Sowohl im west- als auch im osteuropäischen Baumarkt sind deutsche Unternehmen aktiv geworden. Rund 80 % des Auftragsvolumens werden über Beteiligungsgesellschaften, die restlichen 20% über Tochtergesellschaften mit Sitz im Ausland bzw. über Auslandsbauabteilungen mit Sitz in Deutschland abgewickelt (Tabelle 2).

Die Niederlande, Österreich und Frankreich sind die wichtigsten Märkte in Westeuropa. Diese drei Länder vereinigen rd. 80 % des Auftragsvolumens auf sich. In Osteuropa entfällt auf Polen, die Tschechische Republik und Ungarn das Hauptgewicht der erteilten Bauaufträge.

Tabelle 2 Erteilte Bauaufträge im europäischen Ausland (1996)

	Mio. DM	%
WESTEUROPA		
Belgien	213,8	3,3
Frankreich	823,4	12,6
Niederlande	2.788,5	42,5
Österreich	1.701,1	25,9
Spanien	372,3	5,7
UK	545,7	8,3
Sonstige	109,3	1,7
Summe Westeuropa:	6.554,1	100,0
OSTEUROPA		
Polen	490,7	38,5
Rußland	123,0	9,7
Tschechische Republik	328,0	25,7
Ungarn	235,8	18,5
Sonstige	97,4	7,6
Summe Osteuropa:	1.274,9	100,0
Summe Europa gesamt:	7.829,0	

2.2
Inland

Zur Erfassung der Baumarkt-Daten ist unter Mitwirkung aller Mitgliedstaaten der EU eine entsprechende, einheitliche Klassifizierung der Wirtschaftszweige von der Europäischen Kommission eingeführt worden. Die auf dieser Basis ermittelten statistischen Daten über die Bauwirtschaft liefert die Publikation „Ausgewählte Zahlen für die Bauwirtschaft" des Statistischen Bundesamtes. Diese enthält für den Baubereich folgende Klassifizierung:

HOCHBAU:
Wohnungsbau,
Landwirtschaftlicher Bau (inkl. landwirtschaftlicher Tiefbau),
Gewerblicher und industrieller Hochbau,
Hochbaumaßnahmen für die Deutsche Bahn AG, Deutsche Post AG, Deutsche Postbank AG, Deutsche Telekom AG,
Hochbaumaßnahmen für Körperschaften des öffentlichen Rechts.

TIEFBAU:
Straßenbau,
Gewerblicher und industrieller Tiefbau,
Tiefbaumaßnahmen für die Deutsche Bahn AG, Deutsche Post AG, Deutsche Postbank AG, Deutsche Telekom AG,
Tiefbaumaßnahmen für Körperschaften des öffentlichen Rechts.

Maßgeblich für die Zuordnung ist, welche Bauart innerhalb des Bauauftrages überwiegt.

Beispiel. Beim Bau eines Bürogebäudes wird neben Erschließungsmaßnahmen (Straßenbau) auch eine Pfahlgründung ausgeführt. Der überwiegende Kostenanteil entfällt jedoch auf den Roh- und Ausbau. Das Projekt wird deshalb in der amtlichen Statistik unter „Hochbau" erfaßt, d.h. die vom Umfang her kleineren Tiefbaumaßnahmen Straßenbau und Pfahlgründung werden in diesem Fall statistisch unter „Hochbau" subsumiert.

2.2.1
Anteil der Baubereiche am Bauvolumen

Eine Übersicht über die Entwicklung des nominalen Bauvolumens wird, unterteilt nach Bausparten, vom DIW (Deutsches Institut für Wirtschaftsforschung, Berlin) erstellt. Innerhalb der einzelnen Baubereiche ergeben sich naturgemäß gewisse jährliche Schwankungen in der Gewichtung. Im wesentlichen hängt dies von der allgemeinen Konjunkturlage, der Investitionsbereitschaft von privaten und institutionellen Investoren sowie der Haushaltslage in Bund, Ländern und Gemeinden ab. Bild 2.2.-1 gibt einen über die vergangenen Jahre gemittelten Überblick über die prozentualen Anteile von Wohnungsbau, Wirtschaftsbau sowie öffentlichen Bau inkl. Verkehrsbau.

Aus den Daten des DIW lassen sich auch die spartenbezogenen Anteile am gesamten Bauvolumen ermitteln. Aus der Graphik wird die dominierende Stellung des Wohnungsbaus ersichtlich (Bild 2.2-2). Die für die Bausparte Wohnungsbau notwendigen Bauleistungen sind vielfältig: Bodenaushub, Abwasserleitungen, Rohbau, Heizung, Lüftung, Sanitär, Türen, Fenster sowie zahlreiche weitere Handwerkerleistungen. Diese werden von kleinen, auf die Ausführung dieser Teilleistungen spezialisierten Handwerksfirmen ausgeführt.

2.2.2
Firmengrößenklassen und Marktanteile

Wohnungsbau und Ausbaugewerke im Hochbau bilden den Schwerpunkt der Bauaktivitäten im Inland. Die entsprechenden Bauleistungen erfordern ein hohes Maß an Spezialisierung und Flexibilität in Verbindung mit einem hohen Ausbildungsstandard. Kleine Firmen prägen das Bild des Bauhauptgewerbes (Bild 2.2-3). Rund 80 % sämtlicher Unternehmen beschäftigen zwischen 1 und 19 Mitarbeiter. Die Leistungspalette dieser handwerklich orientierten Firmen ist ausgesprochen vielfältig, was u.a. auch aus den zahlreichen technischen Spezifikationen hervorgeht, die im Teil C der Verdingungsordnung für Bauleistungen (VOB) aufgeführt sind (Tabelle 3). Diese im Regelfall als Subunternehmen tätigen Firmen erbringen Teilleistungen im allgemeinen Hochbau, im Wohnungsbau und im schlüsselfertigen Hochbau.

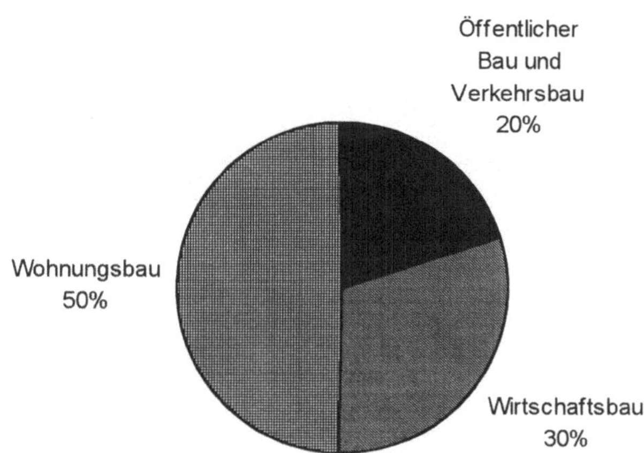

Bild 2.2-1 Anteil der Baubereiche am nominalen Bauvolumen

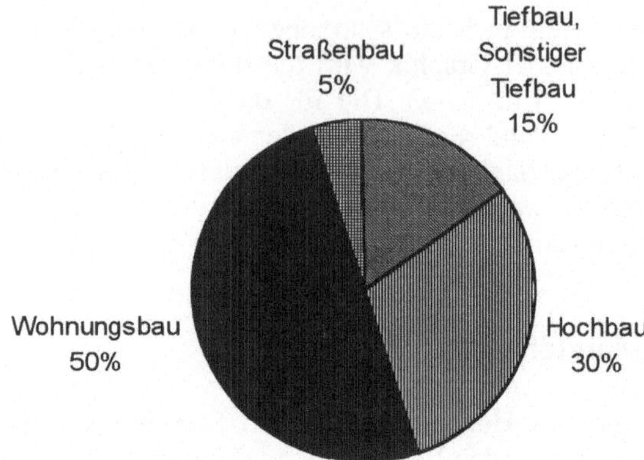

Bild 2.2-2 Anteil der Baubereiche am Bauvolumen

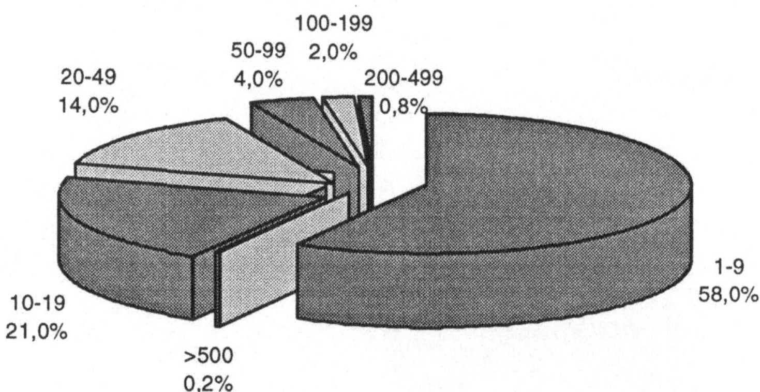

Bild 2.2-3 Betriebe nach Betriebsgrößenklassen in Prozent

Die Marktstellung der größeren (mehr als 200 Mitarbeiter) und sehr großen Baufirmen wird an ihrem Anteil an der Bauleistung deutlich. Obwohl sie von ihrer Zahl her nur rd. 1 % der Baufirmen ausmachen, vereinigen sie rd. 22 % der Bauleistungen auf sich (Bild 2.2-4).

Große und größere Baumaßnahmen werden von mittelständischen Unternehmen ausgeführt. Auch diese weisen häufig einen relativ hohen Spezialisierungsgrad auf, indem sie in bestimmten Bausparten wie z.B. Brückenbau, Straßenbau, Rohrleitungsbau etc. tätig sind. Die Niederlassungen der großen Bauaktiengesellschaften operieren wie Mittelstandsunternehmen in ihrem jeweiligen Bereich, wobei sie – gestützt auf das Mutterhaus oder in Kooperation mit anderen Niederlassungen – meist die gesamte Leistungspalette im Hoch- und Tiefbau anbieten können.

Es gibt in der Baubranche in Deutschland nur relativ wenige Großunternehmen mit einem Umsatz von mehr als 1 Mrd. DM. Dazu gehören die acht großen Bauaktiengesellschaften, die auch innerhalb der Industrieunternehmen einen beachtlichen Rang einnehmen. Sie gehören nämlich zu den 100 größten Industrieunternehmen der Bundesrepublik (Stand: 1996). Bei der Ausführung komplexer Projekte wie z.B. Verwaltungszentren, Maßnahmen zur Verbesserung der Verkehrsinfrastruktur treten die Großunternehmen meist als Generalunternehmer auf. Großprojekte werden dann unter ihrer Führung unter Einschaltung leistungsfähiger Mittelstandsunternehmen sowie Handwerksunternehmen für den Ausbau (als Subunternehmer) ausgeführt.

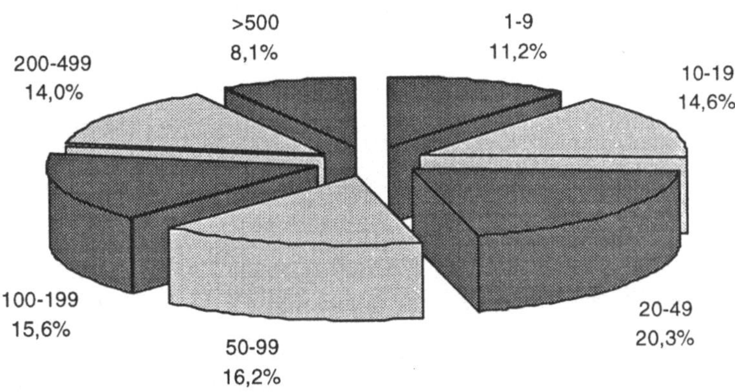

Bild 2.2-4 Anteil der Betriebe an der Bauleistung im Inland (1995)

Eine internationale Ausrichtung ist in anderen Wirtschaftszweigen wesentlich stärker ausgeprägt als im Baubereich. Nur wenige große Bauunternehmen sind im Ausland aktiv, dann allerdings teilweise mit einem Auslandsbauanteil an der Gesamtleistung von bis zu 55%.

Tabelle 3 Ausbaugewerke für Hochbau, schlüsselfertigen Hochbau und Wohnungsbau gemäß VOB/ C

DIN 18330 Mauerarbeiten	DIN 18361 Verglasungsarbeiten
DIN 18332 Natursteinarbeiten	DIN 18363 Maler- und Lackierarbeiten
DIN 18339 Klempnerarbeiten	DIN 18365 Bodenbelagarbeiten
DIN 18350 Putz- und Stuckarbeiten	DIN 18366 Tapezierarbeiten
DIN 18352 Fliesen- und Parkettarbeiten	DIN 18379 Raumlufttechnische Anlagen
DIN 18353 Estricharbeiten	DIN 18380 Heizanlagen und zentrale Wassererwärmungsanlagen
DIN 18355 Tischlerarbeiten	DIN 18381 Gas-, Wasser- und Abwasser-Installationsanlagen innerhalb von Gebäuden
DIN 18356 Parkettarbeiten	DIN 18382 Elektrische Kabel- und Leitungsanlagen in Gebäuden
DIN 18360 Metallbauarbeiten	DIN 18385 Förderanlagen, Aufzugsanlagen, Fahrtreppen und Fahrsteige

2.2.3
Organisation eines Bauunternehmens

Um wirtschaftlich erfolgreich bauen zu können, muß eine effiziente Organisationsstruktur mit klarer Regelung der Zuständigkeiten vorhanden sein. Im operativen Bereich ist die konsequente Anwendung des profit center-Prinzips am wirkungsvollsten. Die kleinste Unternehmenseinheit, die als profit center geführt wird, ist die einzelne Baustelle. Diese berichtet gemeinsam mit weiteren Baustellen ihr Betriebsergebnis an die übergeordnete Stelle, d.h. an den zuständigen Oberbauleiter bzw. an den Abteilungsleiter. Dieser leitet seinen Bereich ebenfalls als profit center, d.h. er muß ebenfalls dafür sorgen, daß in seinem Zuständigkeitsbereich ein positives Ergebnis erwirtschaftet wird. Je nach Größe des

Unternehmens ist die nächste Hierarchiestufe dann entweder der Abteilungsleiter Technik oder die Geschäftsführung. Diese dezentrale Unternehmensstruktur schafft klare Kompetenzregelungen und verlangt in jeder Stufe der Linienorganisation über den technischen Sachverstand hinaus eine ausgeprägt unternehmerische Denkweise.

Innerhalb des Bauunternehmens gibt es aber eine Reihe von Bereichen, die sich nicht als profit center führen lassen. Dazu gehören die Personalabteilung, der Einkauf, die Steuerabteilung, einzelne Bereiche der allgemeinen Verwaltung sowie einige Abteilungen aus dem technischen Bereich wie z.B. Kalkulation, Arbeitsvorbereitung etc. Diese werden im Regelfall als Stabsstellen geführt. Die hier anfallenden Kosten müssen bei der Kalkulation von Bauleistungen berücksichtigt werden, – meist in Form von betriebsspezifischen Zuschlägen (Allgemeine Geschäftskosten (AGK)).

Um die Effizienz zu steigern und das Kostenbewußtsein zu fördern, werden einige Abteilungen wie z.B. das Technische Büro, der Bauhof etc. ebenfalls als profit center betrieben. Sofern die Baustellen Leistungen dieser Abteilungen in Anspruch nehmen, wird im Innenverhältnis eine entsprechende Vereinbarung z.B. mit dem Technischen Büro geschlossen und die Leistungen wie gegenüber einem externen Ingenieur-Büro vergütet. Bei Inanspruchnahme von Baugerät werden diese gemäß vorher festgelegten, betriebsinternen Verrechnungssätzen der einzelnen Baustelle belastet. Der jeweilige Bauleiter wird also aus Kostengründen bestrebt sein, die Baugeräte so effizient wie möglich einzusetzen und zum frühestmöglichen Zeitpunkt wieder freizumelden.

2.2.4
Verbände des Bauhauptgewerbes

Die bauindustriellen Unternehmen, d.h. Mittelstandsunternehmen und Bauaktiengesellschaften gehören den jeweiligen Landesverbänden an. Der Zuständigkeitsbereich einiger Landesverbände ist teilweise identisch mit dem jeweiligen Bundesland, – einige Bundesländer sind in mehrere regionale Bauindustrie-Verbände untergliedert. Dachverband ist der Hauptverband der Deutschen Bauindustrie.

Die handwerklich orientierten Firmen und auch einige Mittelstandsunternehmen sind in Landes-Baugewerbeverbänden bzw. Landesinnungsverbänden für bestimmte Ausbaugewerke organisiert. Dachverband ist der Zentralverband des Deutschen Baugewerbes.

Schwerpunkt beider Dachverbände sind die Sozialpolitik, die Wirtschaftspolitik sowie die Bautechnik. Die Dachverbände sind Tarifvertragspartner der Industriegewerkschaft „Bauen – Agrar – Umwelt".

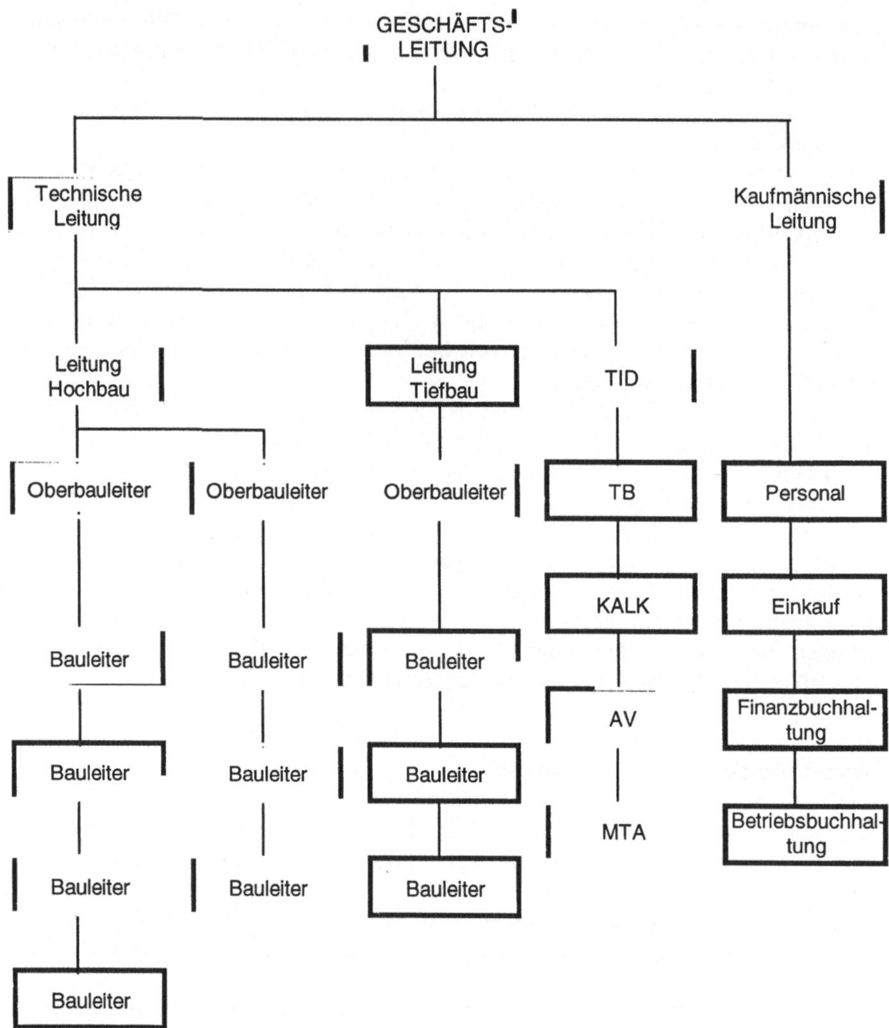

Bild 2.2-5 Organisationsschema eines mittelständischen Bauunternehmens

2.2.5
Unternehmensformen

Grundsätzlich kann man zwei Gruppen von Unternehmensformen unterscheiden. Zum einen die Organisationsform der Bauunternehmen bei der Übernahme eines Bauauftrags in Verbindung mit dem Innenverhältnis zu anderen an der Bauausführung beteiligten Baufirmen und zum anderen die Unternehmensformen nach dem Handelsrecht.

2.2.5.1
Unternehmensform als Auftragnehmer

Bei öffentlichen Auftraggebern ist durch Erlaß von Bundes- bzw. Landesbehörden die Anwendung der Verdingungsordnung für Bauleistungen (VOB) zwingend vorgeschrieben. Die VOB favorisieren die Vergabe in Teil- bzw. in Fachlosen. Dazu heißt es:

> Umfangreiche Bauleistungen sollen möglichst in Lose geteilt und nach Losen vergeben werden (Teillose). (VOB/ A §4,Nr. 2)

Bauleistungen verschiedener Handwerks- oder Gewerbezweige sind i.d.R. nach Fachgebieten oder Gewerbezweigen getrennt zu vergeben (Fachlose). Aus wirtschaftlichen oder technischen Gründen dürfen mehrere Fachlose zusammen vergeben werden. (VOB/ A §4, Nr. 3)

Bei dieser Art der Vergabe entsteht ein direktes Vertragsverhältnis zwischen dem Auftraggeber und dem (Fach-) Unternehmen. Aufgrund der Unterteilung des Bauvorhabens in einzelne Lose können kleine und mittelgroße Unternehmen am Wettbewerb teilnehmen. Bei großen Baumaßnahmen, die eine entsprechend große Gerätekapazität oder umfangreiches technisches Know-how erfordern, wird in der Regel die Vergabe an einen Haupt- bzw. Generalunternehmer erfolgen. Hierzu heißt es:

> Der Auftragnehmer hat die Leistung im eigenen Betrieb auszuführen. Mit schriftlicher Zustimmung des Auftraggebers darf er sie an Nachunternehmer übertragen. Die Zustimmung ist nicht notwendig bei Leistungen, auf die der Betrieb des Auftragnehmers nicht eingerichtet ist (VOB/ B §8, Nr. 1).

Wegen des Mangels an Facharbeitern einerseits und des hohen Spezialisierungsgrades der zu erbringenden Teilleistungen andererseits, ist bei großen Baumaßnahmen die Einschaltung von Subunternehmern der Regelfall.

Bei privaten Auftraggebern kann grundsätzlich der Bauvertrag auf der Basis der VOB geschlossen werden. Diese schafft einen weitgehend ausgewogenen Interessenausgleich zwischen Auftraggeber und Auftragnehmer und hat sich in dieser Funktion über einige Jahrzehnte bewährt. Der private Bauherr neigt allerdings dazu, nur die ihm genehmen Regelungen aus der VOB zu übernehmen.

Private Auftraggeber verwenden als Basis für einen Bauvertrag den Werkvertrag gemäß §631ff. BGB, weil er einen großen Gestaltungsrahmen bietet. Bei diesem Werkvertragsverhältnis verpflichtet sich das Bauunternehmen gegen Vergütung dem Bauherrn (Besteller) ein bestimmtes Bauwerk (Werk) zu erstellen. In den Werkvertrag werden auch Regelungen der VOB übernommen, so daß Bauaufträge von Privaten dann eine Mischform aus individuell gestalteten Vertragsbedingungen nach Werkvertragsrecht des BGB und aus VOB-Regelungen darstellen. Dies ist der Regelfall sowohl bei Generalunternehmer-Verträgen (GU) als auch bei Generalübernehmer-Verträgen (GÜ).

Generalübernehmer (GÜ). Die Auftragsvergabe an einen Generalübernehmer (GÜ) bzw. Generalunternehmer (GU) ist der Regelfall im schlüsselfertigen Hochbau (SHB), der durch eine Vielzahl an Ausbaugewerken gekennzeichnet ist. Der wesentliche Vorteil für den Bauherrn bzw. Investor besteht darin, daß er die Koordinierung sämtlicher an der Ausführung Beteiligter auf den GÜ überträgt und damit nur einen Ansprechpartner hat, der ihm auf Festpreisbasis das Bauwerk zum vereinbarten Termin übergibt.

Der Generalübernehmer erbringt selbst keine eigenen Bauleistungen, sondern vergibt sämtliche Teilleistungen an Subunternehmer. Ihm obliegt somit im wesentlichen die Aufgabe, alle kaufmännischen, organisatorischen und technischen Abläufe zu koordinieren.

Es besteht zwischen Bauherrn und GÜ ein Werkvertrag gemäß BGB. Auf VOB-Basis kann schon deshalb kein Vertragsverhältnis zustande kommen, weil gemäß VOB/ B §8, Nr. 1, Satz 1 der Auftragnehmer die Leistung im eigenen Betrieb auszuführen hat. Im Vertragsverhältnis zwischen GÜ und Subunternehmern könnte im Prinzip die VOB Anwendung finden. Der GÜ muß aber schon aus Gründen der Risikominimierung bemüht sein, die im Vertrag mit dem Auftraggeber eingegangenen Verpflichtungen und Risiken an die Subunternehmer weiterzuleiten, da er in vollem Umfang gegenüber dem Auftraggeber haftet.

Generalunternehmer (GU). Der Generalunternehmer tritt häufig als Auftragnehmer im schlüsselfertigen Hochbau auf, wobei er die Gesamtbauleistung übernimmt. Im Gegensatz zum GÜ vergibt er aber nicht sämtliche Arbeiten an Subunternehmer, sondern führt Teile der Leistung selbst aus. In vielen Fällen handelt es sich bei der Eigenleistung um den Rohbau.

Wie beim Generalübernehmer hat der Auftraggeber mit dem GU nur einen Ansprechpartner, der für ihn die Koordinierung sämtlicher für die Erstellung des Bauwerks notwendigen Teilleistungen übernimmt.

Ein Vertragsverhältnis besteht zwischen Bauherrn und Generalunternehmer, nicht dagegen zwischen Bauherrn und den verschiedenen Subunternehmern. Der Subunternehmer kann seine Forderungen nur gegenüber dem Generalunternehmer geltend machen. Die gesamte Haftung für die Ausführung der Bauleistung liegt beim Generalunternehmer.

In vielen Fällen überträgt der Bauherr auch Planungsleistungen gemäß §15, Abs. (1), Nr.5 HOAI an den Generalunternehmer. Hierbei ist aus vertragsrechtlicher Sicht besondere Aufmerksamkeit geboten, denn bei Mängeln, die aus der fehlerhaften Planung des GU resultieren, haftet dieser 5 Jahre.

Hauptunternehmer. Die Vergabe an einen Hauptunternehmer ist der Regelfall bei Aufträgen der öffentlichen Hand. Wenn in der Baupraxis und der Literatur vom Auftragnehmer gesprochen wird, ist meist das Vertragsverhältnis als Hauptunternehmer gemeint. Hauptunternehmer kann dabei eine Gesellschaft mit beschränkter Haftung (GmbH), eine Kommanditgesellschaft (KG) oder eine Aktiengesellschaft (AG) sein (s. Punkt 2.2.6.2 Gesellschaftsformen nach Handelsrecht).

Die Subunternehmer haben einen Vergütungsanspruch gegenüber dem Hauptunternehmer, der dem Auftraggeber gegenüber für die gesamte Bauleistung haftet, d.h. auch für mangelhafte Leistungen seiner Subunternehmer. Damit im Vertragsverhältnis zwischen Hauptunternehmer und Subunternehmer letzterem keine schlechteren Vertragsbedingungen zugrundegelegt werden, muß bei Bauaufträgen der öffentlichen Hand gemäß §4, Nr. 8, Abs. 2 diesen Subunternehmer-Verträgen ebenfalls die VOB zugrunde gelegt werden. Dies betrifft im wesentlichen die Punkte Zahlungen, Gewährleistungsfristen, Vertragsstrafen bei Terminüberschreitungen, Sicherheitsleistungen etc..

Teile der Leistung läßt der Hauptunternehmer durch Subunternehmer (Nachunternehmer) ausführen. Dies kann aus Gründen der Kapazitätsauslastung des Unternehmens geschehen oder deshalb, weil der Betrieb auf bestimmte Teilleistungen weder gerätemäßig noch personell eingerichtet ist.

Beispiel. Das Bauunternehmen A hat den Auftrag zum Bau einer mehrfeldrigen Spannbetonbrücke erhalten. Die Baustelle liegt 50 km vom Firmensitz entfernt. Nach eingehender Prüfung der vorhandenen eigenen Kapazitäten und einem Kostenvergleich zwischen Eigen- und Fremdleistung führt das Unternehmen folgende Leistungen mit eigenem Gerät und Personal durch:

- Vermessung,
- Auf- und Abbau der Baustelleneinrichtung,
- Schalung, Bewehrung, Beton für sämtliche Bauteile (Fundamente, Widerlager, Überbau, Gehwegkappen),
- Einbau der Entwässerungsleitungen und -einläufe.

Folgende Leistungen werden an Subunternehmer vergeben:

- Bodenaushub,
- Verlegung der Hüllrohre und des Spannstahls inkl. Verpressung,
- Einbau der Fahrbahnübergänge,
- Isolierung von erdberührten Betonflächen,
- Fahrbahnbelag inkl. Versiegelung,
- Gehweggeländer,
- Hinterfüllung des Bauwerks.

Subunternehmer. Der Fachbegriff Subunternehmer, im Sprachgebrauch der VOB als Nachunternehmer bezeichnet, ist bereits mehrfach verwendet worden. Der Subunternehmer führt in sich abgeschlossene Teilleistungen eigenverantwortlich aus. Ein eigener Bauleiter oder Polier überwachen dabei die Ausführung seiner Bauleistung.

Die Vergabe an Subunternehmer erfolgt, wenn z.B. aufgrund der Entfernung zwischen Baustelle und Firmensitz zu hohe Transportkosten anfallen würden. Die Kosten für die Ausführung durch einen Subunternehmer sind in diesem Fall häufig günstiger als wenn die Leistung mit eigenem Personal und Gerät ausgeführt werden würde (Bodenaushub). Außerdem werden generell Leistungen an Subunternehmer weiter vergeben, wenn das Unternehmen auf Spezialleistungen nicht eingerichtet ist (z.B. Injektionen zur Gebäudeabfangung).

Baubetreuer. Der Baubetreuer handelt im Auftrag und auf Rechnung des Bauherrn. Ihm obliegt die Verwaltung der Geldmittel, die vorbereitenden Arbeiten zum Vertragsabschluß mit dem bzw. den Bauunternehmen etc. Die rechtliche Zuordnung hängt davon ab, ob das Schwergewicht der Betreuungsleistung auf Technik und Planung oder bei Wirtschaftlichkeitsermittlungen, Vermietungsfragen etc. liegt. Im ersten Fall liegt ein Werkvertrag vor, im zweiten Fall ein Dienstvertrag.

Der Baubetreuer kann bei entsprechender Vereinbarung für den Bauherrn weit über die eigentliche Bauausführung hinausgehende Leistungen erbringen, wie z.B.:

- Grundstücksbeschaffung,
- Erstellung eines Finanzierungsplanes,
- Mittelbeschaffung,
- Vorbereitungen zum Abschluß der Bauverträge (diese schließt der Bauherr direkt mit den Bauunternehmen ab),
- Wirtschaftlichkeitsberechnungen,
- Bauüberwachung,
- Erstvermietung, Verwaltung.

ARGE (Arbeitsgemeinschaft). Bei komplexen Bauvorhaben schließen sich im Angebotsstadium mehrere Unternehmen über einen Vorvertrag zu einer Bietergemeinschaft zusammen. Im Auftragsfall erfolgt dann der Zusammenschluß dieser Unternehmensgruppe zu einer ARGE. Die ARGE hat keine eigene Rechtspersönlichkeit, sondern ist eine Gesellschaft bürgerlichen Rechts (GbR) im Sinne des §705 BGB. Für die Ausgestaltung eines solchen ARGE-Vertrages gibt es einen Mustervertrag, gemeinsam herausgegeben vom Hauptverband der Deutschen Bauindustrie und vom Zentralverband des Deutschen Baugewerbes. In der Präambel dieses Vertrages ist die Zielsetzung einer ARGE formuliert:

> Sie (die in der ARGE zusammengeschlossenen Unternehmen) verpflichten sich, im Verhältnis ihrer Beteiligung ihre volle unternehmerische Leistung zur Erreichung des gesellschaftlichen Zweckes einzusetzen und sich hierbei gegenseitig zu unterstützen.

Eine ARGE wird meist bei Großbauvorhaben von öffentlichen Auftraggebern gebildet, für deren Ausführung z.B. die Kapazität eines einzelnen Bauunternehmens nicht ausreichen würde bzw. zuviel Kapazität des Bauunternehmens in einem einzigen Bauvorhaben gebunden wäre.

Hohe Vorfinanzierungskosten, eine bessere Kapazitätsauslastung sowie eine günstigere Risikoverteilung führen dazu, daß sich bei großen Baumaßnahmen mehrere leistungsfähige Bauunternehmen zu einer ARGE zusammenschließen. Typische Großbauvorhaben, die meist auch noch unter erheblichem Zeitdruck abgewickelt werden müssen, sind innerstädtische U- und S- Bahnstrecken, Neubaustrecken für den ICE etc.

Die Vertragsgrundlage zwischen öffentlichem Auftraggeber und der ARGE basiert auf der VOB. Die ARGE, bzw. im Angebotsstadium die Bietergemeinschaft, wird dabei von Auftraggebern der öffentlichen Hand wie ein Einzelbewerber (Bieter) behandelt:

> Bietergemeinschaften sind Einzelbietern gleichzustellen, wenn sie die Arbeiten im eigenen Betrieb oder in den Betrieben der Mitglieder ausführen (§25, Nr. 6 VOB/ A).

Die ARGE haftet dem Auftraggeber gegenüber gesamtschuldnerisch. Im ARGE-Vertrag wird festgelegt, daß bei Ausscheiden eines Gesellschafters die ARGE von den verbleibenden Gesellschaftern weitergeführt wird. Die Beteiligungsquote des ausscheidenden ARGE-Partners wird auf die verbliebenen Gesellschafter im Verhältnis ihrer Beteiligungen verteilt.

Beispiel. Die Beteiligung der ARGE-Partner bei Baubeginn sieht folgendermaßen aus:

Unternehmen A	30 %
Unternehmen B	30 %
Unternehmen C	20 %
Unternehmen D	10 %
Unternehmen E	10 %

Unternehmen C geht in Konkurs und scheidet gemäß ARGE-Vertrag aus. Damit ergeben sich die neuen Beteiligungsverhältnisse zu:

Unternehmen A	37,5 %
Unternehmen B	37,5 %
Unternehmen D	12,5 %
Unternehmen E	12,5 %
	100 %

Damit haften die restlichen ARGE-Partner dem AG mit einem höheren Anteil als zu Beginn der ARGE. Bleibt im Extremfall nur ein Gesellschafter übrig, haftet dieser in vollem Umfang, d.h. zu 100%.

Eine ARGE kann von Unternehmen mit gleichen Bausparten, z.B. im Tunnelbau gebildet werden („horizontale" ARGE). Hierbei übernimmt Bauunternehmen A den bergmännischen Vortrieb und Bauunternehmen B den Tunnelbau in offener Bauweise (Anschlußbereiche). Es können sich auch Unternehmen mit unterschiedlichem Leistungsspektrum zu einer ARGE zusammenschließen („vertikale" ARGE).

Beispiel. Beim Neubau einer Bundesautobahn (BAB) übernimmt Unternehmen C sämtliche Brückenbauarbeiten (Spannbetonbrücken, Durchlässe etc.), Unternehmen D den kompletten Erdbau bis Oberkante Planum und Unternehmen E den Bau der Betonfahrbahndecke.

Vielfach wird aus regionalpolitischen Gründen die Einbindung von mittelständischen Firmen in die ARGE gewünscht. Dies geschieht relativ problemlos für Teilleistungen, bei denen spezielles Know-how notwendig ist und auch bei Bauleistungen, für deren Erbringung die ARGE-Gesellschafter von der Geräte- und Personalkapazität her nicht eingerichtet sind. Große Baumaßnahmen wie z.B. bei der Verbesserung der Verkehrsinfrastruktur sind meist in großer Entfernung vom Firmensitz zu erbringen. Insofern erzwingen schon allein wirtschaftliche Randbedingungen die Einschaltung regional tätiger Unternehmen, meist als Subunternehmer, teilweise auch als ARGE-Partner. Damit diese gegenüber der ARGE vertragsrechtlich nicht schlechter gestellt werden als die ARGE gegenüber dem öffentlichen AG, ist die VOB zugrundezulegen im Sinne des §4, Nr. 8, Satz (2), VOB/B.

Aus Sicht der Baupraxis sind folgende Paragraphen des Arbeitsgemeinschafts-Mustervertrages (ARGE-Vertrag) wichtig:

§3 Beteiligung und Haftung; §4 Gesellschafterleistungen:

Die prozentualen Anteile der einzelnen ARGE-Partner legen fest, in welchem Umfang die einzelnen Gesellschafter Geldmittel, Geräte, Stoffe, Personal etc. zu stellen haben. Der Prozentsatz gilt selbstverständlich auch für den jeweiligen Anteil an Gewinn oder Verlust, Haftung, Gewährleistung etc. sowie bei der Stimmenverteilung in der Aufsichtsstelle (Gesellschafterversammlung)

§5 Organe der ARGE

Die Organe der ARGE sind:
die Aufsichtsstelle (Gesellschafterversammlung),
die technische Geschäftsführung,
die kaufmännische Geschäftsführung,
die Bauleitung.

Die Gesellschafterversammlung trifft Entscheidungen von grundsätzlicher Bedeutung wie z.B. bei Änderungen oder Ergänzungen des ARGE-Vertrages, bei Aufnahme von Bankkrediten, Ausstellung oder Annahme von Wechseln etc. Im Falle von Rechtsstreitigkeiten entscheidet die Aufsichtsstelle über Beauftragung und Kostenübernahme für Rechtsberatung sowie evtl. notwendige Gutachten, Beweissicherungsverfahren etc.

Die technische und die kaufmännische Geschäftsführung werden i.d.R. dem ARGE-Partner mit dem jeweils größten Gesellschafteranteil übertragen.

Die technische Geschäftsführung überwacht die komplette Ausführung der Bauleistungen. Sie ist gegenüber den Bauleitern/Abschnittsbauleitern weisungsbefugt. Die technische Geschäftsführung vertritt die ARGE gegenüber dem AG und führt die Verhandlungen mit dem AG, was die Abwicklung des Bauvertrages betrifft (Änderungen, Ergänzungen, Nachträge, Teilabnahmen, Abnahmen etc.) Bei maßgeblichen Änderungen, Ergänzungen etc. ist die Aufsichtsstelle einzuschalten. Soweit es sich um kaufmännische Angelegenheiten handelt, ist vorab Einvernehmen mit der kaufmännischen Geschäftsführung zu erzielen.

Der Bauleiter bzw. Abschnittsbauleiter ist verantwortlich für die vertragsgemäße Abwicklung des Bauvertrages. Er muß dafür Sorge tragen, daß in seinem Zuständigkeitsbereich ein wirtschaftlich positives Betriebsergebnis und eine technisch mängelfreie und termingerechte Bauleistung erbracht wird. In Wochenberichten hat er die wichtigsten Daten (Stunden, Stoffverbrauch, Bauleistungsfortschritt etc.) zu dokumentieren, damit die technische Geschäftsführung in die Lage versetzt wird, bei Abweichungen im Bauablauf frühzeitig reagieren zu können und Abhilfe zu schaffen. Die Bauleiter erstellen außerdem die Abrechnungsunterlagen für die Rechnungsstellung. Eventuelle zusätzliche Aufmaße führt er gemeinsam mit dem Vertreter des Bauherrn durch und läßt sich diese gegenzeichnen.

Die kaufmännische Geschäftsführung umfaßt die gesamte Lohn- und Gehaltsbuchhaltung, die Beschaffung und Verwaltung von Geldmitteln sowie den gesamten Einkauf. Wichtiger Bestandteil des Aufgabenbereichs sind, in Abstimmung mit der technischen Geschäftsführung, die Ergebnisrechnung sowie die Erstellung der Schlußbilanz.

Die Baugeräte werden von den ARGE-Gesellschaftern nach dem Beteiligungsverhältnis beigestellt und nach einem vertraglich vereinbarten Mietsatz

(Abschreibungs- und Verzinsungssatz) gemäß Baugeräteliste (BGL) vergütet. Nach Freimeldung der Geräte durch die Bauleitung erhalten die Firmen die von ihnen beigestellten Geräte zurück. Im Tunnelbau werden aufgrund der extrem hohen Beanspruchung der im Vortrieb eingesetzten Baugeräte infolge Mehrschichtbetrieb etc. die Geräte von der ARGE gekauft. Nach Abschluß des Einsatzes werden diese, sofern sie nicht ohnehin nur noch Schrottwert besitzen, den Gesellschaftern oder Dritten zum Kauf angeboten.

2.2.5.2
Unternehmensformen nach Handelsrecht

Das Handelsrecht regelt die Geschäftsabwicklung im Wirtschaftsleben. Die einzelnen Regelungen zur Geschäftsabwicklung, Haftung, Gewinn- und Verlustrechnung etc. sind im Handelsgesetzbuch (HGB) festgelegt. Die Firma wird bei Vollkaufleuten, unabhängig davon, ob es sich um ein kleines Einzelunternehmen oder um eine große Aktiengesellschaft handelt, in das Handelsregister eingetragen. In das Handelsregister kann jeder Einblick nehmen, um z.B. zu prüfen, ob die Angaben des potentiellen Geschäftspartners bezüglich der Rechtsform seiner Gesellschaft, der Vertretungsbefugnisse etc. zutreffen. Das Handelsregister wird bei demjenigen Amtsgericht geführt, in dessen Bezirk das Unternehmen seinen Firmensitz hat.

Man unterscheidet zwischen Einzelunternehmen und Handelsgesellschaften wie z.B. Kommanditgesellschaften (KG) oder Gesellschaften mit beschränkter Haftung (GmbH). Die Wahl der Gesellschaftsform richtet sich überwiegend nach unternehmerischen, steuerlichen und organisatorischen Gesichtspunkten. Ziel allen unternehmerischen Handelns und damit auch aller Baufirmen ist es, Gewinn zu erzielen. Die Rendite des eingesetzten Kapitals sollte dabei größer sein als der Ertrag, der bei einer festverzinslichen Geldanlage zu erzielen wäre.

Einzelunternehmen. Das Einzelunternehmen ist die häufigste Unternehmensform für kleine Unternehmen, wie z.B. Handwerksbetriebe im technischen Ausbau. Der Unternehmer führt seine Firma allein. Er bringt das notwendige Eigenkapital für die Gründung des Unternehmens selbst auf und übernimmt das volle Risiko. Erwirtschaftet er Gewinn, kann er allein über die Gewinnverwendung entscheiden. Macht sein Unternehmen Verlust, haftet er mit seinem gesamten Vermögen.

Gesellschaften. Wichtige Gesellschaftsformen im Baumarkt sind die:

- Kommanditgesellschaft (KG)
- Gesellschaft mit beschränkter Haftung (GmbH)
- GmbH & Co. KG

- Gesellschaft bürgerlichen Rechts (GbR) (BGB-Gesellschaft)
- Aktiengesellschaft (AG)

Kommanditgesellschaft. §161 HGB Begriff der Kommanditgesellschaft:

> (1) Eine Gesellschaft, deren Zweck auf den Betrieb eines Handelsgewerbes unter gemeinschaftlicher Firma gerichtet ist, ist eine Kommanditgesellschaft, wenn bei einem oder bei einigen von den Gesellschaftern die Haftung gegenüber den Gesellschaftsgläubigern auf den Betrag einer bestimmten Vermögenseinlage beschränkt ist (Kommanditisten), während bei dem anderen Teile der Gesellschafter eine Beschränkung der Haftung nicht stattfindet (persönlich haftende Gesellschafter).

Die Kommanditgesellschaft im Baumarkt ist also eine Personengesellschaft, in der sich mehrere Personen zur Führung eines Bauunternehmens zusammengeschlossen haben. Die Risikoverteilung ist gegenüber dem Einzelunternehmer insofern verbessert, als hier nur der (die) Komplementär(e), d.h. der (die) persönlich haftende(n) Gesellschafter unbeschränkt haften. Die anderen Gesellschafter, die als Kommanditisten zur Erhöhung des Eigenkapitals in die Firma eingetreten sind, haften dagegen nur bis zur Höhe ihrer Einlage. Die Höhe der Einlage wird im Handelsregister aufgeführt.

Unternehmerische Entscheidungen werden von dem (den) persönlich haftenden Gesellschafter(n) (Komplementär(en)) getroffen. Kommanditisten sind gemäß §164 HGB von der Geschäftsführung ausgeschlossen. Die steuerliche Belastung der KG ist gegenüber GmbH und AG meist etwas günstiger, deshalb wird die Form der KG im Baugeschehen häufig für kleine bis mittelgroße Firmen gewählt.

GmbH. Die GmbH ist die typische Gesellschaftsform für mittelständische Unternehmen der Bauindustrie. Die Geschäftsführung kann flexibel auf die Anforderungen des Marktes reagieren, weil sie wichtige Entscheidungen selbst treffen kann, ohne die Zustimmung übergeordneter Gremien einholen zu müssen, wie dies z.B. bei Aktiengesellschaften der Fall sein kann. Die Gesellschafter sind entsprechend ihrer Einlagen am Vermögen der GmbH beteiligt. Gegenüber Dritten haften weder die Geschäftsführung noch die Gesellschafter, sondern die GmbH haftet selbst mit ihrem Gesellschaftsvermögen.

> §2 GmbHG Form des Gesellschaftsvertrages
> (1) Der Gesellschaftsvertrag bedarf notarieller Form. Er ist von sämtlichen Gesellschaftern zu unterzeichnen.......

> §3 GmbHG Inhalt des Gesellschaftsvertrages
> Der Gesellschaftsvertrag muß enthalten:
> die Firma und den Sitz der Gesellschaft,
> den Gegenstand des Unternehmens,
> den Betrag des Stammkapitals,
> den Betrag der von jedem Gesellschafter auf das Startkapital zu leistenden Einlage (Stammeinlage).

Der Zusatz „GmbH" läßt auch für Außenstehende unmittelbar die Haftungsbe-
schränkung erkennen. Dies spielt z.B. eine Rolle bei der Vorauswahl von Bietern
bei Investoren und Auftraggebern, die große Bauvorhaben realisieren wollen.

GmbH + Co. KG. Diese Unternehmensform stellt eine Sonderform der Personengesellschaft dar. Hierbei ist der persönlich haftende Gesellschafter (Komple-
mentär) eine GmbH. Da diese selbst nur beschränkt haftet, muß damit keiner der
Gesellschafter das volle Risiko tragen und durch diese Unternehmenskonstrukti-
on ist de facto wieder eine Beschränkung der Haftung erreicht worden. Dieser
Sachverhalt spielt bei der Kreditvergabe durch Banken und auch bei der Beauftragung von Subunternehmern eine wesentliche Rolle.

Gesellschaft bürgerlichen Rechts (GbR). Die Gesellschaftsform der GbR wird in
der Bauindustrie meist bei der Bildung einer Arbeitsgemeinschaft (ARGE) gebildet. Die GbR, gelegentlich auch als BGB-Gesellschaft bezeichnet, basiert auf
§§705 ff BGB.

> §705 (Inhalt des Gesellschaftsvertrages)
> Durch den Gesellschaftsvertrag verpflichten sich die Gesellschafter gegenseitig, die Er-
> reichung eines gemeinsamen Zweckes in der durch den Vertrag bestimmten Weise zu
> fördern, insbesondere die vereinbarten Beiträge zu leisten.

Aktiengesellschaft (AG). Das Grundkapital der AG ermöglicht es der Aktiengesellschaft, große und langfristige Geschäfte abzuwickeln, d.h. für die bauindustriellen Aktiengesellschaften die Übernahme von Großaufträgen. Gesellschafter
sind die Aktionäre, die über ihre Aktien am Grundkapital der Gesellschaft beteiligt sind, ohne allerdings für die Verbindlichkeiten der Gesellschaft zu haften.

Die Einschätzung der Börse für das jeweilige Unternehmen wird an der Höhe
der Marktkapitalisierung erkennbar. Die Marktkapitalisierung errechnet sich aus:
Anzahl der Aktien x Börsenkurs.

Beispiel. Das gezeichnete Kapital der Aktiengesellschaft A beträgt 90 Mio. DM.
Der Aktienkurs beträgt zum Jahresschluß 420.– DM. Damit ergibt sich eine
Marktkapitalisierung von 90 Mio. DM : 50.– DM (Aktiennennwert) = 1,8 Mio.
Aktien x 420.– DM = 756 Mio. DM.

> §54 AktG Leitung
> Der Vorstand hat unter eigener Verantwortung die Gesellschaft zu leiten.

Bei den großen Bauaktiengesellschaften besteht der Vorstand aus mehreren Personen. Diese sind meist für bestimmte Hauptniederlassungen, Niederlassungen
und Tochtergesellschaften zuständig. Gewisse grundlegende Entscheidungen,
wie z.B. Beteiligung an Bauunternehmen im In- und Ausland sind durch den
Aufsichtsrat zustimmungspflichtig.

Der Aufsichtsrat (AR) hat die Tätigkeit des Vorstandes zu überwachen. Darüber hinaus entscheidet er über die Bestellung bzw. über die Abberufung des Vorstandes und beruft die im Regelfall jährlich stattfindende Hauptversammlung ein. Teilnahmeberechtigt sind sämtliche Aktionäre, die sich aber häufig durch Interessengemeinschaften oder Banken vertreten lassen. Über den wirtschaftlichen Erfolg der Aktiengesellschaft geben die Bilanz sowie die Gewinn- und Verlustrechnung Auskunft. Im HGB §264 Pflicht zur Aufstellung heißt es dazu:

> (2) Satz 1 Der Jahresabschluß der Kapitalgesellschaft hat unter Beachtung der Grundsätze ordnungsmäßiger Buchführung ein den tatsächlichen Verhältnissen entsprechende Bild der Vermögens-, Finanz- und Ertragslage der Kapitalgesellschaft zu vermitteln.

Die Gliederung der Bilanz ist gemäß §266 HGB detailliert vorgegeben:

Aktivseite

A. Anlagevermögen:
I. Immaterielle Vermögensgegenstände
1. Konzessionen, gewerbliche Schutzrechte und ähnliche Rechte und Werte sowie Lizenzen an solchen Rechten und Werten;
2. Geschäfts- oder Firmenwert;
3. geleistete Anzahlungen;

II. Sachanlagen:
1. Grundstücke, grundstücksgleiche Rechte und Bauten einschließlich der Bauten auf fremden Grundstücken;
2. technische Anlagen und Maschinen
3. andere Anlagen, Betriebs- und Geschäftsausstattung;
4. geleistete Anzahlungen und Anlagen im Bau;

III. Finanzanlagen:
1. Anteile an verbundenen Unternehmen
2. Ausleihungen an verbundene Unternehmen;
3. Beteiligungen;
4. Ausleihungen an Unternehmen, mit denen ein Beteiligungsverhältnis besteht;
5. Wertpapiere des Anlagevermögens;
6. sonstige Ausleihungen;

B. Umlaufvermögen

I. Vorräte:
1. Roh-, Hilfs- und Betriebsstoffe;

1. unfertige Erzeugnisse;
2. fertige Erzeugnisse und Waren;
3. geleistete Anzahlungen

II. Forderungen und sonstige Vermögensgegenstände:
1. Forderungen aus Lieferungen und Leistungen
2. Forderungen gegen verbundene Unternehmen;
3. Forderungen gegen Unternehmen, mit denen ein Beteiligungsverhältnis besteht;
4. sonstige Vermögensgegenstände;

III. Wertpapiere:

1. Anteile an verbundenen Unternehmen
2. eigene Anteile
3. sonstige Wertpapiere

IV. Liquide Mittel (Schecks, Kassenbestand, Bundesbank- und Postgiroguthaben, Guthaben bei Kreditinstituten).

C. Rechnungsabgrenzungsposten

Passivseite

A. Eigenkapital:

I. Gezeichnetes Kapital;

II. Rücklagen (Kapitalrücklage);

III. Gewinnrücklagen:
1. gesetzliche Rücklage;
2. Rücklage für eigene Anteile;
3. satzungsmäßige Rücklagen
4. andere Gewinnrücklagen;

IV. Gewinnvortrag/ Verlustvortrag

V. Jahresüberschuß/ Jahresfehlbetrag.

B. Rückstellungen

1. Rückstellungen für Pensionen und ähnliche Verpflichtungen;
2. Steuerrückstellungen;
3. sonstige Rückstellungen.

C. Verbindlichkeiten

1. Anleihen,
   davon konvertibel;
2. Verbindlichkeiten gegenüber Kreditinstituten;
3. erhaltene Anzahlungen auf Bestellungen;
4. Verbindlichkeiten aus Lieferungen und Leistungen;
5. Verbindlichkeiten aus der Annahme gezogener Wechsel und der Ausstellung eigener Wechsel;
6. Verbindlichkeiten gegenüber verbundenen Unternehmen;
7. Verbindlichkeiten gegenüber Unternehmer. mit denen ein Beteiligungsverhältnis besteht;
8. sonstige Verbindlichkeiten,
   davon aus Steuern,
   davon im Rahmen der sozialen Sicherheit.

D. Rechnungsabgrenzungsposten.

Von diesem Aufbau kann bei der Erstellung der Bilanz abgewichen werden. Wichtig ist nur, daß aus der Bilanz u.a. Rückschlüsse. auf die wirtschaftliche Entwicklung gegenüber dem Vorjahr gezogen werden können. Zum anderen lassen sich die Geschäftsberichte und die darin enthaltenen Bilanzen zu einem Branchenvergleich heranziehen.

Die Aktionäre sind naturgemäß an einer möglichst hohen Ausschüttung des Gewinns interessiert, um eine möglichst hohe Rendite ihrer Aktien zu erzielen. Vorstand und Aufsichtsrat streben dagegen meist hohe Rückstellungen und eine weitgehend kontinuierliche Dividendenpolitik an. In der Hauptversammlung wird über die Verwendung des Bilanzgewinns entschieden, wobei meist dem zwischen AR und Vorstand abgestimmten Vorschlag gefolgt wird.

Über die Verwendung des Bilanzgewinns hinaus besitzt die Hauptversammlung gemäß §119 HGB folgende Rechte:

- Bestellung der Mitglieder des Aufsichtsrats,
- Entlastung der Mitglieder des Vorstands und des Aufsichtsrats,
- Bestellung des Abschlußprüfers,
- Satzungsänderungen,
- Kapitalerhöhungen.

3 Bauvertragsrecht

3.1
Allgemeine Hinweise

Das Bauvertragsrecht hat in der Baupraxis ein deutlich höheres Gewicht als sich dies in den Studienplänen von Architekten und Bauingenieuren widerspiegelt. Verträge werden in vielfältiger Form im Baumarkt abgeschlossen. Dies reicht von Grundstückskaufverträgen über den eigentlichen Bauvertrag, Subunternehmer- und Lieferantenverträgen bis hin zu Architekten-, Ingenieur- und Projektsteuerungsverträgen.

Das Baugeschehen wird neben der eigentlichen Bautechnik und der Baubetriebstechnik auch vom Bauvertragsrecht maßgeblich geprägt. Deshalb müssen sowohl Architekten als auch Bauingenieure fundierte Kenntnisse des Bauvertragsrechts besitzen.

Die nachfolgenden Ausführungen sollen dazu beitragen, Verträge mit privaten und öffentlichen Auftraggebern aus Sicht der Baupraxis beurteilen und vorhandene Risiken einschätzen zu können.

3.2
Ausland

Der Auslandsbau und hier insbesondere der außereuropäische Auslandsbau zeichnet sich in aller Regel durch entsprechend lange Laufzeiten der Projekte, lange Gewährleistungsfristen, im Vergleich zum Inland sehr hohe Auftragsvolumina und länderspezifische Besonderheiten aus. Um den wirtschaftlichen Erfolg der jeweiligen Baumaßnahme sicherzustellen, bedarf es besonderer Sorgfalt bei der Akquisition, der Kalkulation, der Arbeitsvorbereitung und der vertragskonformen Bauabwicklung.

3.2.1
FIDIC-Vertragsbedingungen

Den internationalen Bauverträgen liegen meist die FIDIC-Bauvertragsbedingungen zugrunde (Fedération Internationale des Ingénieurs-Conseils, Lausanne). Derzeit gültige Fassung ist die 4. Ausgabe von 1987 (1988 und 1992 durch redaktionelle Änderungen novelliert). Ziel ist es, durch Anwendung der FIDIC-Bedingungen einen weitgehend fairen Interessenausgleich zwischen dem Bauherrn, bzw. dem Engineer (als Vertreter des Bauherrn) und dem bauausführenden Unternehmen zu finden.

Aufgabenbereich des Engineer. Im deutschsprachigen Raum gibt es, von Sonderfällen abgesehen, eine klare Trennung zwischen Bauherr, Ingenieurbüro und Bauunternehmen. Das Ingenieurbüro übernimmt dabei die Planung, die Zusammenstellung der Ausschreibungsunterlagen, die Auswertung der Angebote sowie die Vorbereitung der Vergabe durch den Bauherrn. Sofern der Bauherr über keine eigene Fachkompetenz verfügt, übernimmt das Ingenieurbüro auch die Bauüberwachung.

Abweichend von dieser Trennung der Zuständigkeiten und Verantwortlichkeiten basiert die Stellung des Engineer in den FIDIC-Bauvertragsbedingungen auf dem anglo-amerikanischen System. Zusätzlich zu den oben aufgeführten Aufgaben (Entwurfsplanung, Ausführungsplanung, Ausschreibung, Bauüberwachung) ist der Engineer offizieller Vertreter des Bauherrn und fungiert bei Unstimmigkeiten zwischen Bauherrn und Auftragnehmer als unparteiischer Schiedsrichter.

In der Baupraxis kommt es häufig zu mehr oder weniger gravierenden Abweichungen von den FIDIC-Bedingungen. Vertragsabweichungen können sich auch aus Auflagen von Investoren oder Kreditgebern sowie aus der jeweiligen nationalen Gesetzgebung ergeben. Häufig wird der Bauherr versuchen, solche Risiken auf den Bieter bzw. den Auftragnehmer abzuwälzen.

Die FIDIC-Bauvertragsbedingungen gliedern sich in zwei Teile:

PART I GENERAL CONDITIONS WITH FORMS OF TENDER AND AGREEMENT

PART II CONDITIONS OF PARTICULAR APPLICATION WITH GUIDELINES FOR PREPARATION OF PART II CLAUSES

Teil I enthält allgemeine Bedingungen bezüglich der Vertragsunterlagen, der Gewährleistung, der Zahlungen etc. Im Teil II sind ergänzende Angaben zu einzelnen Vertragsdetails und auch Musterformulierungen für die Anwendung im Einzelfall enthalten.

Im folgenden sollen die wesentlichen Vertragsbestandteile herausgestellt werden, die für den wirtschaftlich erfolgreichen Abschluß der Baumaßnahme maßgeblich sind. Die Komplexität der Auslandsprojekte erfordert in noch größerem Umfang als im Inland eine fachübergreifende Bearbeitung. Für jedes einzelne Projekt empfiehlt sich die Bildung einer Projektmanagementgruppe. Diese hat prinzipiell zwei wesentliche Aufgaben zu erfüllen. Im Stadium der Angebotsbearbeitung bis hin zur Auftragserteilung sind vertragsrechtliche, wirtschaftliche und bautechnische Details im Team auszuarbeiten, zu kalkulieren und zu bewerten. Zu diesem Team sollten neben dem Projekt- bzw. Bauleiter und Vertretern der entsprechenden Fachabteilungen (Tragwerksplanung, Kalkulation, Arbeitsvorbereitung, Maschinentechnik etc.) auch Mitarbeiter aus dem kaufmänni-

schen und juristischen Bereich gehören. Ein bloßes Mitwirken in der Projekt-
gruppe reicht nicht aus, – für alle Beteiligten ist die Erledigung der anstehenden
Aufgaben ein full-time-Job. Neben den technischen Anforderungen müssen
selbstverständlich auch die finanziellen Auswirkungen von Ausführungsgaranti-
en, Importrestriktionen für Baugeräte, Wechselkursrelationen, Inflationsrisiken
etc. in der Angebotsphase sehr sorgfältig bewertet werden, um später unliebsame
Überraschungen beim Baustellen-Betriebsergebnis weitgehend auszuschalten.

Nach Auftragserteilung ist es Aufgabe der Projektmanagementgruppe, die
ordnungsgemäße Abwicklung des Projektes sicherzustellen, die vertragsgerechte
Abwicklung zu überprüfen und gegebenenfalls Nachtragsforderungen wegen
Änderungen des Vertrages wie z.B. nachträgliche, vom Vertrag abweichende
Anordnungen des Bauherrn, Behinderungen der Bauausführung o.ä. aufzustellen,
zu begründen und geltend zu machen („Claim-Management").

Vertragssprache. Im Vorwort zum Teil I ist Englisch als die maßgebliche Sprache für die Bauvertragsbedingungen festgelegt worden.

> „The version in English of the Conditions is considered by FIDIC as the officiall and
> authentic text for the purpose of translation."

Im Teil II, Sub-Clause 5.1 Language/s and Law werden mehrere Möglichkeiten
für die Wahl der Vertragssprache aufgezeigt. Es können eine oder mehrere Vertragssprachen vereinbart werden. Zusätzlich ist festzulegen, nach welchem Recht
(das entsprechende Land ist zu benennen) die vertraglichen Vereinbarungen
auszulegen sind. Sind mehrere Vertragssprachen vereinbart, sollte zusätzlich die
maßgebliche Sprache (*Ruling Language*) angegeben werden. Auch bei diesem
Punkt sollte unter Hinzuziehung eines Juristen ein detailliertes Vertragsmanagement betrieben werden. Die FIDIC-Bedingungen sind aus dem englischen
Rechtssystem entwickelt und übernommen worden. Bei Anwendung anderer
Rechtsgrundlagen können sich gravierende Auslegungsprobleme zwischen den
Vertragsparteien ergeben.

Rangfolge der Vertragsbedingungen und – unterlagen. Im Teil I, Abschnitt 5.2
ist die Rangfolge der Vertragsbestandteile festgelegt:

> (1) The Contract Agreement (if completed),
> (2) The Letter of Acceptance,
> (3) The Tender,
> (4) Part II of these Conditions,
> (5) Part I of these Conditions; and
> (6) Any other document forming part of the Contract.

Für den Fall, daß die Rangfolge für sämtliche Vertragsbestandteile festgelegt
werden soll, kann gemäß Teil II, Sub-Clause 5.2-Priority of Contract Docu-
ments-folgende Festlegung getroffen werden:

> (1) the Contract Agreement (if completed)
> (2) the Letter of Acceptance
> (3) the Tender
> (4) the Conditions of Contract Part II
> (5) the Conditions of Contract Part I
> (6) the Specification
> (7) the Drawings; and
> (8) the priced Bill of Quantities

Die hier vorgenommene Untergliederung in Technische Beschreibung (6), (Ausführungs-) Pläne (7) und das mit Preisen versehene Leistungsverzeichnis (8) ist aus Sicht des Claim-Management von großer Bedeutung. Bei Abweichungen z.B. zwischen Ausführungszeichnung und LV-Position lassen sich die Auswirkungen auf Baukosten und Termine um so besser nachweisen, je detaillierter Ausführungsdetails und LV-Text dargestellt bzw. formuliert sind.

Aufmaße. Allgemeine Angaben zum Aufmaß der erbrachten Bauleistung finden sich im Teil I-(*Measurement*), Absätze 55.1, 56.1, 57.1 und 57.2. Um Streitigkeiten auf diesem Sektor zu vermeiden, empfiehlt sich die Vereinbarung detaillierter Aufmaßregeln. Hier bieten sich folgende englischsprachige Regelungen an:

> Bau allgemein:
> Standard Method of Measurement-SMM 7, London 1988 (reprinted 1989 with amendments)

> Hochbau:
> SMM 7-A Code of Procedure for Measurements of Building Works, London 1988 (with amendments 1992)

Mengenabweichungen. In Anlehnung an Teil II, Abschnitt 52 sollten Festlegungen bezüglich der Preisanpassung bei Mengenüber-/ Mengenunterschreitungen vorgenommen werden. Die Festlegung einer bestimmten prozentualen Spanne (üblich sind 15-20 %) ist grundsätzlich für beide Vertragsparteien von Interesse, um nicht schon bei relativ geringfügigen Abweichungen über die Festlegung neuer Einheitspreise verhandeln zu müssen. Sofern die Mengen bei bestimmten Teilleistungen um mehr als die vereinbarte Spanne überschritten werden, wird der Bauherr auf der Vereinbarung eines neuen, niedrigeren Einheitspreises bestehen. Bei Mindermengen sollte der Auftragnehmer verlangen, daß ein neuer, höherer Einheitspreis (EP) vereinbart wird, damit die im EP enthaltenen Anteile an Allgemeinen Geschäftskosten (AGK), Baustellengemeinkosten etc. nicht „verloren gehen". Sinngemäß gilt dies auch für die Kosten für die Baustelleneinrichtung, sofern für die BE keine separate Position ausgewiesen ist. Liegt die Vermutung nahe, daß eine entsprechende Erhöhung des EP nicht oder nicht in der notwendigen Höhe in Verhandlungen mit dem Bauherrn und dem Engineer durchsetzbar sein wird, ist es Aufgabe der Vertragsmanagementgruppe, die finanzielle Bewertung dieses Sachverhalts durch einen entsprechend hohen Risikozuschlag in das Angebot einfließen zu lassen. Eine Alternative wäre, diejenigen Positionen, bei denen eine maßgebliche Mengenunterschreitung zu vermuten ist, kalkulatorisch nicht mit den Gemeinkosten zu beaufschlagen. Dieses Verfahren kann nicht uneingeschränkt angewandt werden, denn dies würde z.B. in den USA zur Disqualifikation des Bieters führen.

Nachträge (Claims). Die Einzelheiten der Behandlung von Nachtragsforderungen des Auftragnehmers (Procedure for Claims) sind im Abschnitt 53 geregelt. Nachträge sind demzufolge innerhalb von 28 Tagen dem Engineer zur Kenntnisnahme vorzulegen. Die Schriftform ist unerläßlich. Dabei kann parallel zur postalischen Mitteilung zusätzlich eine Übersendung per Fax vorgenommen werden, um die fristgerechte Meldung per Sendebericht nachweisen zu können.

Die Anspruchsstellung setzt selbstverständlich voraus, daß der Bauherr die Störung des Bauablaufs zu vertreten hat. Parallel zur Nachtragsforderung müssen detaillierte Aufzeichnungen erstellt werden, die den Engineer in die Lage versetzen sollen, den Nachtrag sowohl dem Grunde nach als auch bezüglich der Höhe der Nachtragsforderungen beurteilen zu können. Diese prüffähigen Unterlagen müssen dem Engineer im Normalfall 28 Tage nach Zusendung der Mitteilung über die Nachtragsforderung zugehen. Es muß naturgemäß im Interesse des Auftragnehmers liegen, die Nachforderungen möglichst zügig erstattet zu bekommen. Dies wird um so leichter durchsetzbar sein, je besser die Dokumentation der entsprechenden Vorgänge auf der Baustelle seitens des Vertragsmanagements bzw. der Bau- und Projektleitung vorgenommen wird. Neben dem üblichen Bauberichtswesen empfiehlt sich eine Photodokumentation (mit eingeblendeter Datumsangabe) für die Schlüsselpositionen. Dies gilt natürlich insbesondere für solche Bauleistungen, die durch nachfolgende Leistungen überdeckt werden und damit nicht mehr oder nur unter unvertretbar hohem Aufwand eingesehen werden können.

Ist die Nachforderung unstrittig, erhält der Auftragnehmer eine entsprechende Bestätigung vom Engineer und es erfolgt eine Abschlagszahlung. Sofern die Anspruchsvoraussetzungen für den Nachtrag entfallen, kann die Schlußzahlung für den jeweiligen Nachtrag erfolgen.

Kann keine Einigung zwischen den Vertragsparteien wegen der Höhe der Nachträge erzielt werden, muß die Entscheidung des Schiedsgerichts herbeigeführt werden (Abschnitt 67.3 Arbitration)

Bauzeitverlängerung. Grundsätzlich sind Bauzeitverlängerungen bei Vorliegen bestimmter Voraussetzungen im Abschnitt 44.1 Extension of Time for Completion geregelt.

In the event of:
(a) the amount or nature of extra or additional work,
(b) any cause of delay referred to in these Conditions,
(c) exceptionally adverse climatic conditions,
(d) any delay, impediment or prevention by the Employer, or
(e) other special circumstances which may occur, other than through a default of or breach of contract by the Contractor or for which he is responsible, being such as fairly to entitle the Contractor to an extension of the Time for Completion of the Works, or any Section or part thereof, the Engineer shall, after due consultation with the Employer and the Contractor, determine the amount of such extension and shall notify the Contractor accordingly, with a copy to the Employer.

Die Regelung gemäß 44.1 (e) sieht bei Behinderungen und Verzögerungen, die der Bauherr zu vertreten hat, vor, daß der Engineer im Einvernehmen mit dem Bauherrn und dem ausführenden Unternehmen eine angemessene Bauzeitverlängerung festlegen kann. Abgesehen von offenkundigen Behinderungen, z.B. wegen fehlender Ausführungsunterlagen, können aber auch Mengenüberschreitungen zu einer Verlängerung der Bauzeit führen.

Ist eine Einigung über die Fristverlängerung zwischen den Vertragsparteien nicht zu erreichen, weil der Bauherr auf der Einhaltung des vertraglich fixierten Fertigstellungstermins besteht, erhebt sich die Frage nach der Erstattung der anfallenden Beschleunigungskosten. Mehrkosten für die beschleunigte Ausführung können dabei durch Verstärkung des Personals, Nachtschichten, den Einsatz von zusätzlichem Baugerät etc. entstehen. Um diese Beschleunigungskosten beim Bauherrn durchsetzen zu können, bedarf es einer sorgfältigen Dokumentation. Vertragsmanagement und Projektleitung sollten die Auswirkungen der vom Bauherrn zu vertretenden Vertragsänderungen auf den Bauablauf detailliert nachweisen. Dazu gehört in erster Linie die Feststellung der Ist-Leistung und der Vergleich mit der Soll-Leistung gemäß Bauzeitenplan. Auf dieser Basis lassen sich dann die zu erwartenden Verzögerungen hochrechnen.

Mengenüberschreitungen können, abgesehen von ihren finanziellen Auswirkungen bezüglich der Nachtragsforderungen, zu weiteren vertragsrechtlichen Konsequenzen führen. Beim Soll/Ist-Vergleich sind daher auch die Auswirkungen der zeitlichen Verzögerung auf vertraglich fixierte Zwischentermine, auf (Teil-) Abnahmen zu beachten, wenn bei Überschreitung dieser Termine Vertragsstrafen fällig werden.

Abnahme, Gewährleistung. Die Abnahme bzw. die Ausstellung der Abnahmebescheinigung regelt Teil I, Abschnitt 48.1 (Taking-Over Certificate)

When the whole of the Works have been substantially completed and have satisfactorily passed any Tests on Completion prescribed by the Contract, the Contractor may give a notice to that effect to the Engineer, with a copy to the Employer, accompanied by a written undertaking to finish with due expedition any outstanding work during the Defects Liability Period. Such notice and undertaking shall be deemed to be a request by the Contractor for the Engineer to issue a Taking-Over Certificate in respect of the Works. The Engineer shall, within 21 days of the date of delivery of such notice, either issue to the Contractor, with a copy to the Employer, a Taking-Over Certificate, stating the date on which, in his opinion, the Works were substantially completed in accordance with the Contract, or give instructions in writing to the Contractor specifying all the work, which, in the Engineer´s opinion, is required to be done by the Contractor before the issue of such Certificate. The Engineer shall also notify the Contractor of any defects in the Works affecting substantial completion that may appear after such instructions and before completion of the Works specified therein. The Contractor shall be entitled to receive such Taking-Over Certificate within 21 days of completion, to the satisfaction of the Engineer, of the Works so specified and remedying any defects so notified.

Der Auftragnehmer informiert den Engineer (in Schriftform) über die Fertigstellung der Arbeiten, d.h. die Fertigstellung der wesentlichen nach dem Vertrag geforderten Bauleistungen. Dieses Schreiben muß auch eine Verpflichtungserklärung enthalten, daß der Auftragnehmer die noch ausstehenden Restleistungen ordnungsgemäß und unverzüglich *(Final completion)* ausführen wird.

Sofern seitens des Engineer keine Beanstandungen vorliegen, erstellt er die Abnahmebescheinigung *(Taking-Over Certificate)*. Ist der Engineer dagegen der Meinung, daß noch wesentliche Leistungen zu erbringen sind, erfolgt keine Abnahme. Die ausführende Firma ist also gezwungen, die geforderten Bauleistungen zu erbringen, damit sie die Abnahmebescheinigung und letztlich auch die Auszahlung der Einbehalte erhält. Hier liegt naturgemäß erhebliches Konfliktpotential bei der Abwicklung von Baumaßnahmen.

Aber auch nachdem diese vertragliche Hürde genommen ist, hat der Bauherr nach wie vor eine starke Verhandlungsposition. Zunächst müssen sämtliche Schäden, die während des Gewährleistungszeitraums aufgetreten sind, behoben werden. Erst danach wird der Engineer die Bescheinigung über den Ablauf der Gewährleistungszeit *(Defects Liability Certificate)* ausstellen.

Spätestens 56 Tage nach Erhalt des Defects Liability Certificate muß der Auftragnehmer eine vorläufige Schlußrechnung *(Draft Final Statement)* erstellen, die Angaben über die Kosten der vertragsgemäßen Leistung sowie sonstiger zusätzlicher Bauleistungen in prüffähiger Form enthalten sollte. Auch hier hat der Bauherr, gemeinsam mit dem Engineer, bei Streitigkeiten über die vertragsgemäße Ausführung im Prinzip großen Spielraum, durch immer neue Forderungen bezüglich der Nachweise über die zu prüfenden Unterlagen die Aufstellung der Schlußrechnung und letztlich die Schlußzahlung hinauszuzögern (Final Payment gemäß Abschnitt 60.10)

Es empfiehlt sich also, um derartige Verzögerungen bei der Abnahme und der Schlußzahlung zu vermeiden, entsprechende Qualitätssicherungsmaßnahmen durchzuführen. Das betrifft selbstverständlich nicht nur die eigenen Leistungen, sondern auch die von sämtlichen Subunternehmern.

Änderungen der Kosten und der Gesetzgebung (Increase or Decrease of Cost 70.1).

> There shall be added to or deducted from the Contract Price such sums in respect of rise or fall in the cost of labour and/ or materials or any other matters affecting the cost of the execution of the Works as may be determined in accordance with Part II of these Conditions.

Löhne und Materialkosten können bei über einen längeren Zeitraum laufenden Baumaßnahmen in größerem Umfang steigen. Um das unternehmerische Risiko für diesen Bereich zu minimieren, empfiehlt sich die vertragliche Vereinbarung einer Gleitklausel sowohl für die Löhne als auch für die (Haupt-) Baustoffe. Teil II der FIDIC-Bedingungen enthält alternative Vorschläge für die Formulierung solcher Gleitklauseln. Bei der ersten Variante wird die Basic Rate (niedrigster allgemein geltender Lohn 28 Tage vor dem Submissionstermin) mit der Current Rate (aktueller Lohn aufgrund staatlicher Gesetze, Verordnungen, Erlasse oder sonstiger Rechtsvorschriften) verglichen. Die Mehr- oder Minderkosten werden aus der Multiplikation aller geleisteten Arbeitsstunden mit der Differenz aus Current Price und Basic Price ermittelt. Analog erfolgt die Ermittlung bei Stoffpreisänderungen (Current Prices, Basic Prices). In beiden Fällen werden Overhead-Kosten und der kalkulatorische Ansatz für Wagnis und Gewinn bei der Ermittlung von Mehr- oder Minderkosten nicht berücksichtigt. Die zweite Variante schlägt eine Indexierung der Lohn- und Stoffkosten vor. Aus der Differenz der Indizes, dividiert durch den Basis-Index ergibt sich der Abrechnungsfaktor. Es kann in einigen Ländern durchaus vorkommen, daß der amtlich ermittelte Index nicht unbedingt die tatsächlichen Verhältnisse erfaßt. Insofern ist in solchen Fällen besondere Sorgfalt bei der Festlegung von Gleitklauseln geboten.

Nachträgliche Änderungen in der Gesetzgebung betreffen häufig Steuern, Zölle oder sonstige Restriktionen z.B. für den Import von Baugeräten. Auch hierfür sollten entsprechende Vereinbarungen zwischen den Vertragsparteien getroffen werden. Generell sollte der Auftragnehmer aber versuchen, einen Ausschluß für nach Vertragsabschluß eingetretene Änderungen der Gesetzgebung zu erreichen und das damit verbundene Risiko dem Bauherrn zu übertragen.

Wechselkursrisiko. Änderungen der Wechselkurse bei den vertraglich vereinbarten Lokal- oder Fremdwährungen können das Betriebsergebnis der Baustelle verschlechtern bzw. zu erheblichen Verlusten führen. Vertragsmanagement und Projektleitung sind auch hierbei gefordert, die finanziellen Auswirkungen auf Bietungs- und Vertragserfüllungsgarantien, Einbehalte, den Zahlungsplan etc. zu berücksichtigen. Bei Ländern mit hoher Inflationsrate ist zu prüfen, ob die Abschlagsrechnungen in kurzen Abständen z.B. monatlich gestellt werden müssen. In jedem Fall sollte das Vertragsmanagement bei der Angebotsbearbeitung zur Einschätzung und Bewertung der aus veränderten Wechselkursen resultierenden Risiken Finanzexperten hinzuziehen.

3.2.2
BOT-Projekte

Die Abkürzung BOT steht für Build, Operate and Transfer, also Bau, Betrieb und Übergabe von Bauprojekten. Diese Art der Projektdurchführung ist insbesondere im außereuropäischen Auslandsbau gebräuchlich. Ein BOT-Projekt umfaßt über die im Kürzel enthaltenen Schwerpunkte Bau, Betrieb und Übergabe hinaus noch weitere wichtige Bereiche wie Finanzierung und Planung. Der konventionelle Bau ist damit nur eines der Aufgabenfelder eines BOT-Projektes.

Wesentliche Details eines BOT-Projektes sind damit

- Finanzierung,
- Grundstücksbeschaffung,
- Planung,
- Bau,
- Betrieb,
- Übergabe.

BOT-Projekte stehen meist in Zusammenhang mit der Realisierung von Infrastrukturmaßnahmen, die normalerweise von der öffentlichen Hand finanziert und ausgeführt werden. Ein wesentlicher Vorteil der Anwendung von BOT-Modellen ist, daß der öffentliche Haushalt nicht durch die Aufnahme von Krediten belastet wird, da die Finanzierung durch den privaten Konzessionär aufgebracht wird. Die bauausführenden Firmen treten meist auch als Investoren auf.

Im Bereich der öffentlichen Bauaufgaben können u.a. folgende Projekte realisiert werden (Ausgeführte bzw. im Bau befindliche Beispiele jeweils in Klammern):

- Autobahnen (Polen),
- Schnellstraßen (Bangkok),
- Großbrücken (Dänemark, Brückenverbindung zwischen Fünen und Seeland),
- Tunnel (Eurotunnel zwischen England und Frankreich),
- Untergrundbahnen (Ankara),
- Flughäfen (Athen),
- Kraftwerke (Malaysia, Pakistan, USA),
- Müllverbrennungsanlagen (Belgien, USA, Schweiz).

BOT-Projekte gibt es auch im Bereich der privaten Betreiber, so z.B. bei Verwaltungsgebäuden, Einkaufszentren oder Hotels. Hier gibt es in weiten Bereichen eine Übereinstimmung zwischen BOT-Projekten und dem Inlandsgeschäftsbereich „Projektentwicklung".

Die Angebotsbearbeitung und die Abwicklung von BOT-Projekten ist ausgesprochen komplex und die Anforderungen an alle an der Realisierung Beteiligten sind sehr viel höher als im „normalen" Baubetrieb. Die Projekte sind im wesentlichen durch lange Vertragslaufzeiten und vergleichsweise hohe Risiken gekennzeichnet. BOT-Projekte enthalten in aller Regel vier Strukturelemente:

- Konzessionsvertrag zur Ausführung und Betrieb eines Bauprojektes,
- Finanzierung durch den Konzessionär bzw. die Projektgesellschaft,
- Erhebung von Benutzungsgebühren zur Rückzahlung der gesamten Finanzierungskosten,
- Übergabe an die öffentliche Hand oder Private nach Ablauf der Konzession.

Bei BOT-Infrastrukturmaßnahmen geht die Initiative meist von staatlichen Stellen aus. Die Regierung oder hochrangige Behörden definieren zunächst den Bedarf.

Beispiel. Die Regierung möchte gern eine Autobahnverbindung von einem Industriezentrum zum benachbarten Ausland schaffen, um die Produkte schneller auf den Markt bringen zu können. Weil Haushaltsmittel für die Durchführung nicht in ausreichendem Maße zur Verfügung stehen, die Maßnahme aber dringend erforderlich und auch politisch gewollt ist, wird ein BOT-Projekt ausgeschrieben. Bieter für ein solches Projekt treten meist als Konsortium unter Einbindung der finanzierenden Banken und lokaler Bauunternehmen auf. Nach Auftragserteilung bildet die Bietergemeinschaft eine Projektgesellschaft, die sämtliche Verträge mit den am Projekt Beteiligten abschließt (Kreditgeber, Planungsbüros, Lieferanten, Subunternehmer, Betriebsgesellschaft etc.). Die Projektgesellschaft wird i.d.R. im betreffenden Land selbst und nach dort geltendem Recht gegründet.

Es müssen folgende Schritte bis zur Angebotsabgabe unternommen werden:

1. Grundstücksbeschaffung:
Es muß grundsätzlich geklärt werden, ob das oder die Grundstück(e) gekauft (z.B. für den Bau eines Verwaltungsgebäudes) oder ob Erbpachtrechte erworben werden sollen. Beim Bau von Autobahnen dürfte sich der Grunderwerb durch die öffentliche Hand empfehlen, insbesondere dann, wenn Enteignungen vorgenommen werden müssen. Die Grundstücke für die Trasse, aber auch für die Nebenanlagen wie Rastanlagen etc. werden dann dem Konzessionär für die Laufzeit der Konzession zur Nutzung zur Verfügung gestellt.

2. Finanzierung:
Die Bieter müssen die komplette Finanzierung, gelegentlich unter Einbeziehung öffentlicher Kredite, sicherstellen. Dazu gehören Kosten für die Planung, evtl. Grunderwerb, Bau- und Betriebskosten, Zinsen etc.

3. Planung:
Meist stehen für ein BOT-Projekt nur Eckdaten in Form einer Feasibility-Studie zur Verfügung. Um das Baugrundrisiko zu begrenzen, sollten aber detaillierte Angaben zu den Boden- und Grundwasserverhältnissen vorhanden sein. Die Kosten für die Angebotsbearbeitung sind in jedem Fall deutlich höher als bei den

sonst üblichen Bauausschreibungen. Die Bieter bzw. später der Konzessionär müssen die Ausführungsplanung selbst aufstellen oder die Planungsleistung an ein Ingenieurbüro vergeben. Die Konzessionäre haben großes Interesse daran, Bau und Betrieb möglichst wirtschaftlich abzuwickeln. Die Planungsunterlagen müssen vom Konsortium zur Genehmigung eingereicht werden. Der Zeitbedarf für die Planung und das Genehmigungsverfahren muß im Terminplan entsprechend berücksichtigt werden.

4. Bau
Wegen der Komplexität solcher Baumaßnahmen schließen sich meist mehrere Bauunternehmen zu einer Bietergemeinschaft zusammen. Häufig ist die Einbeziehung lokaler Bauunternehmen politisch gewünscht. Die Einbindung dieser Firmen empfiehlt sich ohnehin wegen der Kontakte dieser Unternehmen zu den lokalen Behörden. Zwischen der Bietergemeinschaft und den Subunternehmern sowie den Lieferanten werden Vorverträge abgeschlossen. Diese werden erst mit der Erteilung der Konzession wirksam.

5. Betrieb
Die Einnahmen aus dem Betrieb werden für die Bedienung des Kapitals, die Rückzahlung der Kredite und für eine angemessene Rendite verwendet. Darüber hinaus müssen aus den Betriebseinnahmen auch Mittel für den laufenden Betrieb (Wartungs- und Instandsetzungsarbeiten) entnommen werden. Die Gebühren, z.B. in Form einer Maut für die Benutzung eines Tunnels oder eines Autobahnabschnittes müssen dabei relativ niedrig sein, damit die Verkehrsteilnehmer nicht aus Kostengründen alternative Routen wählen. Die hohen Investitionen führen zu langen Laufzeiten der BOT-Projekte von bis zu 25 Jahren, – von Sonderfällen abgesehen. Beim Eurotunnel zwischen Frankreich und England beträgt die Laufzeit des Konzessionsvertrages z.B. inzwischen 65 Jahre.

6. Übergabe
Nach Ablauf der Konzession wird das Projekt zu einem vorher vertraglich fixierten Restwert der jeweiligen Regierung oder an Private übergeben. Ansprüche des Konzessionärs auf das Nutzungsentgelt entfallen zum Zeitpunkt der Übergabe des Projektes.

BOT-Projekte beinhalten eine Reihe von Risiken, die eine besonders sorgfältige Angebotsbearbeitung notwendig machen:

- Projektierungsrisiko
- Bauausführungsrisiko
- Länderrisiko

Projektierungsrisiko. Ein Projektierungsrisiko tritt insbesondere dann auf, wenn die Realisierung an bestimmte Ausgangsdaten geknüpft ist, die während der Betriebsphase praktisch unverändert bleiben müssen, um den wirtschaftlichen Erfolg sicherzustellen.

Beispiel. Im Rahmen der Abfallentsorgung einer Region werden Überlegungen angestellt, eine Müllverbrennungsanlage zu errichten. Grundlage der Planung ist eine überschlägig ermittelte jährliche Abfallmenge mit einem statistisch erfaßten Anteil an Papier, Holz, Biomüll, Plastik etc. und damit auch mit einem bestimmten Heizwert. Verändert sich die Zusammensetzung des Mülls z.B. durch Veränderungen des Konsumentenverhaltens, durch Nutzung alternativer Entsorgungsmöglichkeiten oder politische Zielsetzungen, kann z.B. der Heizwert so weit absinken, daß zusätzlich ein Energieträger eingesetzt werden muß. Dadurch wird die Wirtschaftlichkeit des Projektes gefährdet. Zur Vermeidung derartiger wirtschaftlicher Risiken sollten deshalb entsprechende Liefermengengarantien (deliver or pay obligations) oder Preisgleitklauseln bei Veränderungen der Müllzusammensetzung vertraglich vereinbart werden.

Bauausführungsrisiko. Im Stadium der Angebotbearbeitung liegen nur einige wenige verläßliche Daten wie z.B. Baugrunduntersuchungen vor. Die Bietergemeinschaft kann also den bautechnisch notwendigen Aufwand für das Projekt nur relativ grob abschätzen. Mögliche Komplikationen und damit Mehrkosten müssen über entsprechende Zuschläge in der Kalkulation berücksichtigt werden.

Das Mengenrisiko trägt i.d.R. die Bietergemeinschaft bzw. der spätere Konzessionär. Wenn Mehrkosten auftreten, z.B. weil mehrere der auszuführenden Brücken statt mit der kalkulatorisch erfaßten Flachgründung mit einer Pfahlgründung ausgeführt werden müssen, können diese Mehrkosten gegenüber dem Bauherrn nicht geltend gemacht werden.

In Einzelfällen kann durch unvorhergesehene bautechnische Schwierigkeiten die Fertigstellung des gesamten Projekts gefährdet werden. Das BOT-Projekt kann allerdings nur dann Einnahmen abwerfen, wenn es komplett fertiggestellt ist und in Betrieb genommen wird. Insofern sind die Konzessionsgeber in solchen Fällen mehr oder weniger gezwungen, weitere Kredite zu gewähren oder die Konzessionszeit zu verlängern.

Länderrisiko. BOT-Projekte verfügen, wie schon ausgeführt, über relativ lang Laufzeiten von z.T. 25 und mehr Jahren. Die Einschätzung der politischen Stabilität und der allgemeinen wirtschaftlichen Entwicklung eines Landes über einen so langen Zeitraum ist praktisch unmöglich. Dies gilt keineswegs nur für Entwicklungsländer. Insofern muß man der Absicherung der Investitionen durch Hermes-Bürgschaften o.ä. besondere Aufmerksamkeit schenken. Es ist generell nicht auszuschließen, daß es während der langen Laufzeit des Projektes veränderte politische Zielsetzungen der jeweiligen Regierung geben kann. Veränderungen der Steuergesetzgebung, Inflationsgefahren sowie Wechselkursschwankungen stellen weitere ernst zu nehmende Risiken dar, die den wirtschaftlichen Erfolg eines BOT-Projektes gefährden können.

Angesichts der doch erheblichen Probleme, die mit der Übernahme eines BOT-Projektes verbunden sind, werden normalerweise nur besonders kapitalkräftige und erfahrene Bauunternehmen als Bieter bzw. Konzessionär akzeptiert. Durch die Schaffung einer Projektgesellschaft für das jeweilige Bauvorhaben wird die Durchgriffshaftung auf die Investoren bzw. die Gesellschafter vermieden. Die Gesellschafter haften nur mit ihrem Anteil am Eigenkapital der Projektgesellschaft.

Die Vertragsbedingungen müssen grundsätzlich immer auf den Einzelfall zugeschnitten werden. Lediglich im Bereich des eigentlichen Baus kann auf bewährte Vertragsbedingungen wie etwa die FIDIC-Vertragsbedingungen zurückgegriffen werden. Es bleibt unerläßlich, insbesondere die Zahlungsrisiken durch Garantien, am besten durch die Zentralbank des jeweiligen Landes, abzusichern. Für die Regelung von Streitigkeiten sollte ein Schiedsgerichtsverfahren vereinbart werden.

3.2.3
Turnkey Contract

Im Mai 1994 hat der europäische Bauindustrieverband *EIC (European International Contractors)*, Wiesbaden Vertragsbedingungen für den schlüsselfertigen Bau veröffentlicht:

Turnkey Contract
-Conditions of Contract for Design und Construct Projects -

Fast zeitgleich hat auch die FIDIC (*Fedération Internationale des Ingénieurs Conseils*) zu diesem Komplex Vertragsbedingungen veröffentlicht:

Conditions of Contract for Design-Build and Turnkey

Gegenwärtig werden die FIDIC-Bedingungen überarbeitet, so daß im folgenden nur auf die EIC-Bestimmungen näher eingegangen wird. Die Planung kann in folgende Abschnitte eingeteilt werden:

Tender Design (Vorplanung),
Preliminary Design (Entwurfsplanung),
Final Design (Ausführungsplanung).

Nach den EIC-Bedingungen hat der Bauherr einen Vorentwurf *(Conceptual Design)* für das von ihm gewünschte Bauwerk zu liefern. Die darin enthaltenen Angaben sollten soweit präzisiert sein, daß zum einen die Bieter in die Lage versetzt werden, ein entsprechendes Angebot auszuarbeiten und zum anderen, daß der Bauherr wirklich miteinander vergleichbare Konzepte erhält. Aus dem Tender Design muß erkennbar sein, welche technische Lösung der jeweilige Bieter gewählt hat. Der Bauherr kann dann prüfen, ob seine Vorstellungen und Bedingungen erfüllt sind und ob das Angebot akzeptabel ist.

Entscheidet sich der Bauherr für eine bestimmte Konzeption *(Tender Design)* und besteht Einigkeit über die Art der Ausführung, kann der Vertrag unterschrieben werden. Erst nach Unterzeichnung des Vertrages beginnt die Phase des Preliminary Design, die im übrigen vom Bauherrn angemessen zu vergüten ist.

Damit soll vermieden werden, daß mehrere Bieter auf ihre Kosten den relativ hohen Planungsaufwand zur Erstellung des Preliminary Design betreiben, obwohl ungewiß ist, ob sie den Auftrag überhaupt erhalten werden.

> 3.7 Where approvals are required or sought from the Owner under the Contract, the Owner shall give timely consideration to approval or disapproval. If the Owner has not approved or disapproved within 14 (fourteen) Days of submission by the Contractor to the Owner for approval, the Approval shall be deemed to have been given.

Die Turnkey Contract-Bedingungen schaffen einen relativ engen zeitlichen Rahmen für die Genehmigung der Planunterlagen durch den Bauherrn. Werden die eingereichten Unterlagen nicht innerhalb von 14 Tagen nach Erhalt durch den Bauherrn genehmigt oder abgelehnt, wird stillschweigend vorausgesetzt, daß die Genehmigung damit als erteilt gilt. Durch diese Regelung soll verhindert werden, daß Verzögerungen des Baubeginns infolge überlanger Prüfungszeiten auftreten.

Zur Beschleunigung der Bauausführung kann der Auftragnehmer sein Preliminary Design stufenweise bearbeiten und dem Bauherrn zur Genehmigung einreichen. Im Bauvertrag ist festzulegen, bis zu welchem Termin der Auftragnehmer diese Planungsunterlagen spätestens vorlegen muß. Der Bauherr ist berechtigt, nach Erhalt der Unterlagen Änderungen oder Ergänzungen am Preliminary Design vorzunehmen.

Solche Planungsänderungen bewirken meist Bauzeitverlängerungen und/ oder Mehrkosten. Eine angemessene Verlängerung der Ausführungsfrist muß der Bauherr konzedieren. Die Angemessenheit der Höhe der Nachforderungen ist zwangsläufig Gegenstand intensiver Verhandlungen und führt häufig auch zu Streitigkeiten. Es ist Sache des Auftragnehmers, eine stichhaltige Begründung für die Notwendigkeit einer Bauzeitverlängerung und auch für die Mehrkostenforderungen zu liefern.

Es sollte ebenfalls vertraglich vereinbart sein, bis zu welchem Zeitpunkt der Auftragnehmer sein Final Design (Ausführungsplanung) dem Bauherrn zur Genehmigung vorzulegen hat. Das Final Design wird nach Genehmigung durch den Bauherrn zum Approved Design, d.h. zu den für die Ausführung freigegebenen Plänen. Der Auftragnehmer kann unmittelbar nach der Freigabe mit der Bauausführung beginnen.

Häufig sind die Ausführungsfristen knapp bemessen. Es empfiehlt sich, mit der Bauausführung nicht zu warten, bis die gesamte Planung abgeschlossen, eingereicht und genehmigt ist. Die Baumaßnahme sollte in klar abgrenzbare Bauabschnitte o.ä. untergliedert werden. Planung und Genehmigung können dann sukzessive und an den Baufortschritt angepaßt bearbeitet und freigegeben werden.

Zusammen mit dem Final Design muß der Auftragnehmer einen detaillierten Terminplan mit den wichtigsten Arbeitsabläufen vorlegen. Das Führungspersonal muß namentlich benannt werden. Es empfiehlt sich, den Unterlagen einen Zahlungsplan beizufügen, aus dem hervorgeht, nach welchem Modus die Abschlagszahlungen und zu welchem Termin die Schlußzahlung zu leisten ist. Der Zahlungsplan sollte generell Vertragsbestandteil werden.

Prinzipiell kann der Bauherr auch beim Final Design noch Änderungen verlangen. Unter Änderungen sind dabei sämtliche Ergänzungen, Modifizierungen, zusätzliche Leistungen, der Entfall von Teilleistungen etc. zu verstehen. Der Auftragnehmer ist verpflichtet, innerhalb von 28 Tagen dem Bauherrn die durch die Änderungen voraussichtlich entstehenden Mehrkosten in übersichtlicher und nachprüfbarer Form aufzulisten. Eine durch die Leistungsänderung notwendig werdende Verlängerung der Ausführungsfrist ist ebenfalls stichhaltig zu begründen. In Einzelfällen kann es auch zur Umstellung des gesamten Bauverfahrens kommen, wenn z.B. trotz erheblicher Zusatzleistungen der Endtermin eingehalten werden soll.

In Verhandlungen mit dem Bauherrn ist festzulegen, ob und zu welchem Preis zusätzliche Leistungen ausgeführt werden sollen. Schwierigkeiten kann die Preisermittlung insbesondere bei Pauschalpreisverträgen mit sich bringen. Besteht Einigkeit zwischen den Vertragsparteien, müssen die getroffenen Vereinbarungen schriftlich fixiert werden, um spätere Streitigkeiten zu vermeiden. Generell sollte die Einigung über die Höhe der Mehrkosten und Fristverlängerungen vor der Ausführung herbeigeführt werden.

Änderungsvorschläge seitens des Auftragnehmers sind generell durch den Bauherrn zu genehmigen. Der Bauherr wird daraus resultierende Minderkosten, zumindest teilweise, für sich beanspruchen.

Im Turnkey Contract ist der Auftragnehmer sowohl für den Bau als auch für die Planung verantwortlich. Für den Bauherrn hat das mehrere Vorteile. Er muß nicht, wie sonst im Baugeschehen üblich, fristgerecht ausführungsreife Pläne liefern und er erspart sich damit die zeitraubende Koordinierung zwischen Architekt, Tragwerksplaner und bauausführender Firma. Das Mengenrisiko liegt beim Auftragnehmer, d.h. fehlerhafte Mengenermittlungen und sonstige Fehler in den Planunterlagen gehen grundsätzlich zu seinen Lasten. Wenn der Auftragnehmer die Planungsleistungen an Dritte vergeben hat, haftet er trotzdem gegenüber dem Bauherrn auch für die Planung in vollem Umfang. Eine Ausnahme bilden lediglich Anordnungen des Bauherrn, bei denen der Auftragnehmer ausdrücklich die Übernahme der Verantwortung abgelehnt hat (schriftlich).

Diese Regelung verpflichtet den Auftragnehmer zu einer sorgfältigen und technisch einwandfreien Ausführung seiner Arbeiten. Die Leistungen der von ihm eingeschalteten Subunternehmer hat er auch unter dem Aspekt einer mängelfreien Ausführung zu überwachen, da er gegenüber dem Bauherrn für die Gesamtleistung haftet. Über den Fortgang der Ausführung hat der Auftragnehmer den Bauherrn in regelmäßigen Abständen zu informieren. Dies muß jeweils spätestens 14 Tage nach Ablauf des vorangegangenen Monats erfolgen (Clause 7.1).

Um Mängel oder Abweichungen vom Approved Design frühzeitig feststellen zu können, ist im Grunde eine lückenlose Überwachung der Bauausführung durch den Bauherrn notwendig. Wegen fehlender Sachkunde läßt sich der Bauherr in vielen Fällen durch einen Architekten oder einen Projektsteuerer vertreten. Der Vertreter ist dem Bauherrn gegenüber für die mängelfreie und termingerechte Ausführung des Bauvorhabens verantwortlich. Dem Auftragnehmer gegenüber ist er bevollmächtigt, Anordnungen und Entscheidungen zu treffen. Mittelbar ist damit der Bauherr dem Auftragnehmer gegenüber für alle Anweisungen oder Unterlassungen seines Bevollmächtigten haftbar.

Für die Beilegung von Streitigkeiten ist ein zweistufiges Verfahren vorgesehen. Die erste Stufe ist der Versuch, eine gütliche Einigung zwischen den Vertragsparteien herbeizuführen. Kommt keine Einigung zustande, wird als zweite Stufe das Schiedsgerichtsverfahren zur Beilegung der Streitigkeiten eingeleitet.

3.2.4
Einzelpunkte im Bauvertrag

Es empfiehlt sich, eine Projekt-Checkliste für die Angebotsbearbeitung auszuarbeiten. Diese sollte zunächst die wichtigsten Daten über Auftraggeber und Engineer, die Fertigstellungstermine sowie den bautechnischen Schwerpunkt der Baumaßnahme enthalten. Außerdem sollten die wesentlichen vertragsrechtlichen Details in dieser Liste mit aufgeführt werden. Damit ist ein Rahmen geschaffen, der grundlegende und häufig wiederkehrende Bestimmungen enthält. Da jede Präqualifikation bzw. Ausschreibung stark von dem jeweiligen Land abhängt, wo das Bauwerk erstellt werden soll (Infrastruktur, klimatische Bedingungen, Leistungsfähigkeit regionaler Subunternehmer etc.), müssen in jedem Fall über die Checkliste hinaus die Bedingungen jedes einzelnen Projekts geprüft werden, damit möglichst keine Risiken übersehen werden.

Experts Report/ Gutachten. Das wichtigste Gutachten dürfte im Regelfall das Baugrundgutachten sein. Hier ist zu prüfen, in welchem Raster und bis zu welcher Tiefe Aufschlußbohrungen vorgenommen wurden, um aussagekräftige Ergebnisse zu erzielen. Werden vor Ort später vom Gutachten abweichende Baugrundverhältnisse angetroffen, kann dies zu langwierigen Auseinandersetzungen mit dem Engineer bezüglich der Vergütung oder einer notwendigen Bauzeitverlängerung führen. Es empfiehlt sich in jedem Falle, im Bauvertrag Festlegungen für den Fall abweichender Baugrundverhältnisse zu treffen.

Planlieferung / Technische Bearbeitung. Im Regelfall hat der Bauherr bzw. der Engineer die freigegebenen und genehmigten Pläne zu liefern. Dies muß mit einem gewissen zeitlichen Vorlauf geschehen, damit das ausführende Unternehmen entsprechend disponieren kann. Verspätet gelieferte Planunterlagen führen zu Verzögerungen, Wartezeiten etc. und damit zu Mehrkosten. Es empfiehlt sich daher, eine Planlieferungsliste vertraglich zu vereinbaren.

Bietergemeinschaft/ Lokale Subunternehmer. Bei einer entsprechenden Projektgröße ist zu prüfen, ob die Gesamtleistung als Eigenleistung ausgeführt werden soll bzw. in welchem Umfang lokale Subunternehmer eingeschaltet werden sollen. Zur Risikominimierung kann es zweckmäßig sein, ein joint venture mit lokalen Firmen und anderen international tätigen Bauunternehmen einzugehen.

Sondervorschläge. Sind Sondervorschläge zugelassen, müssen Festlegungen getroffen werden, wer die technische Bearbeitung übernimmt. Besondere Sorgfalt muß auf die Mengenermittlung gelegt werden. Meist wird bei Sondervorschlägen eine Pauschalsumme vereinbart, wobei die Mengengarantie vom Bieter bzw. dem späteren Auftragnehmer übernommen werden muß. Durch die Pauschalierung ersparen sich beide Seiten umfangreiche Abrechnungs- oder Aufmaßarbeiten. Allerdings ist dem Auftragnehmer die Möglichkeit genommen, wegen Mengenüber- oder Mengenunterschreitungen Forderungen geltend zu machen.

Aufmaße, Abrechnung. Die ausgeschriebenen Vordersätze (Mengen) im Leistungsverzeichnis (LV) sind teilweise Schätzwerte. Normalerweise wird aber nach den tatsächlich ausgeführten Mengen und den im LV (Bill of Quantities) aufgeführten Einheitspreisen abgerechnet. Es kann durchaus im Interesse beider Vertragsparteien liegen, Teile der Leistung zu pauschalieren. Dies wird immer dann der Fall sein, wenn der Aufwand für Aufstellung und Prüfung der ausgeführten Leistung unverhältnismäßig hoch ist.

Auf der anderen Seite ist bei der Abrechnung besondere Vorsicht geboten, wenn Teilleistungen pauschaliert werden und die Massengarantie beim Auftragnehmer liegt. Häufig wurden in diesen Fällen keine ausreichend detaillierten Voruntersuchungen durchgeführt oder der Bauherr versucht, das entsprechende Risiko auf den Bieter bzw. den Auftragnehmer abzuwälzen

Beispiel. Ausgeschrieben sind Großbohrpfähle, wobei die Bodenarten nicht weiter spezifiziert sind:

> 18 000 m Großbohrpfähle, Durchmesser 1,50 m;
> Tiefe zwischen 20,0 m und 30,0 m je nach statischen Erfordernissen;
> der EP gilt für sämtliche anzutreffenden Bodenarten inkl. Fels

Es ist offensichtlich, daß der Bieter hier zur Begrenzung des Risikos eine Aufschlüsselung des Einheitspreises vornehmen und fordern muß, bei dem insbesondere die unterschiedlichen Bodenverhältnisse mit ihrer Gewichtung bei der Ermittlung des EP dargelegt und auch vertraglich als Abrechnungsbasis fixiert werden. Analoges gilt z.B. auch für eine Staffelung der Bohrtiefen, z.B. in 2-Meter-Schritten. Lassen sich derartige Abrechnungsmodalitäten nicht durchsetzen, müssen entsprechende Risikozuschläge eingerechnet werden.

Zahlungsbedingungen. Es gibt mehrere Möglichkeiten, Zahlungsbedingungen zu vereinbaren. In jedem Fall sollte der Zahlungsplan vertraglich fixiert werden. Liegt dem Bauvertrag ein Leistungsverzeichnis mit Einheitspreisen zugrunde, können die Zahlungen an die ausgeführten Bauleistungen gekoppelt werden. Je nach Leistungsfortschritt erfolgt die Zahlung z.B. im Monatsrhythmus.

Liegt ein Pauschalpreisvertrag vor, kann eine Drittel-Drittel-Drittel-Zahlung vereinbart werden. Das erste Drittel wird dann bei Auftragserteilung, das zweite z.B. bei Fertigstellung des Rohbaus und das dritte nach vorbehaltloser Abnahme der Gesamtleistung fällig.

Währung. Hierbei ist zu prüfen, in welcher Währung die Vergütung vorgesehen ist, z.B. in US-$, oder ob ein Teil der Vergütung in der jeweiligen Landeswährung vorgenommen werden soll. Mögliche Inflationsgefahren, Fragen der Konvertierbarkeit und Transferierbarkeit sind in diesem Zusammenhang zu prüfen. Änderungen der Wechselkurse können zu erheblichen Verlusten führen, deshalb sollten die damit zusammenhängenden Risiken vertragsrechtlich geregelt werden.

3.2.5
Checkliste Baustellenbegehung

Wie schon dargelegt, bergen Baumaßnahmen im Ausland erhebliche Risiken in sich. Insofern ist eine Baustellenbegehung durch das Projektteam, zumindest vom Projektleiter und dem Kalkulator unbedingt notwendig. Die nachfolgende Auflistung zeigt beispielhaft eine Checkliste für den Bereich der Verkehrsanbindung. Wegen der Komplexität der Aufgabenstellung im Auslandsbau muß für jede Baumaßnahme eine projektspezifische Checkliste aller relevanten Details erstellt und Punkt für Punkt abgearbeitet werden.

CHECKLISTE
1. Verkehrsanbindung

Projekt: ....

Kostenstelle: ....

Gelände: ....

BE: ....

Klima: ....

Bahnanschluß:

    Entfernung: ....

    Fahrzeit ....

    Transportkosten: ....

    Umschlagmöglichkeiten: ....

    Transportbeschränkungen: ....

    Lichtraumprofil: ....

    Sonstiges: ....

Internationaler Flughafen:

    Entfernung: ....

    Fahrzeit: ....

Regionalflughafen:

    Entfernung: ....

Fahrzeit: ....

Kosten Luftfracht: ....

Kosten Flugtickets: ....

Zollmodalitäten: ....

durchschnittliche Wartezeiten ....

Kosten Lagerung: ....

Gebühren: ....

Seehafen:

Entfernung: ....

Fahrzeit: ....

Lagerkosten: ....

Umschlagkapazität: ....

Gebühren: ....

Binnenhafen:

Entfernung: ....

Fahrzeit: ....

Lagerkosten: ....

Zollmodalitäten: ....

Umschlagkapazität: ....

Gebühren: ....

Sonstiges: ....

3.3
EU-Baukoordinierungsrichtlinie (BKR)

Es ist erklärtes Ziel der Mitgliedsstaaten der EU, durch schrittweise Angleichung der Wirtschaftspolitik eine Verbesserung der wirtschaftlichen Randbedingungen in allen Mitgliedstaaten zu erreichen. In diesem Zusammenhang wurden auf dem Bausektor in der Bundesrepublik Deutschland die EU-Baukoordinierungsrichtlinien für die öffentlichen Auftraggeber eingeführt. Sie wurden im Teil A der Verdingungsordnung für Bauleistungen (VOB) als „a"-Paragraphen eingefügt.

Öffentliche Auftraggeber im Sinne der BKR sind dabei Bund, Länder, Landkreise und Kommunen, sämtliche juristischen Personen, an denen der Staat Beteiligungen besitzt (z.B. Körperschaften des öffentlichen Rechts), die seiner Kontrolle unterliegen oder deren Baumaßnahmen mit öffentlichen Mitteln subventioniert werden.

§1 a Verpflichtung zur Anwendung der a-Paragraphen

(1) Die Bestimmungen der a-Paragraphen sind zusätzlich zu den Basisparagraphen für Bauaufträge anzuwenden, bei denen der geschätzte Gesamtauftragswert der Baumaßnahme bzw. des Bauwerks (alle Bauaufträge für eine bauliche Anlage) ohne Umsatzsteuer 5 Millionen Europäische Währungseinheiten (ECU) oder mehr beträgt. Der Gesamtauftragswert umfaßt auch den geschätzten Wert der vom Auftraggeber beigestellten Stoffe, Bauteile und Leistungen.

(2) Werden die Bauaufträge für eine bauliche Anlage mit einem geschätzten Gesamtauftragswert von mindestens 5 Mio. ECU in Losen vergeben, sind die Bestimmungen der a-Paragraphen anzuwenden
– bei jedem Los mit einem geschätzten Auftragswert von 1 Mio. ECU und mehr,
– unabhängig davon für alle Bauaufträge, bis mindestens 80 % des geschätzten Gesamtauftragswerts aller Bauaufträge für die bauliche Anlage erreicht sind.

Die Anwendungsgrenze gilt für Bauaufträge von mehr als 5 Mio. ECU (European Currency Unit). Der Gegenwert des ECU in DM liegt bei ca. 2 DM, so daß sich ein entsprechender Gesamtauftragswert von rd. 10 Mio. DM ergibt.

Bei Vergabe nach Losen ist die Grenze auf 1 Mio. DM sicher auch unter dem Aspekt festgelegt, eine „Atomisierung" des Auftragswertes von Großbauvorhaben zu vermeiden, damit nicht auf diesem Wege die BKR umgangen werden können (s. auch VOB/ A, §1a, Nr. 4)

Berücksichtigt man aber die stark regional ausgeprägte Struktur der Bauunternehmen, erscheint die Grenze von 5 Mio. ECU doch relativ niedrig. Im Regelfall werden, im wesentlichen wegen der großen Transportentfernungen, also nur Großprojekte europaweites Interesse finden, – mit Ausnahme der Bauvorhaben, die in der Nähe der jeweiligen Landesgrenzen liegen.

Um Bauunternehmen aus anderen Mitgliedsstaaten der EU eine Teilnahme am Wettbewerb zu ermöglichen, sind entsprechend lange Fristen für die Angebotsbearbeitung vereinbart worden.

§3 a Arten der Vergabe

Bauaufträge i. S. von §1a werden vergeben:
a) im Offenen Verfahren,
das der Öffentlichen Ausschreibung (§3 Nr. 1Abs. 1) entspricht,
(§3 Nr. 1 Abs. 1:   Bei öffentlicher Ausschreibung werden Bauleistungen im vorgeschriebenen Verfahren nach öffentlicher Aufforderung einer unbeschränkten Zahl von Unternehmern zur Einreichung von Angeboten vergeben.)

b) im Nichtoffenen Verfahren,
das der Beschränkten Ausschreibung nach Öffentlichem Teilnahmewettbewerb (§3 Nr. 1 Abs.2) entspricht,
(§3 Nr.1 Abs. 2:   Bei Beschränkter Ausschreibung werden Bauleistungen im vorgeschriebenen Verfahren nach Aufforderung einer beschränkten Zahl von Unternehmern zur Einreichung von Angeboten vergeben, ggf. nach öffentlicher Aufforderung, Teilnahmeanträge zu stellen (Beschränkte Ausschreibung nach Öffentlichem Teilnahmewettbewerb))

Da die EU-weiten Ausschreibungen einen erheblichen Arbeitsaufwand sowohl auf Auftraggeber- wie auch auf Bieterseite verursachen und wegen der Größe der Bauvorhaben ohnehin nur einige wenige Unternehmen für den Bieterkreis in Frage kommen, wird bei der Vergabe das „Nichtoffene Verfahren" zur Anwendung kommen. Dies entspricht der „Beschränkten Ausschreibung mit öffentlichem Teilnahmewettbewerb" gemäß VOB/ A §3, Nr. 1, Abs. 2 (vgl. Abschnitt 3.4.1)

Bauaufträge, die nach den BKR vergeben werden sollen, müssen vorab über das Amtsblatt der Europäischen Gemeinschaft bekannt gemacht werden. Damit erhalten interessierte Bieter schon eine Vorabinformation, welchen technischen Schwerpunkt die jeweilige Baumaßnahme haben wird.

Um eine gewisse Vergabetransparenz sicherzustellen, können Bieter, deren Angebot nicht berücksichtigt wurde, verlangen, daß ihnen die Gründe für die Nichtberücksichtigung und der Name der Baufirma, die den Auftrag erhalten hat, mitgeteilt werden.

3.4
Inlandsbaumarkt

3.4.1
Ausschreibung und Vergabe (Öffentliche Auftraggeber)

Öffentliche Auftraggeber sind verpflichtet, ihren Bauaufträgen die Verdingungsordnung für Bauleistungen (VOB) zugrunde zu legen. Die wichtigsten öffentlichen Auftraggeber sind der Bund, die Länder, die Landkreise und die Kommunen. Zu dieser Kategorie gehören auch Anstalten und Stiftungen des öffentlichen Recht, Hochschulen und Zweckverbände. Darüber hinaus müssen auch juristische Personen des privaten Rechts die VOB anwenden, sofern die öffentliche Hand einen beherrschenden Einfluß ausübt oder Baumaßnahmen mit mehr als 50% fördert wie z.B. beim Krankenhausbau oder bei Sportanlagen.

Im Teil A „Allgemeine Bestimmungen für die Vergabe von Bauleistungen" (DIN 1960 – Ausgabe 1992) sind folgende Paragraphen für die Baupraxis von Interesse:

§3 Arten der Vergabe
1.(1) Bei Öffentlicher Ausschreibung werden Bauleistungen im vorgeschriebenen Verfahren nach öffentlicher Aufforderung einer unbeschränkten Zahl von Unternehmern zur Einreichung von Angeboten vergeben.
(2) Bei Beschränkter Ausschreibung werden Bauleistungen im vorgeschriebenen Verfahren nach Aufforderung einer beschränkten Zahl von Unternehmern zur Einreichung von Angeboten vergeben, gegebenenfalls nach öffentlicher Aufforderung, Teilnahmeanträge zu stellen (Beschränkte Ausschreibung nach Öffentlichem Teilnahmewettbewerb).

Unternehmer im Sprachgebrauch der VOB ist nicht nur der Einzelunternehmer, sondern jedes qualifizierte Unternehmen, unabhängig davon, welche Rechtsform es besitzt (GmbH, KG, AG). Die Ausschreibung als solche wird generell öffentlich bekanntgemacht, z.B. über spezielle Ausschreibungsblätter, in Fachzeitschriften, in Tageszeitungen etc. (§17, Nr. 1).

Baumaßnahmen der öffentlichen Hand müssen öffentlich ausgeschrieben werden. Bei komplexen Bauvorhaben, die nur von Unternehmen mit entsprechender gerätetechnischer und organisatorischer Kapazität ausgeführt werden können, wird die Beschränkte Ausschreibung nach Öffentlichem Teilnahmewettbewerb durchgeführt (§3, Nr.3, Abs. (2)). Durch dieses Ausschreibungsverfahren wird eine gewisse Vorauswahl getroffen. Nur Bewerber, die aufgrund ihrer Fachkunde, Leistungsfähigkeit und Zuverlässigkeit geeignet erscheinen, meist verbunden mit dem Nachweis, daß das Unternehmen bereits Bauleistungen vergleichbarer Größenordnung und technischer Komplexität ausgeführt hat, erhalten die Verdingungsunterlagen für eine Angebotsabgabe. Durch diese Verfahrenswahl stellt der Auftraggeber sicher, daß sich sein Aufwand für Prüfung und Wertung der Angebote in vertretbaren Grenzen hält.

Auf die „Freihändige Vergabe" wird an dieser Stelle nicht näher eingegangen, da sie bei öffentlichen Auftraggebern keine nennenswerte Bedeutung für die Baupraxis hat.

§9 Beschreibung der Leistung

Allgemeines
1. Die Leistung ist eindeutig und so erschöpfend zu beschreiben, daß alle Bewerber die Beschreibung im gleichen Sinne verstehen müssen und ihre Preise sicher und ohne umfangreiche Vorarbeiten berechnen können.
2. Dem Auftragnehmer darf kein ungewöhnliches Wagnis aufgebürdet werden für Umstände und Ereignisse, auf die er keinen Einfluß hat und deren Einwirkung auf die Preise und Fristen er nicht im voraus schätzen kann.
3. (3) Die für die Ausführung der Leistung wesentlichen Verhältnisse der Baustelle, z.B. Boden- und Wasserverhältnisse, sind so zu beschreiben, daß der Bewerber ihre Auswirkungen auf die bauliche Anlage und die Bauausführung hinreichend beurteilen kann.

Leistungsbeschreibung mit Leistungsverzeichnis
6. Die Leistung soll i.d.R. durch eine allgemeine Darstellung der Bauaufgabe (Baubeschreibung) und ein in Teilleistungen gegliedertes Leistungsverzeichnis beschrieben werden.
9. Im Leistungsverzeichnis ist die Leistung derartig aufzugliedern, daß unter einer Ordnungszahl (Position) nur solche Leistungen aufgenommen werden, die nach ihrer technischen Beschaffenheit und für die Preisbildung als in sich gleichartig anzusehen sind. Ungleichartige Leistungen sollen unter einer Ordnungszahl (Sammelposition) nur zusammengefaßt werden, wenn eine Teilleistung gegenüber einer anderen für die Bildung eines Durchschnittspreises ohne nennenswerten Einfluß ist.

Die Forderung nach einer eindeutigen Beschreibung haben zu einer Standardisierung von Leistungstexten geführt (Stand: 1993):

    0 –   StLB (Standardleistungsbuch für das Bauwesen)
           Leistungsbereiche 000 - 099

    1 –   STLK (Standardleistungskatalog für den Straßen- und Brückenbau)
           Leistungsbereiche 100 - 199

    2 –   STLK-W (Standardleistungskatalog für den Wasserbau)
           Leistungsbereiche 200 - 299

    4 –   StLB-DB (Standardleistungsbuch der Deutschen Bahn AG)
           Leistungsbereiche 400 - 499

8 –   Frei für unterschiedliche Regionalleistungskataloge (RLK) einzelner
       Anwender
       Leistungsbereiche 800 - 899

9 –   RLK (Regionalleistungskataloge einzelner Anwender)
       Leistungsbereiche 900 - 999

Der STLK wird überwiegend bei Ausschreibungen der öffentlichen Hand im
Bereich Straßenbau und Kunstbauten (Brücken, Stützmauern, Durchlässe) verwendet. Die wichtigsten Leistungsbereiche (LB) sind:

– LB 106 Erdbau
– LB 118 Kunstbauten aus Beton und Stahlbeton

Das Standardleistungsbuch (StLB) wurde vom GAEB – „Gemeinsamer Ausschuß für Elektronik im Bauwesen" – entwickelt und kann im Hochbau und im
sonstigen Tiefbau (z.B. Untertagebau) angewendet werden. Für den Bereich
Hochbau sind beispielhaft folgende Leistungsbereiche aufgeführt:

– LB 012 Mauerarbeiten
– LB 013 Beton- und Stahlbetonarbeiten
– LB 040 Heizungs- und zentrale Brauchwassererwärmungsanlagen
– LB 042 Gas- und Wasserinstallationsarbeiten
            – Leitungen und Armaturen -
– LB 052 Mittelspannungsanlagen
– LB 053 Niederspannungsanlagen
– LB 061 Fernmeldeleitungsanlagen
– LB 069 Aufzüge, Fahrtreppen, Fahrsteige

Es ist anzumerken, daß sich die Langtexte des StLB bisher in der Praxis nicht
durchgesetzt haben, weil durch die Vielzahl der Kombinationsmöglichkeiten bei
den einzelnen Gewerken die Handhabung erheblich erschwert wird. Man be-
gnügt sich z.B. bei Funktionalausschreibungen im allgemeinen mit Kurzfassun-
gen von Leistungstexten.

Beispiel. Kurzbeschreibungen für Bodenbeläge bei einem Bürogebäude:

7.1.1 Eingangsbereich	Betonwerkstein, im Foyer ein Fußabstreifer mit Metallrahmen
7.1.2 Büros	Hohlraumboden
7.1.3 Flure	Doppelboden

Die Ausschreibung mit einem in Teilleistungen gegliederten Leistungsverzeichnis ist der Regelfall bei Baumaßnahmen der öffentlichen Hand. In bestimmten
Fällen kann aber auch eine Leistungsbeschreibung mit Leistungsprogramm erfolgen (VOB/A, §9):

Leistungsbeschreibung mit Leistungsprogramm

10. Wenn es nach Abwägen aller Umstände zweckmäßig ist, abweichend von Nr. 6 zusammen mit der Bauausführung auch den Entwurf für die Leistung dem Wettbewerb zu unterstellen, um die technisch, wirtschaftlich und gestalterisch beste sowie funktionsgerechte Lösung der Bauaufgabe zu ermitteln, kann die Leistung durch ein Leistungsprogramm dargestellt werden.

11. (1) Das Leistungsprogramm umfaßt eine Beschreibung der Bauaufgabe, aus der die Bewerber alle für die Entwurfsbearbeitung und ihr Angebot maßgebenden Bedingungen und Umstände erkennen können und in der sowohl der Zweck der fertigen Leistung als auch die an sie gestellten technischen, wirtschaftlichen, gestalterischen und funktionsbedingten Anforderungen angegeben sind, sowie ggf. ein Musterleistungsverzeichnis, in dem die Mengenangaben ganz oder teilweise offengelassen sind.

Für diese Art der Ausschreibung hat sich in der Praxis der Begriff „Funktionalausschreibung" oder auch „funktionale Ausschreibung" durchgesetzt. Mit diesem Verfahren wird die sonst in Deutschland strikt eingehaltene Trennung Bauherr – Planung – Bauausführung teilweise aufgehoben, weil die Bieter bei der Funktionalausschreibung auch die Planungsleistungen übernehmen. Für die technische Bearbeitung des Angebots steht allen Bewerbern eine angemessene Entschädigung gemäß VOB/ A §20, Nr. 2 (1), Satz 2 zu. Voraussetzung ist, daß das Angebot die geforderten Unterlagen, wie Vorstatik, Pläne, Mengenermittlungen, Bauzeitenplan etc. enthält.

In den alten Bundesländern ist die Funktionalausschreibung auf Sonderfälle beschränkt. In den neuen Bundesländern wurde diese Ausschreibungsart vermehrt angewendet. Weil nach der Wende einerseits die Verbesserung der Infrastruktur dringend notwendig war und andererseits leistungsfähige Ämter (Tiefbauamt, Straßenneubauamt etc.) fehlten, hat man vielfach Funktionalausschreibungen durchgeführt. Dadurch konnten zahlreiche Bauvorhaben zügig realisiert werden.

Die Teilnahme an Funktionalausschreibungen ist aus Sicht der bauausführenden Firmen interessanter als an öffentlichen Ausschreibungen, weil wegen der meist beschränkten Teilnehmerzahl rein rechnerisch die „Trefferquote" im Verhältnis abgegebene Angebote/erteilte Aufträge besser ist.

§12 Vertragsstrafen und Beschleunigungsvergütungen
Vertragsstrafen für die Überschreitung von Vertragsfristen sind nur auszubedingen, wenn die Überschreitung erhebliche Nachteile verursachen kann. Die Strafe ist in angemessenen Grenzen zu halten.
Beschleunigungsvergütungen (Prämien) sind nur vorzusehen, wenn die Fertigstellung vor Ablauf der Vertragsfristen erhebliche Vorteile bringt.

Vertragsstrafen sollen dazu dienen, daß der Auftragnehmer seine Leistung fristgerecht erbringt. Die Vertragsstrafe ist der Höhe nach angemessen zu begrenzen. Das ergibt sich zum einen gemäß §9 AGBG (Gesetz zur Regelung des Rechts der Allgemeinen Geschäftsbedingungen), weil sonst eine unangemessene Benachteiligung eines Vertragspartners vorläge. Zum anderen sollte eine Vertragsstrafe aus wirtschaftlichen Gründen in Relation zur Umsatzrendite gesehen werden. Die großen Bauunternehmen weisen z.B. lediglich eine Umsatzrendite zwischen 1,5 und 2 % aus. Insofern erscheint eine Begrenzung der Vertragsstrafe pro Einzelauftrag auf maximal 5 % der Auftragssumme angemessen.

Beschleunigungsvergütungen bei öffentlichen Ausschreibungen dürften eher theoretischer Natur sein, weil der Nachweis der erheblichen Vorteile bei vorzeitiger Fertigstellung schwierig ist und sicher intensiver baupreisrechtlicher Überprüfung unterliegen dürfte. Das Thema Beschleunigungsvergütung hat im privaten Sektor, soweit es sich um kommerziell genutzte Bauten wie Kaufhäuser, Bürogebäude etc. handelt, natürlich eine ganz andere Bedeutung. Darauf wird unter Punkt 3.4.2 Ausschreibung und Vergabe (Private AG) noch eingegangen.

(§22) Eröffnungstermin
1. Bei Ausschreibungen ist für die Öffnung und Verlesung (Eröffnung) der Angebote ein Eröffnungstermin abzuhalten, in dem nur die Bieter und ihre Bevollmächtigten zugegen sein dürfen. Bis zu diesem Termin sind die Angebote, die beim Eingang auf dem ungeöffneten Umschlag zu kennzeichnen sind, unter Verschluß zu halten.
Zur Eröffnung zuzulassen sind nur Angebote, die dem Verhandlungsleiter bei Öffnung des ersten Angebotes vorliegen.
4. (1) Über den Eröffnungstermin ist eine Niederschrift zu fertigen. Sie ist zu verlesen; in ihr ist zu vermerken, daß sie verlesen und als richtig anerkannt worden ist oder welche Einwendungen erhoben worden sind.

Der Eröffnungstermin gibt den Unternehmen Gelegenheit, sich eine gewisse Marktübersicht zu verschaffen, da die Angebotssummen der Konkurrenz- unternehmen verlesen werden. Der Kalkulator, der Abteilungsleiter oder die Geschäftsleitung können versuchen, aufgrund der Differenz zum niedrigsten Angebotspreis (in absoluten Zahlen bzw. in Prozent) zu analysieren, wo im eigenen Angebot noch kalkulatorisch zu hohe Ansätze verborgen sein könnten. Bei der Ausarbeitung der nächsten Angebote spielen dann sicher die so gewonnenen Überlegungen bezüglich des Marktverhaltens der Mitbewerber eine wichtige Rolle. Die Bewertung der Submissionsergebnisse verlangt viel Erfahrung. Einige Unternehmen bauen gezielt Rechenfehler in ihr Angebot hinein, um die anderen Unternehmen über den tatsächlichen, nämlich niedrigeren Angebotspreis zu täuschen. Eine weitere Möglichkeit, die tatsächliche Angebotsendsumme zu verschleiern, besteht darin, daß im Angebotsschreiben z.B. „angesichts der konjunkturellen Lage" ein Nachlaß in Höhe von....% eingeräumt wird. Im Eröffnungstermin werden keine Angaben über eingeräumte Nachlässe verlesen, so daß die tatsächliche Angebotssumme de facto nicht bekannt ist.

Die Vergabe erfolgt fast immer an den billigsten Bieter, obwohl gemäß VOB dies allein nicht das ausschlaggebende Kriterium sein sollte:

§25, Nr. 3, Abs. (3) In die engere Wahl kommen nur solche Angebote, die unter Berücksichtigung rationellen Baubetriebs und sparsamer Wirtschaftsführung eine einwandfreie Ausführung einschließlich Gewährleistung erwarten lassen. Unter diesen Angeboten soll der Zuschlag auf das Angebot erteilt werden, das unter Berücksichtigung aller technischen und wirtschaftlichen, ggf. auch gestalterischen und funktionsbedingten Gesichtspunkte als das annehmbarste erscheint. Der niedrigste Angebotspreis allein ist nicht entscheidend.

In der Baupraxis wird, von einigen wenigen Ausnahmen abgesehen, der Auftrag immer an den billigsten Bieter erteilt. Das liegt u.a. daran, daß der Nachweis, der „vorne" liegende Bieter sei für die Durchführung der Baumaßnahme ungeeignet, seitens der Verwaltung nur sehr schwer zu führen ist.

Sondervorschläge. Bei technisch anspruchsvollen Baumaßnahmen reichen im Regelfall mehrere Anbieter Sondervorschläge (Nebenangebote) ein. Diese enthalten technische Ausführungsalternativen, die insgesamt zu einem günstigeren Angebotspreis führen. Im Eröffnungstermin wird bekanntgegeben, welche Bieter Sondervorschläge abgegeben haben. Die Zahl der abgegebenen Sondervorschläge wir d genannt, es werden aber keine Angaben über die Angebotssumme dieser Nebenangebote gemacht.

Bei Sondervorschlägen müssen die Angebotsunterlagen der Bieter vollständig, aussagekräftig und übersichtlich gegliedert sein. Der Auftraggeber muß damit in die Lage versetzt werden, u.a. die Gesamtkosten des Sondervorschlags mit denen des Verwaltungsentwurfs zu vergleichen.

Ein Sondervorschlag sollte wie folgt gegliedert sein:

- Anschreiben an den Auftraggeber
- Deckblatt mit Bezeichnung der Baumaßnahme
- Darstellung der technischen Lösung
- Beschreibung der technischen Lösung
- Beschreibung des Bauablaufs

Das Anschreiben muß den Hinweis enthalten, daß neben dem Verwaltungsentwurf ein oder mehrere Sondervorschlag (-vorschläge) ausgearbeitet wurde(n). Außerdem müssen Hinweise auf ausgeschlossene Risiken (Baugrund, Behördenauflagen etc.) sowie die Voraussetzungen, unter denen das Angebot gelten soll, aufgeführt sein.

Anhand der Beschreibung des vorgegebenen Bauablaufs muß der Auftraggeber überprüfen können, ob die technischen Vorgaben des Verwaltungsentwurfs mit dem Sondervorschlag erfüllt werden. Außerdem muß prüfbar sein, ob mit dem vorgesehenen Personal- und Geräteeinsatz das Bauwerk termingerecht fertiggestellt werden kann. Ausschlaggebend ist die Gesamtsumme des Sondervorschlags, denn letztlich ist die Verwaltung an einer möglichst niedrigen Vergabesumme interessiert.

Folgende Planunterlagen sollten dem Angebot bei einem Sondervorschlag beigefügt werden:

• Ausführungspläne,
• Terminplan,

- Leistungsverzeichnis mit EP oder Funktionalausschreibung,
- Zahlungsplan,
- Regelungen für die Anwendung von Preisgleitklauseln.

(§23) Prüfung der Angebote.

Nach dem Eröffnungstermin ist es Aufgabe der Verwaltung, die eingegangenen Angebote inkl. der Nebenangebote in formeller, rechnerischer, technischer und wirtschaftlicher Hinsicht zu prüfen. Die formelle Prüfung betrifft im wesentlichen die Frage der Vollständigkeit der Unterlagen sowie die Überprüfung, ob der oder die Bieter Änderungen an den Verdingungsunterlagen vorgenommen und diese ihrem Angebot zugrunde gelegt haben. Bei der rechnerischen Prüfung wird ermittelt, ob die Multiplikation der Einheitspreise (EP) mit den Mengen die angegebenen Gesamtpreise ergeben, ob die Seitenüberträge stimmen etc. Bei Unstimmigkeiten müssen entsprechende Korrekturen vorgenommen werden. Die technische Prüfung hat insbesondere bei den Sondervorschlägen große Bedeutung. Die ausschreibende Stelle muß prüfen, ob die angebotene technische Lösung mit den Festlegungen des Planfeststellungsverfahrens im Einklang steht, ob sie technisch machbar ist und ob die Baumaßnahme im vorgesehenen Zeitraum abgewickelt werden kann. Die Prüfung wirtschaftlicher Details der eingegangenen Angebote erfaßt die Angemessenheit von Einheitspreisen, Alternativ- und Eventualpositionen und deren Auswirkungen auf die Angebotssumme.

(§24) Aufklärung des Angebotsinhalts

1. (1) Bei Ausschreibungen darf der Auftraggeber nach Öffnung der Angebote bis zur Zuschlagserteilung mit einem Bieter nur verhandeln, um sich über seine Eignung, insbesondere seine technische und wirtschaftliche Leistungsfähigkeit, das Angebot selbst, etwaige Änderungsvorschläge und Nebenangebote, die geplante Art der Durchführung, etwaige Ursprungsorte oder Bezugsquellen von Stoffen oder Bauteilen und um sich über die Angemessenheit der Preise, wenn nötig durch Einsicht in die vorzulegenden Preisermittlungen (Kalkulationen), zu unterrichten.

3. Andere Verhandlungen, besonders über Änderung der Angebote oder Preise sind unstatthaft, außer wenn sie bei Nebenangeboten, Änderungsvorschlägen oder Angeboten auf Grund eines Leistungsprogramms nötig sind, um unumgängliche technische Änderungen geringen Umfangs und daraus sich ergebende Änderungen der Preise zu vereinbaren.

Grundsätzlich dürfen öffentliche Auftraggeber mit Bietern keine Verhandlungen über Preise, Titelsummen, über die Höhe der Angebotssumme etc. führen. Dies dient der ordnungsgemäßen, wettbewerbsrechtlich einwandfreien Abwicklung des Vergabeverfahrens. Bei sorgfältiger Planung des Bauvorhabens, entsprechend sorgfältiger Aufstellung des LV und ordnungsgemäßer, per EDV erstellter Angebote der Bieter dürfte sich beim Verwaltungsentwurf auch prinzipiell keine Notwendigkeit ergeben, über Preise zu verhandeln.

Anders ist die Situation bei Sondervorschlägen (Nebenangeboten), die häufig auf einer Funktionalausschreibung (Leistungsbeschreibung mit Leistungsprogramm) basieren. Dabei müssen die Sondervorschläge so konzipiert sein, daß sie dem Verwaltungsentwurf in qualitativer und quantitativer Hinsicht mindestens gleichwertig sein. Die Ausnahmeregelung der Preisverhandlungen gemäß Absatz 3 bezieht sich auf technische Änderungen geringen Umfangs, d.h. Pauschalsummen für Teilleistungen sowie die pauschalierte Gesamtsumme dürfen grundsätzlich nicht zum Gegenstand von Preisverhandlungen gemacht werden.

Bei komplexen Baumaßnahmen kann durch die Prüfung der Angebote u.U. so viel Zeit verstreichen, daß die ursprünglich vorgesehene Zuschlags- und Bindefrist ablaufen würde, ohne daß der Auftrag erteilt werden konnte. In diesem Fall werden die aussichtsreichsten Bieter aufgefordert, eine schriftliche Erklärung abzugeben, daß sie mit einer Verlängerung der Zuschlags- und Bindefrist einverstanden sind. In bestimmten Fällen kann es zweckmäßig sein, daß sich aussichtsreiche Bieter nachträglich, d.h. zwischen Angebotserteilung und Zuschlagserteilung, zu einer Bietergemeinschaft zusammenschließen. Im Auftragsfall führt diese dann als Arbeitsgemeinschaft (ARGE) den Auftrag aus.

Sondervorschläge werden in der Regel mit einem Pauschalpreis beauftragt. Der wesentliche Vorteil von Pauschalpreisverträgen liegt darin, daß sich beide Vertragspartner damit aufwendige Aufmaß- und Abrechnungsarbeiten ersparen. Eine Pauschalierung liegt häufig im Interesse des Auftraggebers, denn das Mengenrisiko liegt dann in vollem Umfang beim Auftragnehmer. Die Mehr- oder Mindermengenregelung gemäß §2, Nr. 3 VOB/ B findet nämlich keine Anwendung. Sämtliche Mengenüberschreitungen und die dadurch anfallenden Kosten gehen damit zu Lasten des Bieters bzw. des späteren Auftragnehmers.

3.4.2
Ausschreibung und Vergabe (Private Auftraggeber)

In den meisten Fällen besitzen die privaten Auftraggeber nicht über ausreichenden Sachverstand, um die vorgesehene Baumaßnahme abwickeln zu können. Sie bedienen sich daher z.B. beim Bau eines Wohngebäudes eines Architekten, der für den Bauherrn die Ausschreibung ausarbeitet, die Fachfirmen auswählt u.ä. Institutionelle Anleger oder sonstigen Investoren, die Bürogebäude, Einkaufszentren etc. errichten wollen, und über keine eigenen Bauabteilungen verfügen, schalten Projektsteuerer ein oder vergeben Teilaufgaben aus dem Projektmanagement an entsprechend qualifizierte Ingenieurbüros.

Der Umfang des Tätigkeitsbereichs vom Projektmanagement wird von Auftraggeber- und Auftragnehmerseite und auch in der Fachliteratur unterschiedlich interpretiert. Zudem kann es im Aufgabenbereich des Projektmanagements Überschneidungen mit den Aufgabenfeldern Projektleitung und Projektsteuerung geben (s. Abschnitte 5. Projektmanagement und 6. Projektsteuerung). Der Projektsteuerer übernimmt delegierbare Aufgaben des Bauherrn. Unter Zugrundelegung des §31, HOAI lassen sich die Aufgaben der Projektsteuerung definieren und eine klare Abgrenzung zum Projektleiter herbeiführen. Bei großen Projekten kommt es in der Praxis vor, daß die Projektsteuerung und die Projektleitung an ein und dasselbe Unternehmen vergeben werden. Für diesen Fall ist es notwendig, für eine klare Trennung der Zuständigkeiten zu sorgen.

Im Wohnungsbau trifft der Architekt eine Vorauswahl unter den ihm bekannten Fachfirmen und fordert sie zur Abgabe eines Angebotes auf der Basis der von ihm aufgestellten und mit dem Bauherrn abgestimmten Leistungsverzeichnisse für einzelne Gewerke (z.B. Schreinerarbeiten, Fußbodenverlegung, Fenster + Türen etc.) auf. Mit Hilfe eines Preisspiegels werden die Angebote gegenübergestellt. Der Preis der jeweiligen Angebote ist sicher mit ausschlaggebend. Ist die Preisdifferenz jedoch nur unerheblich, werden Zuverlässigkeit, termingerechte Ausführung, handwerkliche Sorgfalt der anbietenden Firmen den Ausschlag geben, wer den Auftrag zur Ausführung erhält.

Bauherr und Architekt schließen einen Architektenvertrag ab. Dieser ist ein Werkvertrag im Sinne des §631, BGB und kann damit weitgehend individuell gestaltet werden. In der Praxis verwendet man Vertragsmuster, wie sie von Architektenkammern, Fachverlagen etc. herausgegeben werden. Es empfiehlt sich, zumindest einige grundlegende Regelungen zu treffen, um spätere Streitigkeiten weitgehend zu vermeiden:

- Leistungsumfang gemäß §15 HOAI (s. Tabelle 4),
- Stufe I: Leistungsphasen 1 - 4,
- Stufe II: Leistungsphasen 5 - 9,
- Festlegung der anrechenbaren Kosten,
- Höhe des Honorars (Festlegung der Honorarzone gemäß HOAI + Nebenkosten),
- Festlegung von Verrechnungssätzen (Stundenweise Verrechnung von Zusatzleistungen),
- Zahlungen/ Zahlungseinbehalte,
- Termine (Planung und Bauausführung),
- Haftung des Architekten/ Versicherung,
- Gewährleistung/ Schadenersatzanspruch.

Tabelle 4 HOAI §15 Leistungsbild Objektplanung für Gebäude, Freianlagen und raumbildende Ausbauten

1. Grundlagenermittlung
2. Vorplanung
3. Entwurfsplanung
4. Genehmigungsplanung
5. Ausführungsplanung
6. Vorbereitung der Vergabe
7. Mitwirkung bei der Vergabe
8. Objektüberwachung (Bauüberwachung)
9. Objektbetreuung und Dokumentation

Bei Großprojekten wie z.B. Bürogebäuden oder Einkaufszentren stehen Renditeüberlegungen des Investors eindeutig an erster Stelle. Erst wenn die grundlegenden Entscheidungen über die Lage des Projektes, die Finanzierung, ein Nutzerbedarfsprogramm etc. gefallen sind, wird der Investor gemeinsam mit dem Projektsteuerer Festlegungen zum Raum- und Flächenbedarf, zum Ausbaustandard, Art der Fassade, Klimatisierung etc. treffen.

Die Ausschreibung der Bauleistung erfolgt als Funktionalausschreibung. Dabei bestehen grundsätzlich zwei verschiedene Hauptformen:

Typ 1: Der Bauherr erstellt mit seinen Fachleuten (Projektsteuerer, Architekt, Fachingenieure) eine funktionale Beschreibung des geplanten Projekts auf der Basis einer Vorentwurfsplanung. Nach Ausschreibung, abschließender Preisverhandlung und Beauftragung an einen Generalunternehmer (GU) wird die Planung im Auftrag des GU oder des Bauherrn von einem Dritten weitergeführt.

Typ 2: Der Bauherr erstellt mit seinen Fachleuten Wettbewerbsunterlagen für Entwurf und Preise sowie Rahmenbedingungen für die Bewertung der Planung, der Ausstattung und der Preise. Nach erfolgter Auswertung wird der Auftrag an einen GU erteilt, der sowohl die Planung als auch die Bauausführung beinhaltet.

Der Bieterkreis wird in einer Vorauswahl vom Bauherrn, evtl. gemeinsam mit einem Projektsteuerer, festgelegt. Aufgrund der besonders hohen Anforderungen an Organisation, Planung, Bauausführung kommen nur einige wenige Bauunternehmen für die Übernahme dieser schlüsselfertig zu erstellenden Projekte in Frage. Je nach Projektgröße kann noch eine Art Präqualifikation vorgeschaltet werden. Hierbei erhalten die potentiellen Auftragnehmer Gelegenheit, die Leistungsfähigkeit des eigenen Unternehmens vorzustellen und vergleichbare Referenzprojekte zu präsentieren.

Die Angebote sind bis zu einem bestimmten Zeitpunkt einzureichen. Anders als beim Eröffnungstermin bei öffentlichen Ausschreibungen erhält der Bieter keinerlei Informationen über die Zahl der weiteren Mitbewerber geschweige denn über die Höhe der Konkurrenzangebote.

Angebotsprüfung. Die Angebote müssen entsprechend den Vorgaben so gegliedert sein, daß der Bauherr die Übereinstimmung der angebotenen Lösung mit seinen in der Funktionalausschreibung formulierten Wünschen überprüfen kann. Das Konstruktionsprinzip, die Baubeschreibung, der vorgesehene Bauablauf in technischer Hinsicht, ein Zahlungsplan und ein Rahmenterminplan sollten unbedingt Bestandteil des Angebotes sein.

Preisverhandlungen. Der Bauherr besitzt naturgemäß eine starke Verhandlungsposition. Gerade in Zeiten schwacher Konjunktur wird jeder Bauherr versuchen, die Bieter im Preis zu drücken. Die Vergabe erfolgt meist als Pauschalpreis, wobei Nachforderungen aus Mehr- oder Mindermengen, auch in außergewöhnlicher Höhe, generell ausgeschlossen werden. Das Mengen- und das Preisrisiko liegen also in vollem Umfang beim Bieter bzw. Beim späteren Auftragnehmer.

Vertragsstrafen. Bei den hier vorgestellten Projekten wie Bürogebäude etc. handelt es sich um kommerzielle genutzte Bauvorhaben. Der Bauherr hat also ein elementares finanzielles Interesse daran, daß das Bauvorhaben termingerecht fertiggestellt wird, damit die Mieteinnahmen – dem Finanzierungsplan entsprechend – hereinkommen.

Vertragsstrafen werden häufig in einer Größenordnung von 0,1 % pro Tag der Terminüberschreitung angesetzt. Das bedeutet z.B. bei einem Projekt von 50 Mio. DM eine Vertragsstrafe von immerhin 50 000.– DM pro Tag. Wegen der Generalklausel des AGB-Gesetzes muß die Vertragsstrafe in ihrer Höhe begrenzt werden, z.B. auf 5 % der Auftragssumme. Im vorgenannten Beispiel ist dies eine Summe von 2,5 Mio. DM. Aufgrund dieser Situation wird das ausführende Unternehmen schon von sich aus alles daran setzen, das Bauwerk fristgerecht zu übergeben.

Bei einigen Projekten wie z.B. im Warenhausbau kann es auch für den Bauherrn interessant sein, eine Beschleunigungsvergütung zu vereinbaren. Gelingt es nämlich dem ausführenden Unternehmen, durch eine straffe Ablauforganisation oder durch verstärkten Personaleinsatz das Projekt vorzeitig zu übergeben, kann der Bauherr entsprechend früher Verkaufserlöse erzielen.

3.4.3
Bauvertrag nach VOB (Öffentliche Auftraggeber)

Öffentliche Auftraggeber sind durch entsprechende Erlasse des Bundes und der Länder verpflichtet, ihren Vergaben die Verdingungsordnung für Bauleistungen (VOB) zugrunde zu legen. Die VOB enthält die speziellen vertragsrechtlichen Regelungen für den Baumarkt und gliedert sich in drei Teile:

- Teil A: Allgemeine Bestimmungen für die Vergabe von Bauleistungen (DIN 1960 – Ausgabe 1992)
- Teil B: Allgemeine Vertragsbedingungen für die Ausführung von Bauleistungen (DIN 1961 – Ausgabe 1996)
- Teil C: Allgemeine Technische Vertragsbedingungen für Bauleistungen (ATV/(DIN 18 300 ff.)

Teil A enthält die wesentlichen Bestimmungen zur Vergabeart, zur Leistungsbeschreibung, zur Wertung von Angeboten bis hin zur Auftragserteilung. Teil A der VOB wird selbst nicht Bestandteil des Bauvertrages.

Für die Ausführung von Baumaßnahmen werden die VOB/ B Vertragsgrundlage. Der Teil C mit seinen Allgemeinen Technischen Vertragsbedingungen (ATV) wird automatisch Vertragsbestandteil, wenn die VOB/ B dem Bauvertrag zugrunde liegen. Dies ergibt aus der Regelung gemäß VOB/ B §1, Nr. 1, Satz 2:

> Als Bestandteil des Vertrages gelten auch die Allgemeinen Technischen Vertragsbedingungen für Bauleistungen.

Die ATV haben einen einheitlichen Aufbau, der in der DIN 18 299 festgelegt ist. Sie enthalten Hinweise für das Aufstellen der Leistungsbeschreibung sowie eine Auflistung von „Nebenleistungen" und „Besonderen Leistungen". Als Nebenleistungen werden diejenigen Leistungen aufgeführt, die auch ohne besondere Erwähnung in der Leistungsbeschreibung Bestandteil der vertraglich zu erbringenden Leistung sind. Die Besonderen Leistungen müssen dagegen in der Leistungsbeschreibung aufgeführt werden. Mit diesen Angaben sollen die Bieter in die Lage versetzt werden, die ausgeschriebene Leistung zu kalkulieren. Damit wird dem Grundsatz von VOB/ A §9, Nr. 1 Rechnung getragen:

> Die Leistung ist so eindeutig und erschöpfend zu beschreiben, daß alle Bieter die Beschreibung im gleichen Sinne verstehen müssen und ihre Preise sicher und ohne große Vorarbeiten berechnen können.

Tabelle 5 Aufbau der Allgemeinen Technischen Vertragsbedingungen für Bauleistungen (ATV) gemäß DIN 18 299

0 Hinweise für das Aufstellen der Leistungsbeschreibung
- Angaben zur Baustelle
- Angaben zur Ausführung
- Einzelangaben bei Abweichungen von den ATV
- Einzelangaben zu Nebenleistungen und Besonderen Leistungen
- Nebenleistungen

1 Geltungsbereich

2 Stoffe, Bauteile
- Allgemeines
- Vorhalten
- Liefern

3 Ausführung

4 Nebenleistungen, Besondere Leistungen
- Nebenleistungen
- Besondere Leistungen

5 Abrechnung

Beispiel. Bei einer großen Straßenbaumaßnahme sind umfangreiche Erdarbeiten auszuführen. Die Lage der Versorgungsleitungen ist nur im Randbereich der von der Trassierung betroffenen Kommunen bekannt. Über querende Leitungen auf dem „freien Feld" liegen keine Unterlagen vor. Werden hier Versorgungsleitungen angetroffen, sind die vorzunehmenden Maßnahmen wie Freilegung, Sicherung etc. Besondere Leistungen im Sinne der ATV 18 300 (Punkt 3.1.5 sowie 4.2.1) und können damit seitens des AN gegenüber dem AG abgerechnet werden.

Im Teil 5 sind die Modalitäten der Abrechnung für die einzelnen Bauleistungen aufgeführt, wie z.B. für

- Erdarbeiten - DIN 18 300
- Bohrarbeiten - DIN 18 301
- Einpreßarbeiten - DIN 18 309
- Untertagebauarbeiten - DIN 18 312

- Schlitzwandarbeiten mit stützenden Flüssigkeiten - DIN 18 313
- Beton- und Stahlbetonarbeiten - DIN 18 331

Die hierin aufgeführten Details sind auch für die Kalkulation wichtig. Es ist sorgfältig zu prüfen, ob die in den ATV aufgeführten Besonderen Leistungen auch als solche im LV ausgewiesen sind. Bestehen hier Unstimmigkeiten, muß ein entsprechender Hinweis in das Angebotsschreiben des Bieters aufgenommen werden.

Im folgenden werden aus den Vertragsbedingungen der VOB/ B jeweils nur diejenigen Passagen vorgestellt, die von besonderem Interesse für die Baupraxis sind.

§1 Art und Umfang der Leistung
Nr.2. Bei Widersprüchen im Vertrag gelten nacheinander:
a) die Leistungsbeschreibung,
b) die Besonderen Vertragsbedingungen,
c) etwaige Zusätzliche Vertragsbedingungen,
d) etwaige Zusätzliche Technische Vertragsbedingungen,
e) die Allgemeinen Technischen Vertragsbedingungen für Bauleistungen,
f) die Allgemeinen Vertragsbedingungen für die Ausführung von Bauleistungen.

Die vertraglichen Bestimmungen und Regelungen sind über viele Jahre, z.T. über Jahrzehnte praktiziert und im Bedarfsfall immer wieder ergänzt oder präzisiert worden. Die Rangfolge führt von den ganz spezifischen, auf die Ausführung der ausgeschriebenen Maßnahme zugeschnittenen Bedingungen über die allgemeiner gehaltenen Vertragsbedingungen, wie z.B. die ZTV bis hin zu den Regelungen der VOB/C (Punkt e) bzw. VOB/B (Punkt f).

Bei der Anwendung der bundesweit geltenden VOB hat es sich gezeigt, daß teilweise länderspezifische Ergänzungen bei den Besonderen Vertragsbedingungen sinnvoll sind, so z.B. die „Besonderen Vertragsbedingungen der Straßenbauverwaltung Baden-Württemberg (BVB-BW 94)". Darüber hinaus gibt es für einzelne Bausparten detailliertere Regelungen wie z.B. zu Punkt c) die „Zusätzlichen Vertragsbedingungen für die Ausführung von Bauleistungen im Straßen- und Brückenbau" (ZVB-StB 88) oder zu Punkt d) die „Zusätzlichen Technischen Vertragsbedingungen für Kunstbauten" (ZTV-K 88).

Aufgrund dieser relativ umfangreichen vertraglichen Regelungen und den spezifischen Anforderungen des jeweiligen Bauwerks kann es zu mißverständlichen Festlegungen oder Widersprüchen innerhalb der einzelnen Regelwerke kommen. Für diesen Fall gilt die Rangfolge der einzelnen Vertragsbestandteile in der oben dargestellten Art.

§2 Vergütung. Die Vergütung erfolgt auf der Basis des Leistungsverzeichnisses (LV). Die tatsächlich ausgeführten Leistungen werden anhand der genehmigten Ausführungspläne ermittelt. In Einzelfällen erfolgt die Leistungsermittlung durch gemeinsames Aufmaß. Die ermittelten Mengen werden mit jeweils mit zugehörigen Einheitspreis (EP) multipliziert und ergeben die Abrechnungssumme für die jeweilige Teilleistung.

(anerkannte) Menge x EP (DM/ Mengeneinheit) = Abrechnungssumme der Teilleistung

In der Baupraxis gibt es naturgemäß immer mehr oder weniger große Abweichungen zwischen den tatsächlichen Mengen und den aufgrund der Planung vorgegebenen Mengen. Damit dem AN bei Mengenabweichungen kein unzumutbares Risiko aufgebürdet wird, andererseits aber nicht bei jeder geringfügigen Abweichung Verhandlungen über den Abrechnungspreis geführt werden müssen, wurden gewisse Festlegungen getroffen, bis zu welchem Grad der Über- bzw. Unterschreitung der ausgeschriebenen Mengen der EP unverändert angewendet wird.

> §2, Nr. 3, (1) Weicht die ausgeführte Menge der unter einem Einheitspreis erfaßten Leistung oder Teilleistung um nicht mehr als 10 v. H. von dem im Vertrag vorgesehenen Umfang ab, so gilt der vertragliche Einheitspreis.
> (2) Für die über 10 v. H. hinausgehende Überschreitung des Mengenansatzes ist auf Verlangen ein neuer Preis unter Berücksichtigung der Mehr- oder Minderkosten zu vereinbaren.
> (3) Bei einer über 10 v. H. hinausgehenden Unterschreitung des Mengenansatzes ist auf Verlangen der Einheitspreis für die tatsächlich ausgeführte Menge der Leistung oder Teilleistung zu erhöhen, soweit der Auftragnehmer nicht durch Erhöhung der Mengen bei anderen Ordnungszahlen (Positionen) oder in andere Weise einen Ausgleich erhält. Die Erhöhung des Einheitspreises soll im wesentlichen dem Betrag entsprechen, der sich durch Verteilung der Baustelleneinrichtungs- und Baustellengemeinkosten und der Allgemeinen Geschäftskosten auf die verringerte Menge ergibt. Die Umsatzsteuer wird entsprechend dem neuen Preis vergütet.

Das heißt für die Abrechnungspraxis, daß bei relativ geringfügigen Mengenabweichungen – nämlich bis zu 10 % der ausgeschriebenen Mengen – der vertraglich fixierte EP gilt. Beträgt die Mengenüberschreitung dagegen mehr als 10 %, kann der AN die Vereinbarung eines neuen EP verlangen. Dieser neue Einheitspreis wird dann allerdings nur auf die Mengen angewendet, die über die 10%-Grenze hinausgehen.

Beispiel. Ausgeschriebene Leistung:

100.000 m³ Boden, Bodenklasse 3-5,
lösen, laden, einbauen und verdichten x 10.– DM/ m³ = 1.000.000,00 DM

Tatsächliche Leistung:
138.251 m³

Abrechnung nach altem EP:
100.000 m³ + 10.000 m³ (= 10 %) =
110.000 m³ x 10.– DM/ m³ =   1.100.000,00 DM

Abrechnung nach neuem EP:
138.251 m^3 -110.000 m^3 = 28.251 m^3 x 10,82 DM/ m^3 = 305.675,82 DM

Abrechnungssumme: 1.405.675,82 DM

Für die Erhöhung des EP bedarf es seitens des AN des Nachweises, daß ein größerer Aufwand für die Erbringung der Mehrleistung notwendig wurde, z.B. durch zusätzlichen Geräteeinsatz inkl. An- und Abtransporte.

Bei Mengenunterschreitungen um mehr als 10 % kann ebenfalls eine Erhöhung des EP in Betracht kommen. Der EP enthält nämlich neben den eigentlichen Leistungsansätzen auch auf den EP umgelegte Baustellengemeinkosten sowie Geschäftskosten (s. Kap. 4). Diese Anteile würden bei der Abrechnung verloren gehen, weil ja nur die tatsächlich ausgeführten Mengen abgerechnet werden können.

In jedem Fall ist der AN verpflichtet, einen überprüfbaren Nachweis über die Berechtigung einer Erhöhung des EP zu führen. Grundsätzlich sollte der neue Einheitspreis ausgehandelt sein, bevor mit der Ausführung der Leistung begonnen wird. Am besten dürfte der Nachweis einer Nachforderung anhand der Urkalkulation zu führen sein, die für solche Zwecke – versiegelt – bei Auftragserteilung beim Auftraggeber hinterlegt sein sollte. Aus der Urkalkulation sind die verwendeten Zuschlagsfaktoren zweifelsfrei zu belegen.

Selbstverständlich kann auch der AG die Vereinbarung eines neuen Einheitspreises fordern, sofern Mengenansätze um mehr als 10% überschritten werden. Der AN ist verpflichtet, die ihm durch die Mengenerhöhung zugefallenen Kostenvorteile (höhere Leistung bei gleichbleibenden Personal- und Gerätekosten) zu ermitteln und einen neuen EP für die Abrechnung gemeinsam mit dem AG festzulegen.

§6 Behinderung und Unterbrechung der Ausführung. Eine Reihe von Gründen führt dazu, daß vertragsrechtlich berechtigte Ansprüche aus Behinderungen der Baudurchführung nicht oder nicht in vollem Umfang geltend gemacht werden. Nahezu alle Baumaßnahmen stehen unter erheblichem Zeitdruck, so daß die Bauleiter den Schwerpunkt ihres Tagesgeschäfts auf die termingerechte und technisch einwandfreie Abwicklung der Baumaßnahme konzentrieren. Bisweilen ist es auch Rücksichtnahme auf die „Baustellenatmosphäre", daß sachlich gerechtfertigte Forderungen nicht gestellt werden. Mitunter glaubt die Geschäftsleitung auch, den Bauherrn nicht verärgern zu sollen, weil sich das Unternehmen von eben diesem Auftraggeber auch in den folgenden Monaten oder Jahren Folgeaufträge erhofft. Häufig sind die Bauleiter gegen Ende einer Baustelle schon mit den Vorbereitungen für die nächste befaßt oder hegen prinzipiell eine Scheu, sich in die „Haarspaltereien" des Bauvertragsrechts zu vertiefen. Sicher ist, daß nur durch eine lückenlose Dokumentation Anspruchsgrundlagen geschaffen werden können und die Durchsetzung vertraglicher Ansprüche schon während der Durchführung der Baumaßnahme verfolgt werden sollte.

Gerade in konjunkturell schlechteren Zeiten mit knapp kalkulierten Aufträgen müßte die Bauleitung oder ein speziell damit befaßtes, externes Vertrags- bzw. Nachtragsmanagement alles daran setzen, die vertragsrechtlichen Möglichkeiten für eine Verlängerung der Bauzeit bzw. insbesondere Nachforderungen auszuschöpfen, um das Baustellenergebnis entsprechend zu verbessern. Dies ist letztendlich auch für die Geschäftspolitik der Niederlassung bzw. des Bauunternehmens wichtig, wie im folgenden dargestellt wird:

Bei der Baumaßnahme X gelingt es, durch externes Nachtragsmanagement die Summe von 100 000.– DM geltend zu machen. Seitens des AG wird die Summe aufgrund der Berechtigung der Nachforderungen, sowohl dem Grunde als auch der Höhe nach, anerkannt und bezahlt. Wenn man berücksichtigt, daß die Umsatzrendite der Bauunternehmen je nach konjunkturellen Randbedingungen zwischen 1% und 2% beträgt, entspricht die erhaltene Nachtragsvergütung einem Zusatzumsatz von 5 Mio. DM bzw. 10 Mio. DM, wobei in diesem Beispiel die Kosten für das Nachtragsmanagement nicht in Abzug gebracht wurden.

> 1. Glaubt sich der Auftragnehmer in der ordnungsgemäßen Ausführung der Leistung behindert, so hat er es dem Auftraggeber unverzüglich schriftlich anzuzeigen. Unterläßt er die Anzeige, so hat er nur dann Anspruch auf Berücksichtigung der hindernden Umstände, wenn dem Auftraggeber offenkundig die Tatsache und deren hindernde Wirkung bekannt waren.
>
> (1) Ausführungsfristen werden verlängert, soweit die Behinderung verursacht ist:
>
> a) durch einen vom Auftraggeber zu vertretenden Umstand, ...

Die VOB verweist darauf, daß Bauzeitverlängerungen vorgenommen werden, soweit der Auftraggeber die Behinderungen des Bauablaufs „zu vertreten" hat. Das können Umstände sein, bei denen zweifelsfrei ein Verschulden des Auftraggebers vorliegt:

- eine Grundvoraussetzung für den Baubeginn ist, daß ein bebauungsfähiges Grundstück vorhanden ist. Hat der Bauherr versäumt, z.B. vorhandenen Baumbestand entfernen zu lassen, liegt eine Behinderung vor;
- sämtliche notwendigen öffentlich-rechtlichen Genehmigungen und Erlaubnisse müssen vom AG eingeholt worden sein;
- Lager- und Arbeitsflächen müssen in ausreichendem Umfang zur Verfügung stehen, z.B. für die Baustelleneinrichtung und für Baumaterialien ;
- seitens des AG müssen die Hauptachsen der baulichen Anlagen abgesteckt und die Höhenfestpunkte in unmittelbarer Nähe der Baustelle geschaffen sein;
- der in der Baupraxis mit Abstand am häufigsten eintretende Grund für Behinderungen des Bauablaufs liegt aber in der nicht rechtzeitigen Lieferung der genehmigten bzw. freigegebenen – Ausführungspläne, geprüften Statik, Schal- und Bewehrungspläne etc.

Der §6, Nr. 2 enthält noch weitere Gründe für Fristverlängerungen wie z.B. Streik, Aussperrung oder höhere Gewalt. Dies sind aber eher seltene Ereignisse, – daher wird an dieser Stelle nicht näher darauf eingegangen.

Voraussetzung, daß die Ausführungsfristen verlängert werden, ist zunächst, daß der AN die Behinderung „unverzüglich schriftlich" gegenüber dem AG mitteilen muß. Unverzüglich bedeutet ohne schuldhaftes Zögern im Sinne des §121 BGB. Grundsätzlich ist auch die Schriftform vorgeschrieben, – empfehlenswert ist neben der Mitteilung in einem entsprechenden Schreiben zusätzlich die Versendung mittels Fax, weil dank des Sendeberichts eindeutig das Absendedatum der Mitteilung dokumentiert ist. Zusätzlich kann die Behinderung auch im Bautagesbericht vermerkt werden, wobei eine Gegenzeichnung durch den AG bzw. seinen Vertreter zweckmäßig ist. In jedem Fall muß in der Behinderungsanzeige der Grund der Behinderung angegeben sein, verbunden mit der Mitteilung, daß aufgrund der Sachlage voraussichtlich eine Bauzeitüberschreitung eintreten wird.

Es gibt aber noch weitere Störungen des Bauablaufs, die zu Bauzeitverlängerungen und Mehrkosten führen können. Das sind z.B. Änderungen des Leistungsumfangs oder auch unvorhersehbare Baugrundverhältnisse.

Das Recht, Bauleistungen zu ändern, steht dem Auftraggeber gemäß §1, Nr. 3 und Nr. 4, VOB/ B zu:

> Änderungen des Bauentwurfs anzuordnen, bleibt dem Auftraggeber vorbehalten.

> Nicht vereinbarte Leistungen, die zur Ausführung der vertraglichen Leistung erforderlich werden, hat der Auftragnehmer auf Verlangen des Auftraggebers mit auszuführen, außer wenn sein Betrieb auf derartige Leistungen nicht eingerichtet ist. Andere Leistungen können dem Auftragnehmer nur mit seiner Zustimmung übertragen werden.

Zusätzliche Leistungen und auch Überschreitungen der ausgeschriebenen Mengen führen im Regelfall zu längeren Bauzeiten. Über den Umfang der Fristverlängerung ist zwischen AG und AN eine einvernehmliche Regelung herbeizuführen. Muß der Fertigstellungstermin aber aus bestimmten Gründen unbedingt eingehalten werden, muß der AN entsprechende organisatorische Vorkehrungen treffen, z.B. durch verstärkten Geräteeinsatz, Verstärkung der Kolonnen, Einschaltung zusätzlicher Subunternehmer, Wechsel des Schalungssystems etc., um den Fertigstellungstermin zu halten. Die zur Beschleunigung der Baufertigstellung anfallenden Kosten sollten vor Inangriffnahme der entsprechenden Maßnahmen ermittelt und mit dem AG vertragsrechtlich verbindlich ausgehandelt werden.

Erhebliche Störungen des Bauablaufs, die häufig auch zu Unterbrechungen auf der Baustelle führen, treten auf, wenn die Baugrund- oder Grundwasserverhältnisse nicht den Ausschreibungsunterlagen entsprechen. In solchen Fällen ist der vorgesehene Bauablauf nicht möglich und der AN muß eine Änderung des Bauverfahrens, des Bauablaufs o.ä. vornehmen. Streitpunkte auf der Baustelle ergeben sich dann meist wegen der Stillstandskosten bzw. der Mehrkosten infolge der Bauablaufstörung.

Grundsätzlich hat der Auftragnehmer Anspruch auf Schadensersatz, sofern die Behinderungen vom Auftraggeber zu vertreten sind, – und vice versa.

> 6. Sind die hindernden Umstände von einem Vertragsteil zu vertreten, so hat der andere Teil Anspruch auf Ersatz des nachweislich entstandenen Schadens, des entgangenen Gewinns aber nur bei Vorsatz oder grober Fahrlässigkeit.

Wie schon bei der Fristverlängerung muß der AN einen prüffähigen Nachweis führen, daß ihm aufgrund der Behinderungen Mehrkosten entstanden sind. Um die Ansprüche zu untermauern, sollte eine möglichst lückenlose Darstellung des Bauablaufs, die Führung einer Planeingangsliste sowie eine Photodokumentation, am besten mit eingeblendeter Datumsanzeige, vorgenommen werden.

Am übersichtlichsten ist die Darstellung des Bauablaufs anhand eines Balkenplanes, in dem die Termine von Leistungsänderungen und der Eingang der dazugehörigen, genehmigten Ausführungspläne vermerkt werden. Die Planeingangsliste gibt einen Überblick, bis zu welchem Zeitpunkt die Ausführungspläne hätten geliefert werden müssen, um einen reibungslosen Bauanlauf sicherzustellen (SOLL-Eingangstermin). Der Terminplan mit Planlieferungs-Terminen sollte generell dem Auftraggeber möglichst frühzeitig zur Kenntnis gegeben werden, damit er die Konsequenzen von verspäteten Planlieferungen erkennen kann. Der Erhalt der freigegebenen, d. h. zur Ausführung genehmigten Pläne (IST-Eingangstermin) ist in der Plan-Eingangsliste und auch im Bautagebuch einzutragen. Eine Möglichkeit, voraussichtliche Konsequenzen der Behinderungen auf den Bauablauf zu besprechen, bieten die bei größeren Baumaßnahmen üblichen, meist im Monatsrhythmus stattfindenden Baubesprechungen. Die Ergebnisse dieser Besprechungen sollten generell protokolliert werden und Vertragsbestandteil werden.

Durch den AG wird grundsätzlich nur der nachweislich entstandene Schaden vergütet. Es muß also ein Vergleich der durch die Bauablaufstörung entstandenen Kosten mit denen aus ordnungsgemäßem Ablauf gemäß Bauzeitenplan vorgenommen werden. Eine Verlängerung der Ausführungszeit bringt Mehrkosten für die verlängerte Vorhaltung der Baustelleneinrichtung, sonstige zeitabhängige Gemeinkosten der Baustelle, evtl. für zusätzliche eigene oder angemietete Baugeräte etc. mit sich.

Behinderungen des Bauablaufs bewirken, daß die Kolonnen nicht optimal eingesetzt werden können. Es kommt zu einem Leistungsabfall, d.h. die tatsächlichen Aufwandswerte (Stunden/Mengeneinheit) sind höher als in der Auftragskalkulation vorgesehen. Die Geräteleistung (Mengenleistung/Stunde) wird geringer. Die daraus resultierenden Verluste gilt es, geltend zu machen. Die einzelnen Stufen, Nachforderungen aus Bauablaufstörungen zu ermitteln und in Rechnung zu stellen, zeigt Tabelle 6.

Bei Unterbrechungen des Bauablaufs kommt die gesamte Baustelle zum Stillstand. Der Bauvertrag selbst bleibt weiterhin bestehen und die Baustelle wird nach dem Wegfall der Behinderung weitergeführt. Bei längerer Dauer der Unterbrechung ist es dem AN nicht zuzumuten, auf die Bezahlung seiner Leistungen längere Zeit zu warten. Daher sieht die VOB folgende Regelung vor:

> 5. Wird die Ausführung für voraussichtlich längere Dauer unterbrochen, ohne daß die Leistung dauernd unmöglich wird, so sind die ausgeführten Leistungen nach den Vertragspreisen abzurechnen und außerdem die Kosten zu vergüten, die dem Auftragnehmer bereits entstanden und in den Vertragspreisen des nicht ausgeführten Teiles der Leistung enthalten sind.

Sowohl beim Einheitspreisvertrag als auch beim Pauschalpreisvertrag sind die bis zum Zeitpunkt der Unterbrechung ausgeführten Bauleistungen gemeinsam aufzumessen. Will der AN weitere Ansprüche, z.B. für bereits gelieferte und bezahlte, aber noch nicht eingebaute Baustoffe, geltend machen, muß er einen entsprechenden Nachweis führen.

§12 Abnahme. Die Abnahme der fertiggestellten Bauleistung hat besondere vertragsrechtliche Bedeutung, denn damit stehen Regelungen für die Schlußzahlung, der Beginn von Gewährleistungsfristen, die Umkehr der Beweislast für sichtbar werdende Mängel etc. in direktem Zusammenhang.

Die VOB sieht verschiedene Arten der Abnahme vor, von maßgeblicher Bedeutung für die Baupraxis ist jedoch nur die sog. förmliche Abnahme.

> 4.(1) Satz 1 Eine förmliche Abnahme hat stattzufinden, wenn eine Vertragspartei es verlangt.

> Verlangt der Auftragnehmer nach der Fertigstellung .... die Abnahme der Leistung, so hat sie der Auftraggeber binnen 12 Werktagen durchzuführen; eine andere Frist kann vereinbart werden.

> Besonders abzunehmen sind auf Verlangen:
> a) in sich abgeschlossene Teile der Leistung,
> b) andere Teile der Leistung, wenn sie durch die weitere Ausführung der Prüfung und Feststellung entzogen werden.

Ein in sich abgeschlossener Teil der Leistung kann z.B. ein Straßenabschnitt sein, der im Zuge einer großen Infrastrukturmaßnahme zu erstellen ist, aber zur Entzerrung der Verkehrsströme vorzeitig in Betrieb genommen werden soll. Eine Teilabnahme im Sinne der Nr. 2 b), die auch als technische Abnahme bezeichnet wird, erfolgt z.B. im Brückenbau, wenn die Spannstahlbewehrung und die schlaffe Bewehrung vor dem Betoniervorgang abgenommen werden.

Der Auftraggeber kann die Abnahme nur bei wesentlichen, d.h. gravierenden Mängeln ablehnen. Daraus kann man folgern, daß unerhebliche Mängel, welche die Funktions- oder Gebrauchsfähigkeit des Bauwerks nicht nennenswert beeinträchtigen, den Auftraggeber nicht dazu berechtigen, die Abnahme zu verweigern (Nr. 3).

Der AG muß allerdings, wenn Ausführungsmängel zum Zeitpunkt der Abnahme vorliegen, entsprechende Vorbehalte in der Abnahmeniederschrift aufnehmen lassen (Nr. 4, Abs. (1), Satz 4). Die Mängel müssen konkret benannt werden, – vage Formulierungen sind unstatthaft. In jedem Fall ist eine förmliche Niederschrift über die Abnahme anzufertigen, die von beiden Vertragsparteien zu unterzeichnen ist.

Es liegt im Interesse beider Vertragspartner, eine förmliche Abnahme durchzuführen, um mögliche spätere Streitereien oder gerichtliche Auseinandersetzungen zu vermeiden. Die VOB räumt zwar die Möglichkeit ein, daß die förmliche Abnahme auch in Abwesenheit des AN durchführbar ist (Nr. 4, (2)), in der Praxis ist jedoch die Präsenz des AN bei der Abnahme unbedingt notwendig. So wird denn auch gemäß den Zusätzlichen Vertragsbedingungen für die Ausführung von Bauleistungen (ZV-Bund), aufgestellt von den Bauverwaltungen des Bundes und der Länder, die Anwesenheit des Auftragnehmers bei der Abnahme zwingend vorgeschrieben.

Der Bauleiter bzw. das Bauunternehmen haben naturgemäß großes Interesse, das vertragsgemäß und mängelfrei hergestellte Bauwerk frühzeitig an den Auftraggeber zu übergeben, weil in diesem Zusammenhang die Schlußrechnung aufgestellt und die entsprechende Zahlung durch den Auftraggeber vorbereitet werden kann. Der Auftraggeber ist verpflichtet, die Abnahme innerhalb bestimmter Fristen nach Aufforderung durch den Auftragnehmer durchzuführen.

§13 *Gewährleistung*. Der Auftragnehmer übernimmt die Gewähr, daß seine Leistung zur Zeit der Abnahme die vertraglich zugesicherten Eigenschaften hat, den anerkannten Regeln der Technik entspricht und nicht mit Fehlern behaftet ist, die den Wert oder die Tauglichkeit zu dem gewöhnlichen oder dem nach dem Vertrag vorausgesetzten Gebrauch aufheben oder mindern.

Mit der Abnahme bestätigt der Auftraggeber, daß die Bauleistung in ihren wesentlichen Teilen vertragsgemäß und – soweit erkennbar – mängelfrei ist. Sollten kleinere Mängel vorhanden sein, sind sie nach Art und Umfang im Abnahmeprotokoll aufzuführen.

> 5.(1), Satz 1 Der Auftragnehmer ist verpflichtet, alle während der Verjährungsfrist hervortretenden Mängel, die auf vertragswidrige Leistung zurückzuführen sind, auf seine Kosten zu beseitigen, wenn es der Auftraggeber vor Ablauf der Frist schriftlich verlangt.

Im Bauwesen treten Mängel häufig erst zu einem späteren Zeitpunkt in Erscheinung, nämlich Wochen, Monate oder in Einzelfällen erst nach Jahren. Während bis zur Abnahme der AN verpflichtet war, im Streitfall die ordnungsgemäße Erstellung seiner Leistung nachzuweisen, ist es nach der Abnahme Sache des Auftraggebers, den Nachweis zu führen, daß der AN für den aufgetretenen Mangel verantwortlich ist. Der Auftraggeber verlangt also die nachträgliche Herstellung des von ihm im Bauvertrag festgelegten einwandfreien Zustands des Bauwerks.

Die Gewährleistungsfrist mit der Abnahme der gesamten Leistung (Nr.4). Von dieser Regelung wird in VOB-Verträgen von öffentlichen Auftraggebern meist abgewichen, indem folgende Festlegung getroffen wird:

> Die Gewährleistung beginnt mit Ablauf des Jahres, in dem die Abnahme stattgefunden hat.

Nach erfolgter Abnahme kann der Auftragnehmer seine prüffähige Schlußrechnung einreichen, um die Baustelle auch in finanzieller Hinsicht abschließen zu können.

Projekt: ....

PLANEINGANGSLISTE

Plan-Nr.	Bauteil	SOLL-Eingang	IST-Eingang	Wesentliche Änderungen	Behinderungsanzeige

Tabelle 6 Forderung von Mehrkosten infolge von Ablaufstörungen

Prüfung der Anspruchsgrundlage	Prüfung, ob die Störung/ Behinderung vom AG verschuldet wurde bzw. von ihm sonstwie zu vertreten ist
Begründung des Sachzusammenhangs	Begründung, daß die angefallenen Mehrkosten aus der Bauablaufstörung resultieren
Nachweis der AG-Information	Nachweis, daß der AG über Störungen/ Behinderungen des Bauablaufs dem Grunde nach schriftlich und unverzüglich informiert wurde
Ermittlung IST-Kosten	Ermittlung der aus dem gestörten Bauablauf resultierenden, effektiv angefallenen Kosten
Ermittlung SOLL-Kosten	Ermittlung der Kosten, die bei einem ordnungsgemäßem Bauablauf entstanden wären
Gegenüberstellung der Kosten	Die Differenz zwischen den IST-Kosten und den SOLL-Kosten ergibt die Nachforderungssumme
Rechnungsstellung	Die Rechnungsstellung sollte möglichst „zeitnah", d.h. spätestens mit Einreichung der Schlußrechnung erfolgen

Aus rechtlicher Sicht ist wichtig, daß mit der Abnahme die Gefahrtragung auf den Auftraggeber übergeht, wenn er sie nicht ohnehin schon gemäß §7 (Verteilung der Gefahr) zu tragen hatte. Würde demnach das Bauwerk komplett vernichtet werden oder die Bauleistung eine Verschlechterung erleiden, sei es durch höhere Gewalt oder andere, vom AN nicht zu vertretende unabwendbare Umstände, wäre der AG dennoch zur Zahlung der Vergütung verpflichtet.. Der AN kann nämlich in den genannten Fällen seinen Vergütungsanspruch für die ausgeführten Leistungen gemäß §16, Nr. 5 geltend machen.

§16 Zahlung (1), Satz 1.   Abschlagszahlungen sind auf Antrag in Höhe des Wertes der jeweils nachgewiesenen vertragsgemäßen Leistungen einschließlich des ausgewiesenen, darauf entfallenden Umsatzsteuerbetrages in möglichst kurzen Zeitabständen zu gewähren.

Abschlagszahlungen dienen dazu, dem Bauunternehmen im Zuge des Baufortschritts die in Rechnung gestellten Leistungen zu bezahlen. Das Unternehmen braucht also auf die Bezahlung der Leistung nicht bis zur Abnahme der Bauleistung zu warten. Diese Lösung trägt dem Sachverhalt Rechnung, daß Baumaßnahmen der öffentlichen Hand meist relativ lange Ausführungszeiten und hohe Auftragsvolumina besitzen. Der Auftragnehmer müßte also ohne die in §16 getroffene Regelung die Auftragssumme über die gesamte Bauzeit vorfinanzieren, was wohl nur einem kleinen Kreis kapitalkräftiger Bauunternehmen möglich wäre.

Die Abschlagszahlungen sollen „in möglichst kurzen Abständen" erfolgen. In der Baupraxis hat sich der monatliche Zahlungsrhythmus durchgesetzt. Nur in besonders begründeten Ausnahmefällen wird der AG einen kürzeren Zeitabstand akzeptieren.

> (1), Satz 2 Die Leistungen sind durch eine prüfbare Aufstellung nachzuweisen, die eine rasche und sichere Beurteilung der Leistungen ermöglichen.

Der Bauleiter muß seiner Abschlagsrechnung detaillierte Unterlagen beifügen, damit die Bauüberwachung des AG auch in die Lage versetzt wird, die ermittelten Mengen prüfen und anerkennen zu können. Dabei ist mit dieser Anerkennung der Abrechnungsunterlagen und der Zahlung der Abschlagsrechnung keineswegs die Abnahme dieser Leistungen verbunden (Nr. 1, Abs. 4), – es handelt sich also streng genommen um Vergütungen mit vorläufigem Charakter.

Die abzurechnende Bauleistung wird anhand der genehmigten Ausführungszeichnungen positionsweise ermittelt und mit dem zugehörigen Einheitspreis (EP) aus dem Leistungsverzeichnis (LV) multipliziert. Die abzurechnende Mengeneinheit ergibt sich ebenfalls aus der LV-Position (m^3, m^2, Stück, t).

Beispiel. Im Brückenbau sind folgende Abrechnungseinheiten vorgesehen:

- Beton (Fundamente, Widerlager, Überbau): m^3

- Fahrbahnbelag: m^2

- Fahrbahnübergänge: Stück

- Bewehrungsstahl: t

Sind Positionen pauschaliert, wie z.B. bei der Baustelleneinrichtung, kann ein prozentualer Anteil, – in Abhängigkeit vom Baufortschritt –, in Rechnung gestellt werden. Leistungen, die sich nicht anhand von Zeichnungen abrechnen lassen, sollten durch gemeinsames Aufmaß ermittelt werden. Die Aufmaßblätter sind vom Vertreter des AG durch Unterschrift anzuerkennen.

> (1), Satz 3 Als Leistungen gelten hierbei auch die für die geforderte Leistung eigens angefertigten und bereitgestellten Bauteile sowie die auf der Baustelle angelieferten Stoffe und Bauteile, wenn dem Auftraggeber nach seiner Wahl das Eigentum an ihnen übertragen ist oder entsprechende Sicherheit gegeben wird.

Beispiel. Das Bauunternehmen hat Fertigteile für den Brückenüberbau von einem Subunternehmen auf die Baustelle angeliefert bekommen. Die Fertigteile sind unmittelbar nach Lieferung vom Bauunternehmen den Lieferanten zu bezahlen. Gegenüber dem AG kann das Bauunternehmen die Fertigteile normalerweise aber erst dann abrechnen, wenn sie eingebaut worden sind. In diesem Fall kann der Bauleiter die gelieferten Fertigteile gemäß der obigen Regelung in Rechnung stellen, da diese als „Leistung" anerkannt werden können.

Zusatzleistungen und Nachträge sind in der Rechnung besonders kenntlich zu machen, damit der AG mögliche Kostenüberschreitungen frühzeitig erkennen kann. Die Abschlagsrechnungen sollen jeweils die gesamte erbrachte Leistung, d.h. nicht nur die im abgelaufenen Monat erbrachte Bauleistung, enthalten. Der Auftraggeber erhält damit einen Überblick über die geleisteten Abschlagszahlungen und kann diese in Relation zum Fertigstellungsgrad der Baumaßnahme setzen.

> (3) Abschlagszahlungen sind binnen 18 Werktagen nach Zugang der Aufstellung zu leisten.

Mit Zugang ist der Posteingang gemeint, sofern eine bestimmte Dienststelle mit der Prüfung von Rechnungen betraut ist. Bei größeren Bauvorhaben ist eine Bauleitung des Auftraggebers ständig auf der Baustelle präsent, der die Abschlagsrechnungen direkt übergeben werden können. Auch die Rechnungsprüfung erfolgt meistens auf der Baustelle. Da beide Vertragspartner direkt vor Ort sind, lassen sich eventuelle Unklarheiten kurzfristig klären.

Schlußzahlung. *3.(1)* Die Schlußzahlung ist alsbald nach Prüfung und Feststellung der vom Auftragnehmer vorgelegten Schlußrechnung zu leisten, spätestens innerhalb von 2 Monaten nach Zugang. Die Prüfung der Schlußrechnung ist nach Möglichkeit zu beschleunigen. Verzögert sie sich, so ist das unbestrittene Guthaben als Abschlagszahlung sofort zu zahlen.

Die Fristsetzung ist für den AG bindend, d.h. er muß innerhalb der vorgegebenen 2 Monate die Schlußrechnung geprüft und die Zahlung vorgenommen haben. Die früher recht zeitraubende rechnerische Prüfung kann nunmehr dank der Abrechnung per EDV zügig abgewickelt werden. Je sorgfältiger Eingabebelege und Datenträger erstellt sind, um so schneller wird auch die Zahlung der noch ausstehenden Summen erfolgen können. Grundsätzlich sollten Prüfprogramm und Aufstellerprogramm unterschiedlich sein. Ergeben sich rechnerische Differenzen bei der Endsumme, gilt folgende Regelung: Ist die Abweichung der Summe aus der Prüfberechnung kleiner als 0,1 o/oo – bezogen auf die Summe aus der Schlußrechnung des AN – dann gilt die Abrechnungssumme des Auftragnehmers. Bei größeren Abweichungen muß anhand der Einheitspreise überprüft werden, worauf diese Abweichungen zurückzuführen sind.

3.4.4
Bauvertrag nach BGB (Private Auftraggeber)

Bauverträge, die zwischen privaten Auftraggebern und Bauunternehmen geschlossen werden, sind im Sinne des BGB Werkverträge gemäß §631 ff.

§631 (Wesen des Werkvertrags)
(1) Durch den Werkvertrag wird der Unternehmer zur Herstellung des versprochenen Werkes, der Besteller zur Entrichtung der vereinbarten Vergütung verpflichtet.

In die Baupraxis übertragen heißt das: Das Bauunternehmen (der Unternehmer) verpflichtet sich, das Bauwerk (Werk) zu erstellen, der Auftraggeber (Besteller) ist zur Zahlung (Entrichtung der vereinbarten Vergütung) verpflichtet.

Der Bauherr bzw. Auftraggeber wird immer versuchen, seine Marktmacht mit einer entsprechenden Vertragsgestaltung zu untermauern. Das BGB behandelt Werkverträge im allgemeinen, – speziell auf das Bauwesen zugeschnittene Vertragsbedingungen sind in der Verdingungsordnung für Bauleistungen (VOB) niedergelegt. Sowohl aus dem BGB als auch aus der VOB wird der Auftraggeber die für ihn günstigen Bedingungen übernehmen und seinem Bauvertrag zugrunde legen. In der Praxis ist also der Bauvertrag bei privaten Auftraggebern eine Kombination aus BGB- und VOB-Bestimmungen, evtl. ergänzt um weitere zusätzliche Vertragsbedingungen.

Grundsätzlich sollten die Vertragsbedingungen Risiken nicht einseitig auf den Bieter bzw. den späteren Auftragnehmer abwälzen. Anderenfalls stünden solche vertraglichen Regelungen im Widerspruch zu §9 des „Gesetzes zur Regelung des Rechts der Allgemeinen Geschäftsbedingungen (AGBG)"

§9 Generalklausel
(1) Bestimmungen in Allgemeinen Geschäftsbedingungen sind unwirksam, wenn sie den Vertragspartner des Verwenders entgegen den Geboten von Treu und Glauben unangemessen benachteiligen.

Entsprechende Passagen des Bauvertrages wären damit im juristischen Sinne unwirksam. Naturgemäß sind die Bauunternehmen in Zeiten schwacher Konjunktur eher bereit, vertraglich riskantere Regelungen zu akzeptieren. Ziel jeder Auftragsverhandlung mit dem AG muß es daher sein, die Vertragsbedingungen soweit zu modifizieren, daß bei der Abwicklung der Baumaßnahme möglichst keine unkalkulierbaren Risiken mehr verbleiben.

Im AGB-Gesetz sind expressis verbis einige Vertragsklauseln aufgeführt, die unwirksam sind. Bei Baumaßnahmen könnten dies z.B. sein:

> **§10. Klauselverbote mit Wertungsmöglichkeit**. In Allgemeinen Geschäftsbedingungen ist insbesondere unwirksam
> 1. (Annahme- und Leistungsfrist)
> eine Bestimmung, durch die sich der Verwender unangemessen lange oder nicht hinreichend bestimmte Fristen für die Annahme oder Ablehnung eines Angebots oder die Erbringung einer Leistung vorbehält;
>
> **§11. Klauselverbote ohne Wertungsmöglichkeit**. In Allgemeinen Geschäftsbedingungen ist unwirksam
> 15. (Beweislast)
> eine Bestimmung, durch die der Verwender die Beweislast zum Nachteil des anderen Vertragsteils ändert, insbesondere indem er
> diesem die Beweislast für Umstände auferlegt, die im Verantwortungsbereich des Verwenders liegen;

Nach dem Werkvertragsrecht besteht zwar für Bauverträge eine weitgehende Gestaltungsfreiheit, es sollten jedoch zur Schaffung klarer Verhältnisse selbst bei kleineren Baumaßnahmen mindestens folgende Punkte detailliert beschrieben bzw. eindeutig fixiert werden:

- Beschreibung der zu erstellenden Bauleistung,
- Lieferung der für die Ausführung freigegebenen Pläne (Planlieferungstermin),
- Terminplan (Zwischentermin(e), Fertigstellungstermin),
- Zahlungsmodalitäten (Abschlagszahlungen, Schlußzahlung).

Es versteht sich von selbst, daß es um so weniger Ausführungsprobleme gibt, je präziser die Baubeschreibung und die Ausführungspläne sind. In der Praxis gibt es aber immer wieder Änderungswünsche, <u>nachdem</u> mit der Ausführung der Baumaßnahme begonnen wurde, z.B. zum Ausbaustandard von Büroräumen o.ä.. Häufig wünscht der Bauherr auch die Ausführung von Zusatzleistungen. Juristisch betrachtet wäre das ausführende Unternehmen zwar nicht verpflichtet, den Zusatzauftrag auszuführen, – im Regelfall wird es aber den Auftrag für zusätzliche Leistungen übernehmen wollen, weil damit i.d.R. bessere Erlöse als mit den normalen LV-Positionen zu erzielen sind. Gemäß §632 BGB steht dem Bauunternehmen für solche zusätzlichen Leistungen eine angemessene Vergütung zu.

> **§632 (Vergütung)**
> (1) Eine Vergütung gilt als stillschweigend vereinbart, wenn die Herstellung des Werkes den Umständen nach nur gegen eine Vergütung zu erwarten ist.

> Ist die Höhe der Vergütung nicht bestimmt, so ist bei dem Bestehen einer Taxe die
> taxmäßige Vergütung, in Ermangelung einer Taxe die übliche Vergütung als vereinbart
> anzusehen.

Es empfiehlt sich generell, um spätere Streitigkeiten wegen der Höhe der Vergütung zu vermeiden, vor der Ausführung eine entsprechende, verbindliche Vereinbarung zu treffen. Diesem vertragsrechtlich wichtigen Sachverhalt wird auf der Baustelle zu wenig Beachtung geschenkt, – sei es wegen des Termindrucks oder aus falsch verstandener Rücksichtnahme auf die „Baustellenatmosphäre". Meßlatte für den Baubetrieb ist letztlich der wirtschaftliche Erfolg, d.h. berechtigte Nachtragsforderungen müssen – höflich, aber bestimmt – gestellt und bezahlt werden.

Das Bauunternehmen muß alles daran setzen, das Bauwerk fristgerecht und mängelfrei zu übergeben. Aber auch der Auftraggeber und der von ihm eingeschaltete Architekt, der Tragwerksplaner und der Haustechnikplaner müssen einen maßgeblichen Beitrag zur Fertigstellung der Baumaßnahme leisten. Es geht dabei um die fristgerechte Lieferung ausführungsreifer, d.h. genehmigter Pläne. Der Zeitbedarf für die Prüfung der Pläne z.B. durch den Prüfstatiker oder Planänderungen wegen behördlicher Auflagen in Zusammenhang mit der Baugenehmigung wird häufig unterschätzt. Streitereien auf der Baustelle, Bauablaufstörungen mit den damit verbundenen Mehrkosten sind die zwangsläufige Folge. Nach Eingang der Pläne muß außerdem dem bauausführenden Unternehmen ein angemessener Zeitrahmen eingeräumt werden, damit dieses entsprechende Vorbereitungen für die Baudurchführung (Geräte- und Personaldisposition) treffen kann. Auch bei kleineren Baumaßnahmen sollte eine Planlieferungsliste Vertragsbestandteil werden. Die Auswirkungen verspäteter Planlieferungen lassen sich anschaulich anhand eines Balkenplanes darstellen, in dem die wichtigsten Termine wie z.B. die endgültige Entscheidung des Bauherrn, die Baugenehmigung, die Prüfstatik, der Baubeginn und weitere Zwischentermine eingearbeitet sind, so daß auch der Auftraggeber frühzeitig über die Konsequenzen nicht rechtzeitig eingehender Pläne informiert werden kann.

Nicht rechtzeitig gelieferte Pläne führen zu Behinderungen des Bauablaufs, zu einer Bauzeitverlängerung etc. und damit zwangsläufig auch zum Streit zwischen den Vertragsparteien über die Höhe der Mehrkosten.

Bei großen Baumaßnahmen reichen die vorher aufgeführten Vertragspunkte selbstverständlich nicht mehr aus, um der Komplexität des Bauvorhabens Rechnung zu tragen und vertragsrechtlich klare Verhältnisse zu schaffen. Juristisch gesehen kommt ein wirksamer Vertragsabschluß gemäß BGB erst dann zustande, wenn das Angebot des Bieters und die Annahme seitens des AG den gleichen Vertragsinhalt haben, d.h. eindeutig beschrieben und definiert sind. Im Zuge der Auftragsverhandlungen gibt es häufig eine Reihe von Änderungen und Ergänzungen gegenüber dem ursprünglichen Angebot. Diese abweichenden Regelungen sind in einem Besprechungsprotokoll festzuhalten und zu unterzeichnen.

Wichtiges Detail der Vertragsgestaltung ist die Festlegung der Rangfolge der einzelnen Vertragsbestandteile, um bei auftretenden Ungereimtheiten klare Regelungen zu besitzen. Grundsätzlich haben die für die jeweilige Baumaßnahme getroffenen Festlegungen Vorrang vor allgemeiner gültigen Regelungen, wie z.B. Allgemeinen Technischen Vorschriften.

Die Rangfolge eines Generalunternehmer (GU)-Vertrages könnte dabei wie folgt aussehen:

§..Vertragsbestandteile:

Bei Unstimmigkeiten und Widersprüchen im Vertrag gelten nacheinander:

GU-Vertrag vom ....

Leistungsabgrenzung zwischen AG und AN (s. Anlage) ....

Protokoll der Auftragsverhandlung vom ....

Baugenehmigung vom ....

Angebot des AN (inkl. sämtlicher Anlagen) vom ....

Zahlungsplan vom ....

Terminplan vom ....

Funktionalausschreibung vom ....

Bodengutachten vom ....

Planlieferungsliste vom ....

VOB/B

Sonstiges: ....
....
....
....

Die nachfolgende Auflistung von Einzelpunkten des GU-Vertrages erhebt keinen Anspruch auf Vollständigkeit. Sie kann aber dazu dienen, häufig wiederkehrende Bestandteile des GU-Vertrages Punkt für Punkt zu überprüfen.

Vertragsgrundlagen. Die Rangfolge der einzelnen Vertragsbestandteile ist hier festzulegen, damit im Fall von Widersprüchen geklärt ist, welche Regelung Gültigkeit besitzt. Die Leistungsabgrenzung zwischen AG und AN ist anhand einer tabellarischen Auflistung vorzunehmen, z.B. gemäß der vom Hauptverband der Deutschen Bauindustrie herausgegeben Liste. Hier können Regelungen getroffen werden, z.B. wer die Gebühren für Baugrundgutachten, Entsorgungskosten für evtl. Altlasten etc. aufzubringen hat. Maßgebliche Punkte sind die Festlegungen bezüglich der Leistungen, die der Bauherr zu erbringen hat und die Architekten- und Ingenieurleistungen sowie Planung, Überwachung etc. bei den Ausbaugewerken (Heizung, Lüftung, Sanitär, Elektro). Wichtig ist in diesem Zusammenhang, eine Planlieferungsliste vertraglich zu vereinbaren. Diese enthält Angaben, wer bis zu spätestens welchem Termin die betreffenden Unterlagen – in genehmigter Form – zu liefern hat.

Vergütung. Der GU-Vertrag sieht in der Regel eine Pauschalvergütung vor. Dieser wird als Netto-Preis angegeben. Die Mehrwertsteuer, die auf diesen Netto-Preis hinzuzurechnen ist, berechnet sich nach dem am Tage der Abnahme gültigen Steuersatz.

Bei langen Laufzeiten des Vertrages ist festzulegen, bis zu welchem Zeitpunkt der Pauschalpreis unverändert bleibt. Nach diesem Zeitpunkt erfolgt die Abrechnung der Bauleistungen unter Einbeziehung der hier festzulegenden Material- und Lohngleitklauseln.

Bei Sonderbauwünschen von Dritten oder bei zusätzlichen Leistungen müssen vor der Ausführung zwischen AG und AN für die daraus resultierende Bauzeitverlängerung, für die Kostentragung der Zusatzleistung selbst, sowie für die Mehrkosten aufgrund der Bauzeitverlängerung entsprechende Vereinbarungen getroffen werden.

Zahlungen. Die Zahlung bei Einheitspreisverträgen ist an den Baufortschritt, d.h. an die erbrachte Bauleistung gekoppelt. Bei Pauschalpreisverträgen müssen Zahlungspläne vereinbart werden, die sich meist an den Terminplan anlehnen (Bauabschnitte, Leistungspakete etc.). Durch diese Abschlagszahlungen erhält das Bauunternehmen Zug um Zug Geld für die ausgeführte Leistung und muß daher nicht die Gesamtkosten des Bauwerks vorfinanzieren. Zwischen dem Bauherrn und dem bauausführenden Unternehmen sind entsprechende Vereinbarungen (Sicherheiten) für die Erfüllung der Leistungen zu treffen. Dies geschieht beim Bauherrn durch Bürgschaften bzw. Sicherheiten, daß Mittel in Höhe der Auftragssumme zur Verfügung stehen. Das Bauunternehmen muß Ausführungs- bzw. Gewährleistungsbürgschaften beibringen.

Gerät der Auftraggeber mit seinen Zahlungen in Verzug, müssen entsprechende Regelungen bis hin zur Möglichkeit zur Kündigung durch den Auftragnehmer getroffen werden. Es sollte generell auch festgelegt werden, daß die Zahlung von Abschlagsrechnungen spätestens 4 Wochen, die Zahlung der Schlußrechnung spätestens 8 Wochen nach Anforderung zu erfolgen hat.

Bei Abrechnung nach Einheitspreisen sollte die Zahlung an den Eingang prüffähiger Abrechnungsunterlagen gekoppelt werden. Zu beachten ist, welche Regelung bei Mengenänderungen vorgesehen sind. Bauverträge enthalten häufig die unverfänglich anmutende Formulierung: §2, Nr. 3 VOB/ B findet keine Anwendung. Das bedeutet aber bei näherer Betrachtung, daß für Mehr- oder Mindermengen, die über 10 % hinausgehen, keine neuen Einheitspreise verlangt werden können.

Termine. Der Baustellen-Terminplan sollte die wichtigsten Termine für die Bauabwicklung als Meilensteine enthalten. Dazu gehören der Eingangstermin für die Baugenehmigung, Planlieferungstermine für Bauleistungen, der kritische Weg, der Baubeginn und der Fertigstellungstermin.

In diesem Zusammenhang müssen auch Regelungen für die Anrechnung von Schlechtwettertagen getroffen werden. Dies kann durchaus eine maßgebliche Rolle spielen, wenn wesentliche Teile der Leistung während der Wintermonate ausgeführt werden müssen oder aus technischen Gründen gar nicht ausgeführt werden können. Für die Ermittlung der Niederschlagsmengen und der Frosttage kann man die Daten des nächstgelegenen Wetteramtes zugrunde legen.

Abnahme. Es sollte grundsätzlich eine förmliche Abnahme gemäß VOB §12 vereinbart werden. Bei kompletter Übernahme des §12 in den Bauvertrag wird über die Regelung in Nr. 3 erreicht, daß der Auftraggeber die Abnahme nur bei wesentlichen Mängeln verweigern kann. Die Abnahme muß schriftlich angefordert werden, meist mit einem Vorlauf von 4 Wochen.

Werden Teile der Bauleistung vorzeitig in Betrieb genommen, z.B. in sich abgeschlossene Bauabschnitte eines Bürokomplexes, sind für diese Teilabnahmen im Sinne des §12, Nr. 2 vorzunehmen.

Für die bei der Abnahme festgestellten und im Abnahmeprotokoll aufgeführten Mängel ist eine ausreichend bemessene Frist für die Beseitigung der Mängel zu vereinbaren. Formulierungen, daß der AG die Mängelbeseitigung von sich aus durch Dritte auf Kosten des AN beseitigen lassen kann, sind inakzeptabel.

Baugrund. Das daraus resultierende Baugrundrisiko sollte <u>immer</u> beim Bauherrn verbleiben. Besonders kritisch zu bewerten sind Formulierungen im Vertrag, die das Baugrundrisiko auf den Bieter abwälzen wollen. Dies würde z.B. bei folgender Formulierung der Fall sein:

„Der Bieter erklärt mit der Angebotsabgabe, daß er vor Ort alle den Angebotspreis beeinflussenden Faktoren geprüft und im Angebot berücksichtigt hat. Ein späterer Einwand wegen Kalkulationsirrtums wird hiermit ausdrücklich ausgeschlossen."

Rein rechtlich dürfte eine solche Formulierung wohl mit §9 AGBG in Widerspruch stehen. Inwieweit sich diesbezügliche Forderungen des AN in einem sich sicher über mehrere Jahre hinziehenden Gerichtsprozeß durchsetzen ließen, steht auf einem anderen Blatt.

Prinzipiell sollte die Übernahme des Baugrundrisikos durch den AN im Bauvertrag ausdrücklich ausgeschlossen werden. In Zeiten schlechter Konjunktur neigen Bauunternehmen dazu, auch das Baugrundrisiko zu übernehmen, um den Bauauftrag zu erhalten. Insbesondere in Ballungsgebieten, wo eine Fülle von Baugrunduntersuchungen bei benachbarten Grundstücken vorliegen, ist man eher bereit, Risiken, die sich aus dem Baugrund ergeben, zu übernehmen. Dies kann geschäftspolitisch von erheblicher Brisanz sein, wie das nachfolgende Rechenbeispiel belegt.

Beispiel. Das Bauunternehmen B hatte den Bauauftrag zum Bau eines Verwaltungskomplexes erhalten, wobei im Rahmen der Auftragsverhandlungen u.a. das Baugrundrisiko auf das Unternehmen abgewälzt wurde. Die Beseitigung von im Untergrund vorhandenen Kalksteinbänke, mit denen aufgrund der geologischen Verhältnisse im Nachbarbereich der Baustelle niemand gerechnet hatte, verzögerten den Bauablauf erheblich. Die Mehrkosten für zusätzliches Bohrgerät sowie für Beschleunigungkosten, damit der Rohbau termingemäß beginnen konnte, beliefen sich auf 2,0 Mio. DM. Dies entspricht bei der schon zitierten Umsatzrendite von Bauunternehmen einem Zusatzumsatz zwischen 100 Mio. DM und 200 Mio. DM.

Vorsichtshalber sollten auch Regelungen für den Fall vereinbart werden, daß Altlasten oder Kulturdenkmäler angetroffen werden. Dies führt zu teilweise längerem Baustellenstillstand und entsprechenden Mehrkosten wie z.B. die verlängerte Vorhaltung der Baustelleneinrichtung, Sachverständigenkosten, Beschleunigungskosten bei der Weiterführung der Baumaßnahme für Mehrschichtbetrieb, verstärkten Schalungs- und Rüstungseinsatz etc.

Kontaminationen (Altlasten). Es liegt im Interesse des Bauherrn, im Baugrundgutachten auch die Frage evtl. im Boden oder im Grundwasser vorhandener Kontaminationen untersuchen zu lassen. Die Kosten für eine Sanierung oder Entsorgung sind ohne die Bewertung von Spezialisten nicht abschätzbar. Der Auftragnehmer muß also unter allen Umständen die Übernahme von Risiken aus Kontaminationen vermeiden. Er sollte dies in seinem Angebotsschreiben unmißverständlich zum Ausdruck bringen, etwa mit folgender Formulierung:

„Kosten für die Behandlung oder Beseitigung von kontaminiertem Boden oder Grundwasser sowie von kontaminierten Gebäuden bzw. Gebäudeteilen sind nicht Bestandteil des vorliegenden Angebots".

Vorhandene Kontaminationen sollten unbedingt <u>vor</u> Aufnahme der eigentlichen Bauarbeiten restlos entfernt worden sein.

Streitigkeiten. Unterschiedliche Auslegung der Vertragsunterlagen führen naturgemäß zu Streitigkeiten. Vorrangiges Ziel der Vertragsparteien sollte es sein, Streit zu vermeiden bzw. einvernehmlich auf der Baustelle beizulegen. Verfahren vor ordentlichen Gerichten sind kostspielig und zeitraubend, wobei der Ausgang des Verfahrens generell durchaus offen ist.

Es empfiehlt sich daher, eine Schiedsgerichtsvereinbarung zu treffen. Im Streitfall ist ein Schiedsgutachter einzuschalten, dessen Feststellungen von beiden Parteien vorbehaltlos anerkannt werden sollten. Das Schiedsgutachten enthält neben der Feststellung der Schäden auch eine Kostenschätzung für die Mängelbeseitigung in Abhängigkeit von den technischen Möglichkeiten. Mit der Schiedsgerichtsvereinbarung über die Kostentragung werden die Streitigkeiten endgültig beigelegt.

3.4.5
Private Finanzierung von Baumaßnahmen

Angesichts des hohen Investitionsbedarfs z.B. für die Schaffung einer leistungsfähigen Verkehrsinfrastruktur einerseits und der angespannten Haushaltslage bei der öffentlichen Hand andererseits ist die private Finanzierung dieser Infrastrukturmaßnahmen von wachsendem Interesse. Eine im Zusammenhang mit dem „Eckwertebeschluß zum Haushalt 1991" eingesetzte Arbeitsgruppe „Private Finanzierung öffentlicher Infrastruktur" kam u.a. zu dem Ergebnis, daß sich durch eine Privatfinanzierung die Ausführung von Infrastrukturmaßnahmen beschleunigen ließe. Der Bundestag hat im Mai 1994 ein Gesetz gebilligt, wonach die Finanzierung sowie Bau und Betrieb von Bundesfernstraßen durch Private ermöglicht wird, Die Gebührenerhebung für die Refinanzierung wird aber auf Brücken, Tunnel und Paßstraßen beschränkt (Tabelle 7).

Wesentliche Vorteile einer privaten Finanzierung liegen in der schnelleren Realisierung von Baumaßnahmen, weil Planung, Arbeitsvorbereitung und Bauausführung in einer Hand liegen. Es sollte allerdings nach wie vor Aufgabe der öffentlichen Hand bleiben, dafür zu sorgen, daß die benötigten Grundstücke vor Baubeginn uneingeschränkt zur Verfügung stehen.

Die privaten Investoren erwarten eine angemessene Verzinsung ihres eingesetzten Kapitals. Daher steht die Wirtschaftlichkeit beim Bau und auch beim Betrieb an vorderster Stelle; d.h. eine kostengünstige Bauausführung und eine effektive Betriebsführung sind damit sozusagen vorprogrammiert. Durch den Einsatz von Eigenkapital mit niedriger Anfangsfinanzierung und die Weitergabe von Steuervorteilen sind günstige Finanzierungskonditionen erzielbar. Haushaltsmittel brauchen für die Finanzierung nicht in Anspruch genommen zu werden.

Gemessen am gesamten Baumarkt ist das Auftragsvolumen der Baumaßnahmen, die sich unter Berücksichtigung wirtschaftlicher Kriterien privat finanzieren, bauen und betreiben lassen, relativ gering. Nur einige wenige kapitalkräftige und leistungsstarke Bauunternehmen sind in der Lage, diese mit hohem Kapitelbedarf und langen Laufzeiten versehenen Großprojekte anzubieten und durchzuführen.

Tabelle 7 Projektvorschläge des Bundes für Betreibermodelle

	Maßnahme	Baukosten (Mio. DM)
A 17	Pirna (B 172)-Breitenau (Gebirgspaß)	360,0
A 20	Elbequerung nordwestlich Hamburg	1.000,0
A 71	Rennsteigtunnel	475,0
A 252	Hafenquerspange Hamburg	515,0
A 281	Eckverbindung Bremen	750,0
B 6n	Bernburg-Dessau	400,0
B 10	Nordtangente Karlsruhe	240,0
B 15n	Regensburg-Rosenheim (Teilabschnitt A 93-A 94)	750,0
B 21	Kirchholztunnel Bad Reichenhall	150,0
B 50n	Hochmoselübergang Wittlich/ Bernkastel	500,0
B 61	Weserauentunnel Minden	170,0
B75/B 104	Tunnelneubau Travequerung Lübeck	275,0
B 96n	Strelasundquerung zur Insel Rügen	230,0
B 178	Bautzen-Zittau	200,0
B 243	Herzberg-Nordhausen	440,0
B 312	Scheibengipfeltunnel Reutlingen	120,0

Gesamtsumme (Mio. DM):   6.575,0

3.4.5.1
Baukonzessionen

Nach den Bestimmungen der VOB/A können Bauaufträge als Baukonzessionen vergeben werden. Dies ist eine der Möglichkeiten, öffentliche Bauvorhaben privat zu finanzieren und zu betreiben.

§32 VOB/A:

1. Baukonzessionen sind Bauaufträge zwischen einem Auftraggeber und einem Unternehmer (Baukonzessionär), bei denen die Gegenleistung für die Bauarbeiten statt in einer Vergütung in dem Recht auf Nutzung der baulichen Anlage, ggf. zuzüglich einer Zahlung eines Preises, besteht.

2. Für die Vergabe von Baukonzessionen sind die §§1 bis 31 sinngemäß anzuwenden.

Die sonst bei der Auftragsvergabe gemäß VOB übliche Trennung von Planung und Ausführung besteht beim Konzessionsmodell nicht, denn beim Konzessionär gehört auch die komplette Planung des Projektes zu seinem Leistungsumfang. Auch die Vergütung der Bauleistung weicht von den VOB-Regelungen ab, da keine Abschlagszahlungen geleistet werden. Der Betreiber erhält die Vergütung für seine Leistungen in Form einer Erhebung von Benutzerentgelt (Maut) während der Konzessionsdauer. Die vertragsrechtlichen Regelungen der VOB können daher nur sehr eingeschränkt Anwendung finden.

Die Bekanntmachung, eine Baukonzession zu vergeben, ist im Amtsblatt für amtliche Veröffentlichungen der Europäischen Gemeinschaften zu veröffentlichen. Zusätzlich kann sie auch in Tageszeitungen, Fachzeitschriften oder sonstigen amtlichen Veröffentlichungsblättern publiziert werden. Die Veröffentlichung muß mittels eines einheitlichen Formblatts (Anhang G: Öffentliche Baukonzessionen) erfolgen.

Der Anhang G beinhaltet folgende Punkte:
1. Name, Anschrift, Telefon, Telegrafen-, Fernschreib- und Fernkopiernummer des Auftraggebers (Vergabestelle):
2. a) Ort der Ausführung:
   b) Gegenstand der Konzession; Art und Umfang der Leistung:
3. a) Frist für die Einreichung der Bewerbungen:
   b) Anschrift, an die die Bewerbungen zu richten sind:
   c) Sprache, in der die Bewerbungen abgefaßt sein müssen:
4. Mit der Bewerbung verlangte Nachweise für die Beurteilung der Eignung (Fachkunde, Leistungsfähigkeit, Zuverlässigkeit) des Bewerbers:
5. Kriterien für die Konzession:
6. Mindestanteil der an Dritte zu vergebenden Leistungen:
7. Sonstige Angaben, insbesondere die Stelle, an die sich die Bewerber oder Bieter zur Nachprüfung behaupteter Verstöße gegen Vergabebestimmungen wenden kann:
8. Tag der Absendung der Bekanntmachung:

Von besonderem Gewicht, als Bewerber zugelassen zu werden, ist sicher Punkt 4 bezüglich der Eignung der Bieter hinsichtlich:

- Fachkunde
- Leistungsfähigkeit
- Zuverlässigkeit.

Diese Anforderungen entsprechen denen des §8, Nr.3(1) VOB/A.. Wegen der langen Laufzeit der Konzession kommen de facto nur besonders finanzstarke Bauunternehmen in die engere Wahl. Insofern wird der Auftraggeber sinngemäß von der Festlegung des §8, Nr.3, Abs.2 VOB/A Gebrauch machen, demzufolge er Nachweise über die wirtschaftliche und finanzielle Leistungsfähigkeit der Bieter fordern kann. Einer der maßgeblichen diesbezüglichen Nachweise wäre sicher die Vorlage der Bilanz und zwar der vergangenen 3 abgeschlossenen Geschäftsjahre. Daraus könnten folgende Kennziffern abgeleitet werden:

• Cash Flow

- Höhe des Eigenkapitals
- Eigenkapitalquote
- Relation Eigenkapital/ Anlagevermögen

Konzessionen werden nicht zuletzt wegen der notwendigen Bonität der Bieter und auch wegen des mit einer Angebotsbearbeitung verbundenen großen Aufwandes im sog. Nichtoffenen Verfahren gemäß §3a, Nr.1, b) (entsprechend Beschränkter Ausschreibung nach Öffentlichem Teilnehmerwettbewerb gemäß §3, Nr.1, Abs.2 VOB/A) ausgeschrieben.

3.4.5.2
Leasingmodell

Häufig stehen fehlende Haushaltsmittel am Beginn der Überlegungen, eine Privatfinanzierung für die Durchführung von Baumaßnahmen z.B. nach dem Leasingmodell einzusetzen. Dies können Rathäuser, Verwaltungsgebäude, Hochschulbauten u.ä. sein. Grundprinzip des Leasingmodells ist, daß Planung, Finanzierung und der Bau selbst von Privaten übernommen bzw. ausgeführt und anschließend an die öffentliche Hand vermietet werden. Das benötigte Grundstück wird meist über einen Erbbaurechtsvertrag von der öffentlichen Hand zur Verfügung gestellt. Der Leasingnehmer, z.B. die Stadtverwaltung X zahlt über einen vorher festgelegten Zeitraum von z.B. 20 Jahren eine festgelegte Monats- bzw. Jahresmiete. Nach Ablauf des Leasingvertrages kann das Projekt zu einem vertraglich vorab festgelegten Restwert (z.B. 10%) erworben werden. Dies Kaufoption wird i.d.R. im Grundbuch eingetragen.

Vorteil des Leasingmodells ist zunächst einmal wie beim Betreiber- und beim Konzessionsmodell die verkürzte Bauzeit gegenüber herkömmlichen Ausschreibungen mit ihren zeitraubenden Vergaben in Einzelgewerken. Zum anderen ist Leasing häufig die insgesamt kostengünstigere Lösung. Die Immobilien-Finanzierung erfolgt meist zu Kommunalkredit-Konditionen. Bei Einbeziehung privater Investoren in die Leasing-Objektgesellschaft lassen sich, wenn auch nur in verhältnismäßig geringem Umfang, steuerliche Vorteile nutzen, so daß teilweise die Finanzierung günstiger als mit Kommunalkrediten vorgenommen werden kann.

Der Auftraggeber kann beim Leasingmodell davon ausgehen, daß der Kostenrahmen und der Fertigstellungstermin für sein Bauwerk eingehalten werden. Meist wird der Bauauftrag als Pauschalsumme vergeben, so daß das daraus resultierende Mengenrisiko beim bauausführenden Unternehmen liegt.

3.4.5.3
Modelle mit privater Vorfinanzierung

Mitte der 90er Jahre hat der Bund den Weg beschritten, bei 12 großen Pilotprojekten Erfahrungen mit Ausschreibung, Vergabe, Vorfinanzierung etc. zu sammeln (Tabelle 8).

Parallel zu dem Bauvertrag gibt es – und das ist die Besonderheit dieses Modells – einen Kreditvertrag. Dieser ist untergliedert in die Projektfinanzierung und die Zwischenfinanzierung. Die Projektfinanzierung umfaßt die gesamten Baukosten. Nach Abnahme des Bauwerks erfolgt die Rückzahlung in jährlichen Raten durch den Auftraggeber. Der Zeitraum für die Rückzahlung bewegt sich dabei in einem Rahmen von 15 bis 20 Jahren.

Tabelle 8 Modelle des Bundes mit privater Vorfinanzierung

Maßnahme		Baukosten (Mio. DM)
A 7	4. Röhre Elbtunnel Hamburg	850,8
A 8	Borg/ Perl-Merzig/ Wellingen	166,2
A 44	Rheinquerung Ilverich	590,0
A 60	Bitburg-Wittlich	624,6
A 81	Stuttgart/Feuerbach-Leonberg inkl. Engelberg-Basistunnel	628,0
A 93	Hof/ Nord (A 72)-Mitterteich/ West	578,3
B 2n	Ortsumgehung Farchant	237,0
B 31	Ortsumgehung Freiburg-Ost	233,8
B 62	Ortsumgehung Biedenkopf	106,8
B 254	Ortsumgehung Schwalmtal/ Brauerschwend	27,8
B 437	Weserquerung Esenshamm	542,0
B 457	Ortsumgehung Hungen	20,0
	Gesamtsumme:	4.605,3

Beispiel. Im Bereich des Autobahndreiecks Leonberg sind die Verkehrswege seinerzeit in den Jahren 1935 bis 1938 gebaut worden. Aufgrund der stark gewachsenen Verkehrsmengen mit bis zu 120 000 Fahrzeugen pro Tag war eine grundlegende Verbesserung der Verkehrsinfrastruktur notwendig geworden. Die Modernisierung des Autobahndreiecks Leonberg und der Neubau des Engelberg-Basistunnels wurde als eines der 12 privat finanzierten „Bund"-Modelle ausgeschrieben und beauftragt. Die Bauzeit beträgt 52 Monate. Die Baukosten belaufen sich inkl. Finanzierungskosten auf rd. 1,2 Mrd DM. Die Rückzahlung beginnt 12 Monate nach Abnahme der Bauleistung und erfolgt in 15 Jahresraten.

Kreditgeber beim Vorfinanzierungsmodell ist eine Bank bzw. ein Bankenkonsortium. Parallel zur Projektfinanzierung ist eine Zwischenfinanzierung notwendig, weil der Auftragnehmer bei diesem Modell keine Abschlagszahlungen erhält. Der Auftragnehmer schließt über die von ihm zu tragenden Vorfinanzierungskosten einen separaten Kreditvertrag ab. In diesem Zusammenhang ist ein Zahlungsplan (Finanzmittelabflußplan) aufzustellen und zu vereinbaren, der in Abhängigkeit von der Bauleistung in bestimmtem Rhythmus (z.B. quartalsweise) Zahlungen für die Zwischenfinanzierung festlegt.

Nach Fertigstellung und Abnahme der Bauleistung hat der Auftragnehmer naturgemäß ein Interesse, möglichst schnell die Bezahlung seiner Bauleistungen

Nach Fertigstellung und Abnahme der Bauleistung hat der Auftragnehmer naturgemäß ein Interesse, möglichst schnell die Bezahlung seiner Bauleistungen zu erhalten. Beim Privat-Vorfinanzierungsmodell verkauft der Auftragnehmer unmittelbar nach der Abnahme seine Werklohnforderungen inkl. Zinsergebnissen aus dem Bauvertrag und aus dem Kreditvertrag an das Bankenkonsortium (Forfaitierung). Er erhält nunmehr seine Bau- und Zwischenfinanzierungskosten, während die Zinseinnahmen beim Bankenkonsortium verbleiben.

Wegen der langen Bauausführungsfristen und der bis zu 20 Jahren und mehr währenden Rückzahlungsfristen sind Zinsanpassungsklauseln zu vereinbaren. Dabei können die Zinsen in bestimmten zeitlichen Abständen an die jeweiligen Geldmarktbedingungen (FIBOR) angepaßt werden.

Bei Ländern und Kommunalverwaltungen sind mehrere Baumaßnahmen nach dem „Mogendorfer Modell" durchgeführt worden. Hierbei werden teilabgerechnete Bauleistungen schon während der Baudurchführung forfaitiert, was entsprechende Kosteneinsparungen mit sich bringt.

In den Besonderen Vertragsbedingungen ist eine Regelung über die Vergütung bei zusätzlichen Leistungen zu treffen, da diese sich sowohl auf die Baukosten als auch anteilig auf die Zinsbelastung der Projektfinanzierung sowie die Zwischenfinanzierung auswirken. Als Basis für die Ermittlung neuer Einheitspreise bei Mengenüber- bzw. Mengenunterschreitungen wird die Regelung gemäß §2, Nr.3, VOB/B (10%-Klausel) gewählt.

4 Kalkulation

Der Kalkulator hat die Aufgabe, die voraussichtlichen Kosten für die Erstellung der ausgeschriebenen Baumaßnahme zu ermitteln. Dazu bedient er sich eigener Erfahrungswerte, firmeninterner Kennwerte, Verrechnungssätze, Geräteverrechnungssätze etc. Der Angebotspreis wird im Wettbewerb ermittelt und muß unter betriebswirtschaftlichen Aspekten auskömmlich sein. Die Baustelle muß also unter Berücksichtigung aller für die Herstellung anfallenden Kosten für Löhne, Gehälter, Baustoffe, Geräte etc. auch einen angemessenen Gewinn erwirtschaften. Da die Vergabe durch den Auftraggeber fast immer an den günstigsten Bieter erfolgt, muß schon der Kalkulator bemüht sein, seinen Ermittlungen eine möglichst kostengünstige Ausführung zugrunde zu legen.

Schätzwerte wie z.B. DM/ m^3 umbauter Raum oder DM/ m^2 Brückenfläche liefern nur einen groben Überblick. Sie schwanken in relativ weiten Grenzen und dürfen keinesfalls für eine Kalkulation zur Grundlage erhoben werden. Wenn man sich nur auf die Schätzwerte verlassen würde, ohne zumindest die wichtigsten Positionen exakt zu kalkulieren, besteht die Gefahr, daß im Auftragsfall die Baustelle erhebliche Verluste einfährt.

Auf dem Baumarkt gibt es nur wenige, wirklich miteinander vergleichbare Projekte. Jedes Bauwerk ist ein Unikat. Aus diesem Grund muß jede Baumaßnahme unter Berücksichtigung des konkreten Einzelfalls kalkuliert werden, denn die jeweiligen Vertragsbedingungen weichen mehr oder weniger voneinander ab, der Baugrund weist unterschiedliche Eigenschaften auf und auch die Gestaltung eines jeden Bauwerks ist unterschiedlich. Konjunkturelle Randbedingungen spielen darüber hinaus eine maßgebliche Rolle für die erzielbaren Marktpreise.

Bei der Kalkulation sind insbesondere die Kosten zu erfassen für:

- Baustelleneinrichtung,
- Personal,
- Baustoffe,
- Baugeräte,
- Verbaumaterial,
- Schalung, Rüstung,
- Betriebsstoffe.

Die Ausschreibung der Baumaßnahmen der öffentlichen Hand erfolgt im Submissionsanzeiger. Private Bauherrn treffen über ihren Architekten oder einen Projektsteuerer meist schon im Vorfeld eine Vorauswahl unter den Unternehmen, die sie zur Angebotsabgabe auffordern wollen.

Die Geschäftsleitung entscheidet, welche Ausschreibungen angefordert und anschließend kalkuliert werden sollen. Nach Eingang der Ausschreibungsunterlagen erfolgt die Festlegung, mit welcher Intensität die einzelnen Angebote bearbeitet werden sollen. Dabei werden die Marktsituation, die Auslastung des Unternehmens, die verfügbare Gerätekapazität, die technischen Möglichkeiten zur Realisierung etc. berücksichtigt.

Prinzipiell stehen mehrere Methoden für die Kalkulation von Bauleistungen zur Verfügung. Bei standardisierten Leistungstexten wie z.B. im Tiefbau hat sich die Kalkulation über die Endsumme durchgesetzt, während im Schlüsselfertigen Hochbau die Kostenermittlung auf der Basis der DIN 276 vorgenommen wird.

4.1
Kalkulation über die Endsumme

Diese Methode hat sich in der Bauindustrie für Ausschreibungen mit standardisierten Leistungstexten durchgesetzt, weil sie die spezifischen Belange der Kalkulation von Bauleistungen am besten erfüllt. Auf die Besonderheiten der Kalkulation bei Funktionalausschreibungen wird unter Punkt 4.2 eingegangen.

4.1.1
Ablaufschema der Angebotskalkulation

Ziel der Kalkulation ist es zunächst, die bei Herstellung des Bauwerks voraussichtlich anfallenden Kosten zu ermitteln und verursachungsgerecht den einzelnen Positionen zuzuordnen. Im Sinne einer möglichst klaren Leistungsbeschreibung sind Ausschreibungstexte praktisch für alle vorkommenden Bauleistungen standardisiert worden. Bauleistungen können damit im Sinne des §9 VOB/ B eindeutig beschreiben werden. Diese Texte sind z.B. im Standardleistungskatalog für den Straßen- und Brückenbau (STLK) und Standardleistungsbuch für das Bauwesen (StLB) verfügbar.

Leistungbeschreibung mit LV. Der STLK ist in Leistungsbereiche untergliedert. Diese liegen sowohl in Buchform als auch auf Diskette vor. Die Beschreibung der Leistung wird nach folgendem Ordnungsschema vorgenommen:

- Leistungsbereich (LB): Zuordnung der Teilleistung zu einem der Leistungsbereiche (3 Stellen)
- Grundtexte (GT): Beschreibung der Teilleistung in ihren wesentlichen Elementen (3 Stellen)
- Folgetexte (FT): Ergänzende Details zur Präzisierung der Teilleistung (max. 8 Stellen)

Der STLK enthält zu den einzelnen Leistungen meist mehrere Alternativen, unter denen derjenige, der das Leistungsverzeichnis erstellt, wählen kann.

Beispiel. Für die Stahlbetonarbeiten für Brückenfundamente wird der Text für die Leistungsbeschreibung aus dem Leistungsbereich 118 (Kunstbauten aus Beton und Stahlbeton) übernommen:

Kurzfolgetext:

118 317	m^3	Bewehrten Beton herstellen, Schalung gesondert	118317	m^3
		Bewehrten Beton in Schalung nach Zeichnung herstellen. Schalung und Bewehrung werden gesondert vergütet.	Fundament, B 25 W: schwach-chem.	

1.01	<u>Bauteil = Fundament</u>
1.02	Bauteil = Pfahlkopfplatte
1.03	Bauteil = Widerlager
1.04	Bauteil = Flügelwand
1.05	Bauteil = Pfeiler
1.06	Bauteil = Stütze
1.07	Bauteil = Lagersockel
1.20	Bauteil = Überbau
3.1	Festigkeitsklasse B 15
3.2	<u>Festigkeitsklasse B 25</u>
3.3	Festigkeitsklasse B 35
3.4	Festigkeitsklasse B 45
3.5	Festigkeitsklasse B 55
4.0	
4.1	Beton wasserundurchlässig
4.2	Beton mit hohem Frostwiderstand
4.3	Beton mit hohem Frost- und Tausalzwiderstand
4.4	<u>Beton mit hohem Widerstand gegen schwachen chemischen Widerstand</u>
4.5	Beton mit hohem Widerstand gegen starken chemischen Angriff
4.6	Beton mit hohem Verschleißwiderstand

Wesentliche Leistungsbereiche des Standardleistungkataloges (STLK) sind:

- LB 101 Einrichtung (Baustelle), Hilfsleistungen, Stundenlohn
- LB 106 Erdbau
- LB 113 Bituminöse Decken
- LB 117 Tief-Gründungen
- LB 118 Kunstbauten aus Beton und Stahlbeton

Der Standardleistungskatalog läßt für die Aufstellung des LV gewisse Varianten offen.

Beispiel. Bei einem Brückenbauwerk sollen Pfeiler ausgeführt werden.

Variante I: Es wird eine Aufsplittung in drei Abrechnungspositionen vorgenommen:
m^2 Schalung herstellen und beseitigen,
t   Betonstahl einbauen und
m^3 Bewehrten Beton herstellen Schalung gesondert
Bei dieser Variante können die Stundensätze dimensionsecht für alle drei Teilleistungen angesetzt werden.

Variante II: es wird eine Aufsplittung in zwei Abrechnungseinheiten vorgenommen:
t Betonstahl einbauen und
m^3 Bewehrten Beton einschl. Schalung herstellen

Bei Variante II muß der Kalkulator zunächst den Schalungsanteil pro m^3 Pfeilerbeton ermitteln und die auf den m^2 bezogenen Kostenansätze auf die Abrechnungseinheit m^3 für den Beton umrechnen.

StLB: Leistungsbeschreibung mit LV

Das Standardleistungsbuch für das Bauwesen (StLB) wurde vom Gemeinsamen Ausschuß Elektronik im Bauwesen (GAEB) entwickelt, um bei der Kalkulation von Bauleistungen die Anwendung der EDV zu ermöglichen. Wie beim STLK können auch beim StLB die Teilleistungen anhand detaillierter Textbausteine beschrieben werden. Das Ordnungsschema beim StLB ist folgendermaßen aufgebaut:

Leistungsbereichsnummer (LB):

- Zuordnung der Teilleistung zum einem Leistungsbereich; (3 Stellen)
- Textteilnummer (T1-T5): Detailbeschreibungen zur Präzisierung der Teilleistung; (T1 = 3 Stellen, T2-T5 = jeweils 2 Stellen)

Wichtige Leistungsbereiche des StLB sind:

- LB 002 Erdarbeiten
- LB 006 Verbauarbeiten
- LB 012 Mauerarbeiten
- LB 013 Beton- und Stahlbetonarbeiten

Im Schlüsselfertigen Hochbau gibt es fast ausschließlich Funktionalausschreibungen, d.h. auf eine detaillierte Leistungsbeschreibung im Sinne des StLB wird verzichtet.

Große Baumaßnahmen werden insbesondere bei der öffentlichen Hand häufig in einzelne Bauabschnitte unterteilt, – eine politisch gewollte Unterstützung des Mittelstandes.

Beispiel. Im Straßenbau wird die Gesamtmaßnahme in einzelne Abschnitte, sog. Lose, vorgenommen. Dabei wird der gesamte Streckenabschnitt in Lose von ca. 3-5 km Länge unterteilt.

- Los A: Streckenkilometer 32,176 bis 35,877;
- Los B: Streckenkilometer 35,877 bis 40,612;
- Los C: Streckenkilometer 40,612 bis 45,104

Eine Unterteilung kann aber auch zweckmäßig sein, wenn man bereits fertiggestellte Bauabschnitte frühzeitig in Benutzung nehmen will.

Beispiel. Beim Bau einer Reihenhaussiedlung umfaßt der Gesamtauftrag die schlüsselfertige Erstellung von insgesamt 28 Häusern. Die Häuser sollen unmittelbar nach Bezugsfertigkeit vermietet werden. Der Einfachheit halber werden drei Bauabschnitte definiert, die nacheinander fertiggestellt, abgerechnet und übergeben werden sollen.

- Bauabschnitt A: Häuser I-X
- Bauabschnitt B: Häuser XI-XX
- Bauabschnitt C: Häuser XXI-XXVIII

Zugehörige Leistungen werden im Leistungsverzeichnis zu sog. Titeln zusammengefaßt.

Beispiel. Bei der schlüsselfertigen Erstellung eines Bürogebäudes wird, um die Angebotspreise besser miteinander vergleichen zu können, die Untergliederung in verschiedene Titel folgendermaßen vorgenommen:

1. Baustelleneinrichtung
2. Erdarbeiten
3. Wasserhaltung
4. Stahlbetonarbeiten
5. Mauerarbeiten
6. Fassade
7. Technischer Gebäudeausbau
8. Ausbaugewerke
9. Außenanlagen

Der Gesamtpreis für jede LV-Position ergibt sich aus der Multiplikation der Menge mit dem EP. Die pro Leistungsbereich (Titel) aufsummierten Gesamtpreise ergeben die Titelsummen. Die Summe der einzelnen Titel ergeben die Netto-Angebotssumme.

Pos	Leistung	Menge	EP	GP
4.5.007	Türen, Melaminharz-beschichtet, 201/101	20 St.	480,-	9.600,-

4.1.2
Einzelkosten der Teilleistungen (EKT)

Die Kosten jeder Teilleistung sind nach Kostenarten untergliedert, z.B. für Lohn, (Bau-) Stoffe, (Bau-) Geräte etc. Wie stark und in welche Kostenarten die Kosten jeweils untergliedert werden, hängt im wesentlichen von der Bausparte ab. Für die meisten Bauvorhaben genügt die nachfolgende 4-gliedrige Unterteilung. Das Kürzel „Sub" steht für Subunternehmerleistungen.

Pos.	Leistung	Menge	Lohn	Stoff	Gerät	Sub

Für geräteintensive Arbeiten wie z.B. im Erd- und Straßenbau müssen die Betriebsstoffe gesondert erfaßt werden, da sie im Vergleich zu anderen Bausparten maßgeblichen Anteil an den anfallenden Kosten der Teilleistung haben. Es werden damit 5 Kostenarten erfaßt (Pos.; Leistung und Menge sind in der Kopfzeile nicht mit aufgeführt):.

Lohn	Stoff	Gerät	Betriebsstoffe	Sub

Bei größeren Baumaßnahmen ist es unerläßlich, eine Baustellenbegehung vorzunehmen, um sich mit den örtlichen Verhältnissen vertraut zu machen. Zweckmäßigerweise verwendet man für die Begehung eine Checkliste, anhand derer die einzelnen Punkte abgearbeitet werden können. Eine solche Liste darf allerdings nicht dazu verführen, sich auf die Beantwortung der vorgegebenen Fragen zu beschränken. Die Besonderheiten jedes Einzelfalls sollten sehr sorgfältig geprüft und schriftlich festgehalten werden.

Checkliste Baustellenbegehung

Kostenstelle: ....

Baumaßnahme: ....

Öffentliches Straßennetz
(Entfernung)   ca. .... m

Verfügbare Flächen:

Baustoffe   ca. .... m^2

Container: ca. ....m^2

Flächenbefestigung   ....

Gefälleverhältnisse   ....

Vorhandene Nachbarbebauung:

Baugrube: ....

Rückverankerung zulässig?   ....

Leitungstrassen: ....
                                      ....

Baumbestand: ....

Sonstiges: ....
                                      ....
                                      ....

4.1.3
Mittellohn

Die Lohnkosten werden bei der Kalkulation über einen sog. Mittellohn erfaßt. Dies ist ein Wert, ausgedrückt in DM/h, der die Lohnkosten pro Arbeitsstunde für die Eigenleistungen angibt. Die Lohnkosten umfassen dabei nicht nur den Tariflohn sondern auch Zulagen, Zuschläge und Lohnnebenkosten etc.

Es gibt mehrere Möglichkeiten zur Ermittlung des Mittellohns. So können z.B. die Kosten für den Polier entweder in den Mittellohn oder in die Gemeinkosten der Baustelle eingerechnet werden. Erstere Lösung bietet sich bei ständig gleichbleibenden Bauleistungen und bei Verwendung eines einheitlichen Betriebsmittellohnes an. Bei großen und komplexen Baumaßnahmen ist eine individuelle Mittellohnberechnung notwendig. Im Regelfall werden die Kosten für den Polier (Gehaltskosten) in die Gemeinkosten der Baustelle eingerechnet.

Die nachfolgende Auflistung zeigt eine Mittellohnermittlung ohne anteilige Polierkosten:

Tariflöhne, Leistungs-, Stammarbeiterzulagen
+ Zeit- und Erschwerniszuschläge (Überstunden, Nachtarbeit, Arbeit an Fei ertagen)
+ Vermögensbildung (Arbeitgeberanteil)

= Mittellohn A

+ Soziallöhne, Sozialkosten (Lohnfortzahlung im Krankheitsfall, 13. Monats gehalt, Arbeitgeberanteil zur Renten- und Arbeitslosenversicherung etc.)

= Mittellohn AS

+ Lohnnebenkosten (Auslösung, Fahrtkostenerstattung etc.)

= Mittellohn ASL

Durch die Multiplikation des Mittellohnes mit dem Stundenansatz erhält man die Lohnkosten pro Teilleistung. Der Stundenansatz ist der Arbeitsaufwand (ausgedrückt in Stunden), der voraussichtlich für die herzustellende Mengeneinheit benötigt wird.

$$\text{Aufwandswert (Stundenansatz)} = \frac{\text{Arbeitsstunden}}{\text{Mengeneinheit}} = \frac{h}{(m^3, m^2, t)}$$

Die Stundensätze sind Erfahrungswerte des Kalkulators aus langjähriger Bau-
stellenpraxis, firmenspezifische Daten etc., die je nach den jeweiligen Randbedingungen in gewissen Grenzen schwanken. Der Kalkulator schätzt auf der Basis
des Ausschreibungstextes und der Planunterlagen sowie unter Berücksichtigung
der örtlichen Gegebenheiten den notwendigen Stundenaufwand für sämtliche
Positionen ab und trägt die entsprechenden Werte in die Spalte „Lohn" ein.

Beispiel. Beim Betonieren eines Fundamentes besteht die Betonierkolonne aus 5
Gewerblichen. Sie bringen unter normalen Bedingungen im Mittel zwischen 6,25
m^3 und 10,0 m^3 Beton pro Stunde ein inkl. des Abziehens der Betonoberfläche.
Der Stundensatz ergibt sich damit zu

$$\frac{5 \text{ Mannstunden}}{6,25\text{-}10,0 \text{ m}^3} = 0,5\text{-}0,8 \text{ h/m}^3$$

Da es sich im Beispiel um ein gut zugängliches Fundament mit großen Abmessungen handelt und der Beton mittels Betonpumpe eingebracht wird, setzt der
Kalkulator eine hohe Einbauleistung voraus und verwendet deshalb den niedrigen Stundenansatz mit 0,5 h/m^3.

In der Literatur gibt es eine Reihe von Zusammenstellungen von Stundenauf-
wandswerten. Es ist aber grundsätzlich sehr genau zu prüfen, ob sie direkt für
das zu kalkulierende Projekt übernommen werden können oder ob sie wegen der
vorliegenden Besonderheiten modifiziert werden müssen. Wichtig ist außerdem,
ob in den Wertetabellen die sog. Randstunden (Wartezeiten, Nachbesserungsarbeiten, Aufräumarbeiten etc.) enthalten sind. Falls nein, müssen die Tabellen-
werte mit einem entsprechenden Zuschlag versehen werden.

Beispiele für Stundensätze:

Schalen von Decken im Hochbau: 0,4-0,8 h/ m^2

Der niedrige Wert von 0,4 h/ m^2 wird z.B. beim Einsatz von Systemschalung und
großen, durchgehenden Deckenflächen erreicht. Bei kleineren Deckenflächen
und zusätzlich zu schalenden Unterzügen wird eher der höhere Wert mit 0,8 h/
m^2 anzusetzen sein.

Verlegen von Rundstahl (geschnitten und gebogen):   15-25 h/ t

Die Verlegeleistung ist abhängig vom Durchmesser des Bewehrungsstahls, d.h.
je kleiner der Durchmesser, um so höher der Stundenaufwand. Den Wert von 25
h/t wird man z.B. wählen, wenn der Bewehrungsstahl mit d = 12 mm in einen
Unterzug eingebracht werden muß. Der Wert von 15 h/ t kann angemessen sein,
wenn bei der Fundamentbewehrung z.B. im Brückenbau große Durchmesser von
d = 24 mm oder d = 28 mm zu verlegen sind.

Bei geräteintensiven Arbeiten wird statt des Stundenaufwands der sog. Leistungswert zugrunde gelegt.

$$\text{Leistungswert} = \frac{\text{Ausgeführte Menge}}{\text{Zeiteinheit}} = \frac{(m^3, m^2, t)}{(d, h)}$$

Beispiele für Leistungswerte:

Bodenaushub mittels Hydraulikbagger   1 500-2 000 m³/ d

Grabenaushub mittels Hydraulikbagger   10-15 m³/ h

Die Werte schwanken generell in weiten Grenzen. Bei jeder Baumaßnahme müssen deshalb zumindest die Schlüsselpositionen unter Berücksichtigung der jeweiligen örtlichen Bedingungen sorgfältig kalkuliert werden. Die Übernahme von Leistungswerten aus tabellarischen Aufstellungen oder aus im PC abgespeicherten Kalkulationswerten sollte man nur bei Positionen mit geringem Einfluß auf die Angebotssumme vornehmen.

4.1.4
Kosten für Baugeräte

Die Kosten für Baugeräte werden anhand der Baugeräteliste 1991 (BGL), herausgegeben vom Hauptverband der Deutschen Bauindustrie, Wiesbaden, ermittelt. Die BGL ist eine Zusammenstellung aller gängigen Baumaschinen für sämtliche Bausparten. Es werden keine Fabrikate oder Typenbezeichnungen von Herstellern verwendet, sondern die Zuordnung der einzelnen Baumaschinen, in der Baupraxis als „Geräte" bzw. „Baugeräte" bezeichnet, erfolgt durch technische Kenngrößen wie z.B. das Lastmoment bei Kränen oder die Motorleistung bei Planierraupen.

Die BGL ist in 9 Hauptgruppen untergliedert:

1 Geräte für Betonherstellung und Materialaufbereitung

2 Hebezeuge und Transportgeräte

3 Bagger, Flachbagger, Rammen, Bodenverdichter

4 Geräte für Brunnenbau, Erd- und Gesteinsbohrungen

5 Geräte für Straßenbau und Gleisoberbau

6 Druckluft-, Tunnelbau- und Rohrvortriebsgeräte

7 Geräte für Energieerzeugung und -verteilung

8 Naßbaggergeräte und Wasserfahrzeuge; Geräte für Umwelttechnik

9 Sonstige Geräte, Baustellenausstattungen

Für die Kalkulation können aus der BGL die Gerätekosten für alle für die Bauausführung benötigten Baumaschinen entnommen werden. Die Gerätekosten umfassen dabei die Gerätevorhaltung und den Betrieb der Geräte. Die Vorhaltungskosten setzen sich zusammen aus der Abschreibung und Verzinsung (A + V) sowie Reparaturkosten (R). Unter kalkulatorischer Abschreibung versteht man die Wertminderung eines Gerätes durch den Betrieb und die damit verbundene Abnutzung und den Verschleiß. Die Abschreibung nach BGL erfolgt linear. Grundgedanke ist, daß am Ende des Abschreibungszeitraums, d.h. am Ende der Nutzungsdauer wieder ein technisch gleichwertiges Gerät angeschafft werden kann. Eventuelle Preissteigerungen können über „Erzeugerpreisindices für Baumaschinen" erfaßt werden, die vom Statistischen Bundesamt, Wiesbaden, ermittelt und publiziert werden.

Die Reparaturkosten steigen mit wachsendem Alter der Baugeräte überproportional an. Sie schwanken außerdem je nach Betriebsbedingungen, Einsatzzeiten, Wartung und Pflege. Aus Gründen der Vereinfachung für die Kalkulation dieser Gerätekosten hat man die Reparaturkosten als gemittelten Wert über die gesamte Nutzungsdauer angegeben, – bezogen auf den Vorhaltemonat.

Die Reparaturwerte gelten unter folgenden Voraussetzungen:

- mittlere Betriebsbedingungen
- Einschichtbetrieb
- ordnungsgemäßer Wartungsdienst.

Die Bezugseinheit für die Vorhaltekosten ist 1 Monat. Bei Verrechnung von kürzeren Vorhaltezeiten hat die BGL folgende Regelungen getroffen:

Vorhaltekosten pro Kalendertag = 1/30 des Monatsbetrages

Vorhaltekosten pro Stunde = 1/170 des Monatsbetrages

Die Vorhaltezeit eines Baugerätes ist der Zeitraum, in dem sich das Gerät auf der Baustelle A befindet und dort eingesetzt wird. Anderen Baustellen steht es während dieser Zeit nicht zur Verfügung. Die Gerätekosten werden von der Baustelle A verursacht und dementsprechend der Baustelle belastet.

Gerätekosten können innerhalb des LV unterschiedlichen Positionen zugeordnet werden. Sofern man die Gerätekosten nicht direkt einzelnen Leistungspositionen zuordnen kann, die Geräte aber gleichwohl vorgehalten werden müssen, sind die Gerätekosten in die Baustellengemeinkosten einzurechnen.

Beispiel. Ein Radlader wird innerhalb der Baustelle für mehrere Leistungen eingesetzt wie z.B. beim Transport unterschiedlicher Baumaterialien, bei kleineren Aushubmaßnahmen etc. Würde man die Kosten des Radladers einer von diesen Teilleistungen zuordnen, wären diese zu teuer. Eine prozentuale Aufteilung auf die unterschiedlichen Teilleistungen wäre zu aufwendig. Deshalb wird dieses mehrfach benötigte Gerät in die Gemeinkosten der Baustelle eingerechnet.

Grundprinzip der Gerätekostenverrechnung ist es, die Kosten dort zu belasten, wo sie anfallen bzw. verursacht werden. Wenn sich Gerätekosten einer bestimmten Position zuordnen lassen, weil die Kosten ausschließlich für diese bestimmte Leistungserbringung anfallen, sind sie dort auch einzurechnen und zwar konsequenterweise auch die Kosten für An- und Abtransporte, Auf- und Abladen, A + V, Reparaturen, Betriebsstoffe sowie Bedienungspersonal.

Beispiele für die direkte Einrechnung in die Position:

- Seilbagger für die Herstellung einer Schlitzwand
- Fertiger und Walzen im bituminösen Straßenbau
- Bohrgerät für die Herstellung von Großbohrpfählen

Fremdleistungen in der Kostenart „Gerät" wie z.B. die Gestellung einer Betonpumpe sind ebenfalls direkt der dazugehörenden Position zuzurechnen, z.B. Betonieren von Geschoßdecken im Hochbau.

4.1.5
Baustellengemeinkosten (BGK)

Baustellengemeinkosten sind Kosten, die bei der Ausführung der Baumaßnahme anfallen, die aber nicht direkt einzelnen Leistungspositionen zugerechnet werden können. Man unterscheidet in zeitabhängige und zeitunabhängige Kosten.

Zu den zeitunabhängigen Kosten zählen z.B.:

- Herstellen der Zufahrt/ Anschluß an das öffentliche Straßennetz
- Transporte Container
- Auf-/ Abbau Container
- Anschlüsse Strom, Wasser, Tel/ Fax
- Herrichten Arbeitsflächen
- Gerätetransporte
- Auf-/ Abbau Geräte
- Transporte Schalung, Rüstung, Verbau
- Technische Bearbeitung
- Vermessung
- Werkzeug, Kleingerät
- Qualitätsüberwachung, Baustoffprüfung

- Errichtung Bauzaun

Unter den zeitabhängigen Kosten werden erfaßt:

- Vorhalten der Geräte
- Vorhalten der Container
- Kosten für die Bauleitung (Gehalt, Pkw)
- Kosten für Poliere, Baukaufmann, Sekretariat
- Bürokosten, Bewirtungen
- Betriebskosten der Baustelle
- Abfallentsorgung
- Baustellensicherung

Durch die Addition der Summe aus Einzelkosten der Teilleistung (EKT) und den Baustellengemeinkosten (BGK) erhält man die sog. Herstellkosten.

4.1.6
Allgemeine Geschäftskosten (AGK)

Diese Kosten fallen durch das Bauunternehmen selbst an. Dazu gehören die Allgemeine Verwaltung inkl. Geschäftsleitung, das Technische Büro, Bauhof/ Lagerplatz, Kosten für Beiträge und Versicherungen, Rechtskosten etc.. Die Verrechnung dieser Kosten erfolgt über einen prozentualen Zuschlag auf die Herstellkosten. Dieser Zuschlag kann einheitlich für alle Kostenarten oder unterschiedlich je nach Kostenart gewählt werden. Meist wird für Subunternehmerleistungen ein etwas niedrigerer Zuschlag für die Allgemeinen Geschäftskosten gewählt. Bezugsgröße für die Ermittlung des Zuschlagssatzes ist die Angebotssumme. Da diese aber in ihrer Höhe noch nicht bekannt ist, müssen die Zuschläge auf die Herstellkosten entsprechend umgerechnet werden.

Beispiel: AGK = 6% der Angebotssumme

$$\text{Zuschlag auf Herstellkosten} = \frac{\text{AGK (\%) x 100}}{100 - \text{AGK (\%)}}$$

$$= \frac{6 \text{ x } 100}{100 - 6} = 6,38\%$$

4.1.7
Wagnis und Gewinn

Die Ansätze für Wagnis und Gewinn werden stets gemeinsam behandelt. Die Verrechnung erfolgt wie bei den AGK als prozentualer Zuschlag auf die Herstellkosten. Mit dem Ansatz für das Wagnis soll das unternehmerische Risiko, das ja mit jeder Abwicklung eines Bauauftrages verbunden ist, abgedeckt werden. Diese Risiko kann im vertragsrechtlichen Bereich (Überwälzung von Risiken seitens des AG, Zahlungsverzögerungen etc.) oder im technischen Sektor (Mengenunterschreitungen, Bauzeitverzögerungen) liegen.

Ziel des Bauunternehmens ist es, einen angemessenen Gewinn zu erwirtschaften. Dieser dient neben der Verzinsung des eingesetzten Kapitals auch der Stärkung des Eigenkapitals, der Rücklagenbildung und letztlich auch der Existenzsicherung des Unternehmens. Der Prozentsatz für Wagnis und Gewinn (W + G) ist zwangsläufig in starkem Maße von der konjunkturellen Lage abhängig. Je schwächer die Baukonjunktur, um so eher ist die Geschäftsleitung gezwungen, den Ansatz für W + G niedrig anzusetzen oder zeitweilig ganz darauf zu verzichten. Aber auch bei guter Baukonjunktur sind, gemessen an anderen Branchen, aufgrund des starken Wettbewerbs nur relativ bescheidene Gewinne zu erzielen.

Mit der Addition des W + G-Ansatzes ist die erste Stufe der Kalkulation abgeschlossen, – die Angebotssumme (netto) ist ermittelt.

Im zweiten Schritt werden dann die Einzelkosten-Zuschläge, auch als Umlagen bezeichnet, ermittelt. Zum besseren Verständnis des Rechenvorgangs ist das nachfolgende Rechenbeispiel aufgeführt.

Ermittlung der Angebotssumme:

Kosten-arten	Lohn	Stoff	Gerät	Sub	Summe (DM)
EKT	798.462,00	807.415,50	38.003,00	548.112,00	2.191.992,50
BGK	63.876,96	16.148,31	78.540,25	21.081,23	158.565,52
HSK	862.338,96	823.563,81	116.543,25	548.112,00	2.350.558,02

Allgemeine Geschäftskosten (AGK) sowie Wagnis + Gewinn (W+G)

6% +1,5% = 7,5%; ergibt umgerechnet 8,11% x 2.350.558,02 =   190.630,26

Angebotssumme (netto):   2.541.188,28

abzüglich EKT   2.191.992,50

zu verrechnender Zuschlag   349.195,78

abzüglich der gewählten Zuschläge auf

Stoff   10% x 807.415,50   = 80.741,55
Gerät   10% x   38.003.–   = 3.800,30
Sub   5% x 548.112,00   = 27.405,60

Summe   abzgl. 111.947,45

zu verrechnender Zuschlag auf den Anteil „Lohn"   237.248,33

Mittellohn (ASL): 60,00 DM

Zuschlag auf Lohn 237.248,33 x 100 / 798.462,00 = 29,7%

0,297 x 60,00 = 17,83

Damit ergibt sich der Kalkulationslohn zu 60,00 + 17,83 = 77,83 DM/ h.

Mit diesem Rechengang sind nunmehr alle Zuschlagsätze ermittelt. Diese werden mit den Kalkulationsansätzen in den jeweiligen Kostenarten multipliziert und aufsummiert, so daß für jede einzelne Position der Einheitspreis (EP) ermittelt werden kann. Multipliziert mit dem Vordersatz (Menge) ergibt sich der Gesamtpreis pro Position. Diese Rechenschritte wie auch die Ermittlung der Titel- und der Gesamtsumme des Angebotes erfolgt mittels EDV.

Es gibt mehrere Kalkulationsprogramme, die aus Sicht des Anwenders folgende Kriterien erfüllen sollten:

- Übernahme der Daten aus der Ausschreibung
- Wahlweise Kalkulation über die Angebotssumme oder mit vorberechneten Zuschlägen
- Untergliederung nach mindestens 4 Kostenarten
- Mittellohnberechnung
- Gemeinkostenkalkulation
- Wahlmöglichkeiten für unterschiedliche Zuschläge je nach Kostenart
- Berücksichtigung eines Nachlasses auf bestimmte Kostenarten, Titelsummen, oder Gesamtangebot
- Verwendung von firmenspezifischen, abgespeicherten Kalkulationsdaten inkl. Subunternehmerangeboten
- Berücksichtigung von Alternativ-, Eventual- und Zulagepositionen
- Ausdrucke mit unterschiedlichen Ausgabedaten:

      EP, GP, Titelsumme, Gesamtpreis
      Kalkulationsansätze, (Einzelkosten der Teilleistung), EP, GP, Titelsummen, Gesamtpreis

Umlagefaktoren, Kalkulationsansätze, EP, GP, Titelsummen, Angebotssumme

- Schnittstellen zu Projektmanagement-Software (Arbeitsvorbereitung)
- Zusammenfassung von LV-Positionen zu Arbeitsvorgängen nach dem Bauarbeitsschlüssel (BAS)
- Schnittstellen zur Bauabrechnung und zur Betriebsbuchhaltung

4.1.8
Schlußblatt

Das per EDV erstellte Schlußblatt gibt einen Überblick über die wesentlichen Daten der Kalkulation:

- Einzelkosten der Teilleistungen
     Eigene Lohnkosten
     Stoffkosten
     Gerätekosten
     Subunternehmerleistungen
- Baustellengemeinkosten
- Herstellkosten
- Allgemeine Geschäftskosten (AGK)
- Wagnis und Gewinn (W + G)
- Angebotssumme (netto)
- gewählte Zuschläge auf Stoffe, Geräte, Sub
- Mittellohn, Kalkulationslohn

Die Geschäftsleitung kann auf der Basis des Schlußblattes ihre Angebotsstrategie verfolgen. Sie muß die unternehmerische Entscheidung treffen, ob bei der gegebenen Marktsituation und unter Berücksichtigung der vorhandenen Risiken (Termine, Gewährleistung etc.) die Chance besteht, den Auftrag zu erhalten oder ob ein Nachlaß eingeräumt werden muß.

Eine weitere Möglichkeit zur Reduzierung besteht darin, bestimmte Positionen zu überprüfen. Dabei konzentriert man sich auf die sog. Leitpositionen oder auch Schlüsselpositionen. Per EDV läßt sich eine Auflistung der Positionen mit ihrem Anteil an der Gesamtsumme erstellen. Es zeigt sich immer wieder, daß auf relativ wenige Positionen ein relativ hoher Anteil an der Gesamtsumme entfällt. Die Relation zwischen der Zahl der Positionen und ihrem Anteil an der Angebotssumme ist vereinfacht dargestellt wie folgt:

Tabelle 9 Einfluß von Positionen auf die Angebotssumme

Einfluß der Positionen	Zahl der Positionen	Anteil an der Angebotssumme
groß	20%	80%
gering bis mittel	10%	10%
sehr gering	70%	10%

Das Verfahren der Angebotsaufschlüsselung mittels Leitpositionen wird auch als ABC-Analyse bezeichnet (Diederichs, 1983). Durch Optimierung einiger weniger Leitpositionen kann die Geschäftsleitung dann einen neuen Angebotspreis ermitteln, ohne das gesamte LV bearbeiten zu müssen.

4.2
Kalkulation bei Funktionalausschreibungen

Funktionalausschreibungen sind die häufigste Ausschreibungsform im schlüsselfertigen Hochbau. Die Ausschreibung enthält die grundsätzlichen Vorstellungen des Bauherrn über das zu erstellende Bauwerk. Der Bauherr hat dazu unter Einschaltung von ihm ausgewählter Fachleute (Architekt, Fachingenieure z.B. für den Ausbau) die Wettbewerbsunterlagen erstellt. Er legt auch die Rahmenbedingungen fest, nach denen die Preise, die Ausstattung und die Planung zu bewerten sind. Dadurch kann er die Angebote der verschiedenen Bieter miteinander vergleichen.

Der Investor oder Auftraggeber zieht es normalerweise vor, die Baumaßnahme mit nur einem Vertragspartner, dem Generalunternehmer (GU), abzuwickeln. Der GU erhält also den Auftrag sowohl für die Planung als auch für die Bauausführung. Es ist Sache des GU, seine Kalkulation auf der Basis der jeweiligen Ausschreibungsunterlagen aufzubauen.

Die Kalkulation gliedert sich in folgende Arbeitsschritte:

- Prüfung der Auschreibungsunterlagen auf Vollständigkeit
- Baustellenbegehung
- Aufstellung Termin- und Maßnahmenplan
- Mengenermittlung
- Erstellung Kurz-LV
- Kostenermittlung nach DIN 276
- Prüfung von Ausführungsalternativen

Der für die Angebotsbearbeitung zuständige Projektleiter muß dafür sorgen, daß sämtliche für die Preisfindung notwendigen Unterlagen durch den Bauherrn geliefert werden. Parallel dazu müssen – noch vor der Kalkulation – eventuell bestehende Widersprüche zwischen Baubeschreibung und Planunterlagen mit dem Bauherrn geklärt werden. Bei größeren Bauvorhaben empfiehlt sich in jedem Fall eine Baustellenbegehung

Wegen der zahlreichen einzuschaltenden Fachfirmen wie z.B. für die Fassade, für Dacharbeiten, Haustechnik etc.) und Spezialisten aus den Bereichen Tragwerksplanung, Geotechnik etc. ist die Aufstellung eines Termin- und Maßnahmenplanes unerläßlich. In diesem wird festgehalten, zu welchen Kosten wer was bis wann zu erledigen hat. Nur mit konsequenter Verfolgung der Einzelpunkte inkl. der Subunternehmeranfragen und -angebote kann ein solides Angebot ausgearbeitet werden.

Die Erstellung eines Kurz-LV's ist notwendig, um nach erfolgter Mengenermittlung die Eigenleistungen kalkulieren und Subunternehmerangebote auswerten zu können. Dazu müssen sämtliche in der Ausschreibung definierte Leistungen mit standardisierten Texten in Kurz-LV's für alle Gewerke (Rohbau, Ausbau, Haustechnik) erfaßt werden. Es ist wichtig, auch für solche Leistungen, die zum Leistungsumfang gehören, aber nicht näher spezifiziert sind, Kurz-LV's zu erstellen. Je „dürftiger" die Planungsunterlagen sind, desto größer ist die Gefahr, daß der GU zu erbringende Leistungen bei seiner Kalkulation übersieht und später die Kosten für die Ausführung tragen muß. Die lückenlose Erfassung der auszuführenden Leistung ist mit die wichtigste Aufgabe des jeweiligen Projektleiters.

Muster für einen Termin- und Maßnahmenplan (TMP):

Proj.-Nr.: ....

Kostenstelle: ....

PROJEKT: ....

TERMIN- UND MASSNAHMENPLAN

Nr.	Leistung	Zu bearbeiten bis:	Zu bearbeiten durch:
1	Vorentwurf	31.3.99	Klug
2	Entwurf	30.7.99	Schön
3	Vorstatik	15.4.99	TB
4	Gründung	21.4.99	TB
5	Mengenermittlg.	30.4.99	KALK
6	Kurz-LV	7.5.99	KALK
7	Kalkulation	28.5.99	KALK
8	BE-Plan	15.6.99	AV
9	Schalpläne	15.7.99	AV
10	Terminplan	30.6.99	AV

Tabelle 10 Muster für die Festlegung von Eigen- und Subunternehmerleistungen

		Eigen[1]	Sub[2]
ROHBAU			
	Abbruch		
	Bodenaushub		
	Verbau		
	Wasserhaltung		
	Grundstücksentwässerung		
	Gerüste		
	Stahlbeton		
	Mauerwerk		
	Sondergründung		
	Stahlbau		
GEBÄUDE-HÜLLE			
	Fassade		
	Dach		
	Wärmedämmung		
	Putzbalkone		
	Fenster		
	Sonnenschutz		
HAUS-TECHNIK			
	Heizung		
	Lüftung		
	Klimatisierung		
	Sanitär		
	Elektro		
	Mittelspannnung		
	Niederspannung		
	Notstrom		
	Leittechnik		
	Wasser		
	Abwasser		
	Tel/ Fax/ TV		
	Gebäudeüberwachung		
	Abfallentsorgung		
	Brandschutz/ Sprinkler		
	Fördertechnik/ Aufzüge		

AUSBAU			
	Putzarbeiten		
	Maler		
	Tapeten		
	Fliesen		
	Werkstein		
	Doppelböden		
	Hohlraumboden		
	Estricharbeiten		
	Bodenbeläge		
	Trennwände		
	Schreinerarbeiten		
	Schlosserarbeiten		
	Jalousien/ Rolläden		
AUSSEN-ANLAGEN			
	Gärtnerische Anlagen		
	Verkehrsflächen/ Zufahrten		
	Parkplätze		
	Außenbeleuchtung		
SONSTIGES			
	Abdichtung Keller/ Tiefgarage		
	Einbauschränke		
	TV-Außenüberwachung		

[1] Eigen = Eigenleistungen
[2] Sub = Subunternehmerleistung

Tabelle 11 Kostenrahmen im schlüsselfertigen Hochbau

Rohbau	120-200.– DM/ m^3 BRI
Ausbau	110-140.– DM/ m^3
Fassade:	
Aluminium/ Glas	700-1 000.– DM/ m^2
Thermohaut + Alu-Fenster	350-380.– DM/ m^2
Naturstein + Alu-Fenster	420-470.– DM/ m^2
Fördertechnik	12.000-20.000,–DM/ Haltepunkt
Techn. Anlagen	50.-85.– DM/ m^3
Flachdach:	
Stahlblech	150.-180.– DM/ m^2
bituminöse Abdichtung	120.-130.– DM/ m^2
Putzbalkone	150.-180.– DM/ m
Grünanlagen	50.-80.– DM/ m^2
Verkehrsflächen	70.-120.– DM/ m^2
Baustellengemeinkosten inkl. Bauleitung	25.-35.– DM/ m^3

Tabelle 12 Kostenschätzung für Bürohaus

		DM/E	DM
Rohbau Tiefgarage	3 240 m³	190.–	615 600.–
Rohbau Büros	13 608 m³	145.–	1973160.–
Ausbau Tiefgarage	3 240 m³	30.–	97 200.–
Ausbau Bürogeschosse	13 608 m³	120.–	1632960.–
Technik Tiefgarage	3 240.-m³	40.–	129 600.–
Technik Büros	13 608 m³	80.–	1088640.–
Fassade Alu/ Glas	2 562 m²	850.–	2177700.–
Fördertechnik	8 HP	20 TDM	160 000.–
Dach (Blech)	648 m²	180.–	116 640.–
BGK	16 848 m³	27.–	454 896.–

Schlüsselfertigkosten netto: 7.991.500.– DM

Dies entspricht Kosten von 474,33 DM/m³ BRI. Die Allgemeinen Geschäftskosten werden mit 8% angesetzt. Da sich die Kostenart auf die Angebotssumme für das Gebäude bezieht, muß der Zuschlag entsprechend umgerechnet werden. Daraus ergibt sich folgende Zuschlagsumme:

AGK: 7 991 500.– DM x 8,70 = 695.260,50 DM

Gebäude (netto): 8.686.760,50 DM

Außenanlagen			DM
Grünanlagen	405 m²	60.– DM/m²	24.300.–
Verkehrsflächen	500 m²	100.– DM/m²	50.000.–
Summe Außenanlagen:			74.300.–
+ AGK 8,70 %			6.464,10
Summe Außenanlagen:			80.764,10

Büro-Projekt (netto) 8.767.524,60 DM

Im Rahmen einer Besprechung mit dem Bauherrn wird das Konzept vorgestellt. Er ist im Prinzip einverstanden, will aber seine Investitionssumme auf maximal 8 Millionen DM begrenzen. Das Angebot muß also entsprechend „abgespeckt" werden. Da die Fassade rd. 25% der Gesamtkosten ausmacht, wird hier nach einer kostengünstigeren Variante gesucht. Nach Rücksprache mit dem Architekten, dem Technischen Büro und mehreren Subunternehmern und einer überschlägigen Kostenschätzung für eine Alternativlösung fällt die Entscheidung zugunsten einer Natursteinfassade + Aluminium-Fensterbänder (Anteil der Fensterflächen = 40%) mit außenliegendem Sonnenschutz. Die Kosten für die Fassade belaufen sich auf:

Alternative Fassade		DM/E	DM
Fenster (40% Flächenanteil)	1 025 m²	450.-	461 250.-
Sonnenschutz	1 025 m²	130.-	133 250.-
Naturstein (60% Flächenanteil)	1 537 m²	430.-	660 910.-
Gerüst		Pauschal	40 000.-

Alternativlösung Fassade: 1 295 410.- DM

+ AGK 8,70% = 112 700.67.- DM

Gesamtkosten Fassade: 1 408 110.67.- DM

Die Einsparung bei der Fassade beträgt somit

(2 177 700.- DM + AGK 189 459.90. DM) − 1 408 110.67 DM =

959 049.23 DM

Dem Bauherrn kann damit das Bürogebäude für angeboten werden.

7 727 711.27 DM

4.3
Auftragskalkulation (Vertragskalkulation)

Vor der Auftragserteilung werden meist intensive Auftragsverhandlungen geführt, in denen noch offenstehende Fragen geklärt werden. Dies können Leistungsänderungen (Wegfall oder Kürzungen), die Heranziehung von Alternativpositionen, die Vereinbarung von Gleitklauseln für Löhne und Stoffe etc. sein. Während der Verhandlungen sind die Auswirkungen dieser Änderungen auf das kalkulierte Baustellenergebnis zu überprüfen (per Laptop). Die Ergebnisse der Verhandlungen, insbesondere die eingeräumten Nachlässe, werden in die Auftragskalkulation eingearbeitet.

4.4
Arbeitskalkulation

Mit Hilfe der Arbeitskalkulation, die auf der Auftragskalkulation aufbaut, wird von der Arbeitsvorbereitung (AV) der endgültige Bauablauf geplant. Zwischen Angebotsabgabe und Auftragserteilung vergehen in der Regel mehrere Monate. Daher kann es passieren, daß ursprünglich als Eigenleistung gerechnete Bauleistungen wegen mangelnder Kapazität als Subunternehmerleistungen vergeben werden müssen oder daß aufgrund einer veränderten Terminsituation ein anderes Bauverfahren gewählt werden muß. Veränderungen, die sich aus den Auftragsverhandlungen selbst ergeben haben, sind bezüglich ihrer Auswirkungen auf die Kosten zu überprüfen. Ziel der Arbeitskalkulation ist es, mit Hilfe der aktualisierten Arbeitskalkulation den Bauablauf zu optimieren, um ein positives Baustellenergebnis erzielen zu können. Die von der AV ermittelten Stunden und Kosten sind Soll-Vorgaben für die Baustelle und bilden die Basis für spätere Soll/ Ist-Vergleiche.

4.5
Nachtragskalkulation

Bei der Bauausführung kommt es häufig zu Änderungen des Leistungsumfangs. Dies können im Einzelfall sein:

- Überschreitungen/ Unterschreitungen der ausgeschriebenen Mengen
- Entfall von Teilleistungen
- Änderungen beim Ausbaustandard (Hochbau)
- Änderung der Fassadengestaltung
- Zusätzliche, nicht im Bauvertrag enthaltene Leistungen

Für solche Leistungen bzw. Änderungen sind auf der Basis der Arbeitskalkulation vom Bauleiter neue Preise zu kalkulieren. Um Streitigkeiten über die Angemessenheit der Nachtragspreise zu vermeiden, empfiehlt sich die Hinterlegung der Arbeitskalkulation; – teilweise wird die Hinterlegung mit Aufschlüsselung der Angebotspreise auch vom Bauherrn gefordert.

4.6
Nachkalkulation

Die Nachkalkulation hat im wesentlichen drei Ziele:

– Diagnose von Verlustquellen
– Überprüfung von Kalkulationsansätzen
– Ermittlung neuer, zutreffenderer Aufwandswerte für die Kalkulation

Für die Erfassung z.B. der aufgewendeten Stunden werden die LV-Positionen nach BAS-Positionen (Bauarbeitsschlüssel für das Bauhauptgewerbe) gegliedert. Bauarbeiten sind gemäß BAS in 10 Gruppen unterteilt:
0 Baustelleneinrichtungs- und Randarbeiten
1 Transport- und Umschlagarbeiten, Stundenlohnarbeiten und
   Gerätebedienungsstunden
2 Erd-, Entwässerungs- und Abbrucharbeiten
3 Schal- und Rüstarbeiten
4 Beton- und Stahlbetonarbeiten
5 Mauer- und Putzarbeiten
6 Straßenunterbau- und Deckenarbeiten
7 Straßenbauarbeiten an Nebenanlagen
8 Grundbau- und Wasserbauarbeiten
9 Sonder- und Spezialarbeiten

Die einzelnen Arbeitsvorgänge werden mit 4 Stellen gekennzeichnet, wobei 3 Stellen durch den BAS vorgegeben sind, während die vierte Stelle nach firmenspezifischen Gegebenheiten gewählt werden kann. Um den Arbeitsaufwand für die Erfassung der geleisteten Arbeits- und Gerätestunden in vertretbaren Grenzen zu halten, sollte man sich generell auf einige wenige Leitpositionen beschränken. Definitiven Nutzen kann die Nachkalkulation allerdings nur dann bringen, wenn der Aufwand den BAS-Positionen korrekt zugeordnet wird.

5 Projektmanagement

5.1
Aufgabenbereich

Die Bezeichnung Projektmanagement wird in der Praxis und in der Literatur nicht einheitlich verwendet. Zum Teil gibt es begriffliche Überschneidungen mit der Projektsteuerung. Die Zielvorstellungen bei der Abwicklung eines Bauvorhabens sind bei AG und AN deckungsgleich, wenn es um die Termineinhaltung, die mängelfreie Ausführung und einen möglichst störungsfreien Bauablauf geht. Während der Bauherr oder sein Vertreter die Einhaltung des Budgets als ihr wesentliches Ziel sehen, besteht das vorrangige Interesse des ausführenden Unternehmens an einem wirtschaftlichen Erfolg der Baustelle. Um dieses Ziel zu erreichen, muß im Rahmen des Projektmanagements, und zwar durch die Arbeitsvorbereitung (AV) die Baudurchführung optimiert werden. Dazu gehören die Prüfung von technischen Ausführungsvarianten sowie eine detaillierte Ablaufplanung.

5.1.1
Projektmanagement beim Auftraggeber

Auftraggeber der öffentlichen Hand verfügen meist über eigene Abteilungen bzw. Ämter, welche die Baumaßnahmen fachtechnisch vorbereiten und begleiten (Hochbauamt, Tiefbauamt, Straßenbauamt etc.). Bei komplexen Bauvorhaben wird ein Projektteam gebildet, um die anstehenden Aufgaben kompetent lösen zu können. Das Projektteam erarbeitet zunächst die Konzeption für das Bauvorhaben, erstellt die Vorplanung und schaltet die betroffenen Behörden ein. Nach der Festlegung des gewünschten Ausbaustandards muß auf der Basis einer Kostenschätzung (z.B. DIN 276 im Hochbau) die Finanzierungsfrage gelöst werden, – anschließend sind die entsprechenden Mittel im Haushalt einzustellen. Die nächste Stufe bei der Realisierung ist dann die Erstellung genehmigungsreifer Planunterlagen und die Erteilung der Baugenehmigung selbst.

Die Ausführungsplanung kann entweder innerhalb des Projektteams selbst ausgearbeitet oder an ein Architekturbüro vergeben werden. Damit entsteht der sog. Verwaltungsentwurf. Um das Know-how der Bauunternehmen zu nutzen, werden bei der Ausschreibung im Regelfall Sondervorschläge zugelassen. Damit können die Bieter Alternativen zur Ausführung vorschlagen, die häufig eine insgesamt verbesserte Wirtschaftlichkeit der Baumaßnahme mit sich bringen.

Bei der Bauausführung obliegt es dem Projektmanagement des Auftraggebers, die Abwicklung hinsichtlich Kosten, Terminen und Qualitätssicherung zu überwachen. Die Einhaltung des Budgets spielt dabei eine maßgebliche Rolle. Die Überwachung der Baukosten und die Verfolgung des Finanzmittelabflusses sind wichtig, um mögliche Überschreitungen des Kostenrahmens frühzeitig zu erkennen.

Die wesentlichen Forderungen aus Sicht des Projektmanagements des Auftraggebers sind:

- möglichst keine Baukostenüberschreitung,
- zügiger Baubeginn nach Auftragserteilung,
- möglichst kurze Bauzeit,
- Einhaltung der Zwischentermine und des Endtermins,
- mängelfreie Ausführung,
- konfliktarmer Bauablauf.

5.1.2
Projektmanagement beim Auftragnehmer

Projektmanagement im nachfolgend verwendeten Sinne ist die gesamte Bauabwicklung, – beginnend mit der Arbeitsvorbereitung über die Baudurchführung bis hin zur Abnahme und zur Dokumentation der Baumaßnahme.

Die wesentlichen Elemente sind:

- Arbeitsvorbereitung
- Bauausführung/Bauleitung
- Erfolgskontrolle.

5.2
Arbeitsvorbereitung (AV)

Die Arbeitsvorbereitung (AV) ist sozusagen das Bindeglied zwischen der Auftragskalkulation und der Bauausführung. Zwischen Angebotsabgabe und Auftragserteilung vergehen i.d.R. mehrere Monate. Durch die Auftragskalkulation wird die seinerzeit aufgestellte Angebotskalkulation aktualisiert, d.h. Änderungen, die sich im Rahmen der Auftragsverhandlungen (Leistungsumfang, Gewährleistungszeiten etc.) ergeben haben, werden in die Auftragskalkulation eingearbeitet.

Die AV muß zunächst prüfen, ob die seinerzeit bei der Kalkulation des Angebotes getroffenen Annahmen, z.B. bezüglich der verfügbaren eigenen Geräte- bzw. Personalkapazität, noch zutreffen.

Nach der Auftragserteilung muß aus rechtlicher Sicht geprüft werden, ob sich während der Auftragsverhandlungen Änderungen der Vertragsgrundlagen ergeben haben (Gefahrtragung, Zahlungsbedingungen, Gewährleistungsbedingungen etc.). Auf vertragsrechtliche Details wird in diesem Abschnitt nicht weiter eingegangen.

Die wesentlichen Aufgaben der AV sind nachfolgend zusammengefaßt:
– Erstellung der Arbeitskalkulation

    Überprüfung des Auftrags-LV's
    Prüfung der vom AG zu erbringenden Vorleistungen
    abschließender Verfahrensvergleich
    Ermittlung des Personal- und Gerätebedarfs

– Leistungsabgrenzung zwischen AG und AN
– Detailplanung

    Terminplan
    Baustelleneinrichtung (BE)

– Verträge

    Subunternehmer
    Lieferanten

5.2.1
Erstellung der Arbeitskalkulation

Überprüfung des Auftrags-LV's. An vorderster Stelle der Aufgaben, welche die AV innerhalb eines Bauunternehmens zu erfüllen hat, steht die Überprüfung des Auftrags-LV's. Dazu gehört die Überprüfung des Leistungsumfangs, d.h. die Prüfung der beauftragten im Vergleich zu den ausgeschriebenen Mengen. Hier können im Zuge der Auftragsverhandlungen erhebliche Änderungen vereinbart worden sein, die u.U. eine Umstellung des ursprünglich beabsichtigten Bauverfahrens nach sich ziehen. Es können auch einzelne Positionen komplett entfallen sein, weil der Bauherr zwischenzeitlich seine Meinung über den Umfang seiner Investition geändert hat.

Beispiel. Der Bauherr hatte unter seinem Bürogebäude ursprünglich eine Tiefgarage vorgesehen. Aus Kostengründen wird die Tiefgarage nicht ausgeführt, – die entsprechende Position aus dem Leistungsverzeichnis wird gestrichen. Statt dessen werden ebenerdige Parkplätze im Außenbereich des Gebäudes angelegt. Der Leistungsumfang im Titel „Außenanlagen" erhöht sich entsprechend.

Ausführung von Alternativpositionen. Spätestens zum Zeitpunkt der Auftragserteilung sollte grundsätzlich bereits die Entscheidung vorliegen, ob und welche Alternativpositionen ausgeführt werden sollen. Dies gilt insbesondere für Bauleistungen, die durch ihren Umfang maßgeblichen Einfluß auf die Bauausführung und den Fertigstellungstermin haben. Fällt eine entsprechende Entscheidung des

Bauherrn erst später, d.h. während die Baustelle bereits angelaufen ist, sind Störungen des Bauablaufs die zwangsläufige Folge.

Ausführung von Bedarfspositionen. Bei den Bedarfspositionen, auch als Eventualpositionen bezeichnet, entscheidet der Auftraggeber meist erst während der Bauausführung, ob diese zum Tragen kommen oder nicht. Es handelt sich hier um Leistungen, bei denen nicht geklärt ist bzw. werden konnte, ob sie zur Anwendung gelangen.

Beispiel. Beim Bau einer Brücken wird es durch die Verschiebung der Bauausführung in die schlechte Jahreszeit notwendig, den Einbau des Fahrbahnbelages unter einem beheizten Schutzzelt auszuführen. Zusätzlich ist eine Beleuchtung auf der gesamten Baustelle notwendig, da die Helligkeit auf der Baustelle, jahreszeitlich bedingt, während der Morgen- und Abendstunden nicht ausreicht.

Abschließender Verfahrensvergleich. Der Angebotskalkulation hat ein bestimmtes Bauverfahren zugrunde gelegen. Im Rahmen der Auftragsverhandlungen können sich Änderungen auch für den Bauablauf ergeben haben, was bei der Wahl des Bauverfahrens zu berücksichtigen ist.

Beispiel. Aufgrund der für ihn günstigen Marktsituation beabsichtigt der Investor, die seinerzeit in zwei Abschnitten mit einem zeitlichen Abstand von 2 Jahren zu erstellende Klinik nun in einem Zuge bauen zu lassen. Der Auftragnehmer ist bereit, diesen deutlich größeren Auftrag zu übernehmen, weil er seine Kapazitäten dadurch mittelfristig besser auslasten kann. Obwohl sich der Leistungsumfang verdoppelt hat, gewährt der Investor aber nur eine Bauzeitverlängerung von 50 % der bisher vorgesehenen Bauzeit. Es ist nun Aufgabe der AV, durch einen Verfahrensvergleich festzustellen, mit welcher Geräte- und Personalkapazität (Eigenleistung) und mit welchen Subunternehmern die Fertigstellung der Klinik bewerkstelligt werden kann. Für die Eigenleistung müssen die mittlere Sollstärke der gewerblichen Arbeitnehmer und die Gesamtsumme der aufzuwendenden Stunden ermittelt werden. Bei der insgesamt verfügbaren Bauzeit müssen u.a. auch Zeiten für die Anlauf- und die Räumungsphase der Baustelle berücksichtigt werden, weil während dieser Phasen nicht die volle Soll-Leistung erreicht wird.

Vorleistungen des Auftraggebers (AG). Seitens der Arbeitsvorbereitung ist zu prüfen, welche Vorleistungen durch den AG zu erbringen sind, z.B. die Baugenehmigung. Dazu gehört auch die Kontrolle, welche Pläne seitens des Bauherrn geliefert werden müssen. Es empfiehlt sich in jedem Fall, in der Auftragsverhandlung schriftlich zu fixieren, wer welche Pläne bis zu welchem Termin zu liefern hat (Leistungsabgrenzung zwischen AG und AN). Es sind also sowohl die Termine für die vom AG (+ Planer) als auch die vom AN zu liefernden Pläne in den Terminplan mit aufzunehmen.

5.2.2
Leistungsabgrenzung zwischen AG und AN

Auf der Grundlage der vom Hauptverband der Deutschen Bauindustrie herausgegebenen Aufstellung kann eine eindeutige Zuordnung der Kostentragung und der Pflichten zwischen Auftraggeber und Auftragnehmer vorgenommen werden. Die einzelnen Punkte dieser Leistungsabgrenzung sind in dem Muster des Hauptverbandes noch weiter untergliedert und können entweder direkt übernommen oder auf firmenspezifische Belange zugeschnitten werden. Beispielhaft für den Aufbau eines Firmenvordrucks zur Leistungsabgrenzung zwischen AG und AN wird der Punkt 2. Architekten- und Ingenieurleistungen aufgeführt.

Tabelle 13 Leistungsabgrenzung

	AG + PLANER	AN
1. Gebühren und Abgaben		
2. Architektenleistung		
3. Baugrunduntersuchung		
4. Tragwerksplanung (Statik)		
5. Besondere bauphysikalische Nachweise		
6. Ingenieurleistungen z.B. für Heizung, Lüftung, Sanitär, sinngemäß für Sprinkler/allgemeiner Brandschutz, Fassade		
7. Ingenieurleistungen/ Elektrogewerke		
8. Ingenieurleistungen für Fassaden		
9. Sonstige Leistungen		

5.2.3
Detailplanung

Der Bauablauf ist nach der Auftragserteilung von der AV detailliert zu planen. Die AV bedient sich dazu eines EDV-gestützten Projektmanagementsystems. Basis für die Detailplanung ist der der Angebots- bzw. Auftragskalkulation zugrunde liegende Grob-Bauzeitenplan. Die zur Verfügung stehende Bauzeit in Verbindung mit den zu erbringenden Leistungen liefert die Randbedingungen, mit welchem Personaleinsatz (Zahl der eigenen Kolonnen), mit welchem Geräteeinsatz (eigene Geräte, Mietgeräte) und mit welchen als Subunternehmern eingesetzten Firmen die Baumaßnahme abgewickelt werden kann.

Die mit Abstand am häufigsten eingesetzte Darstellungsform des Bauablaufs ist der sog. Balkenplan. Die Länge des jeweiligen Balkens entspricht der Zeitdauer der jeweiligen Teilleistung. Je nach Detaillierungsgrad des Ausführungsplans kann die Dauer jedes Vorgangs in Tagen, Wochen oder Monaten angegeben werden.

Tabelle 14 Architektenleistungen (Leistungsabgrenzung)

	AG + PLANER	AN
2. Architektenleistung		
2.1 Planung		
2.1.1 Grundlagenermittlung		
2.1.2 Vorplanung		
2.1.3 Entwurfsplanung		
2.1.4 Genehmigungsplanung		
2.1.5 Ausführungsplanung		
2.1.6 Ausführungsdetails		
2.2 Bauvertrag		
2.2.1 Vorbereitung der Vergabe		
2.2.2 Mitwirkung bei der Vergabe		
2.2.3 Vertragseinhaltung		
2.2.4 Mitwirkung bei der Abnahme		
2.2.5 Sonstiges		
2.3 Objektüberwachung		
2.3.1 Rohbau		
2.3.2 Ausbau		
2.3.3 Terminüberwachung		
2.3.4 Qualitätsüberwachung		
2.3.5 Schlußdokumentation		
2.3.6 Sonstiges		

Tabelle 15 Leistungsabgrenzung beim GU-Vertrag: 8. Ingenieurleistungen für Fassaden

	AG + PLANER	GU
8. Ingenieurleistungen für Fassaden		
8.1 Vorentwurf		
8.2 Entwurf und Ausschreibungszeichnungen		
8.3 Ausführungszeichnungen		
8.4 Massenauszüge		
8.5 Kostenanschlag		
8.6 Leistungsbeschreibung		
8.7 Prüfung der Angebote		
8.8 Oberleitung		
8.9 Fachbauleitung		

5.2.3.1
Terminplan

In Baubesprechungen wird meist ein Balkenplan mit Bleistift zu Papier gebracht, z.B. wenn man Abhängigkeiten bestimmter Gewerke voneinander übersichtlich darstellen will. In der Arbeitsvorbereitung ist es dagegen unerläßlich, die Balkenpläne per PC zu erstellen. Die Balken können mit der Maus direkt am Bildschirm eingegeben werden. In der Praxis ergeben sich laufend Änderungen, so daß die Balkenpläne laufend aktualisiert werden müssen. Die entsprechenden Änderungen lassen sich am Bildschirm schnell und problemlos einarbeiten. Interne Abhängigkeiten von Vorgängen untereinander werden vom PC berücksichtigt und aktualisiert. Durch unterschiedliche Schraffur und Farben können verschiedene Teilleistungen optisch gut erkennbar dargestellt werden.

Die Möglichkeit der unterschiedlichen Farbgestaltung gestattet es auch, Soll/Ist-Vergleiche übersichtlich darzustellen. Am Bildschirm wird unmittelbar ablesbar, welche Teilleistungen schneller als geplant, plankonform oder langsamer als geplant ausgeführt wurden.

Das Projektmanagementsystem erlaubt es, die Grob-Planung so weit zu detaillieren, daß schließlich auch die Baustelle einen Detail-Plan für jeden Arbeitstag erhält.

Beispiel. Brückenbau

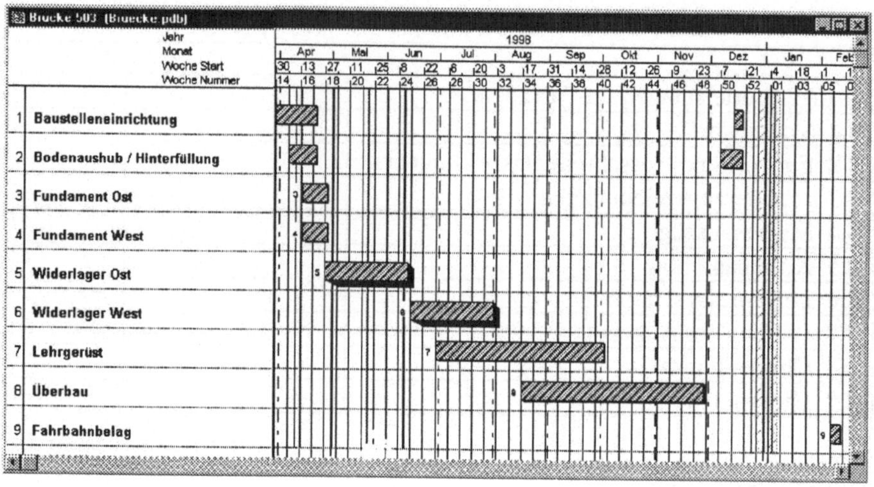

Bild 5.2-1 Grobplanung Brückenbau (Management und Software GmbH)

Im Grob-Plan genügt eine ungefähre Abschätzung des Zeitbedarfs für die maßgeblichen Teilleistungen wie z.B. Unterbau und Überbau. In der nächsten Bearbeitungsstufe erfolgt eine weitere Untergliederung (Bild 5.2-2). Diese Planung wird weiter verfeinert, so daß die Baustelle schließlich einen für die Ausführung tauglichen Terminplan erhält.

Ein weiterer Vorteil der EDV-Bearbeitung liegt darin, daß Abhängigkeiten einzelner Teilleistungen dargestellt werden können. Störungen des Bauablaufs und ihre Auswirkungen auf einen Zwischentermin oder auf den Endtermin lassen sich dadurch nachvollziehbar belegen. Dies dient unter anderem der Versachlichung bei Streitigkeiten zwischen dem Auftraggeber bzw. seinem Vertreter und der Bauleitung.

Balkenpläne eignen sich bei entsprechend guter Strukturierung für praktisch alle Baumaßnahmen. Eine weitere Methode der Terminplanung ist die Erstellung eines Zeit/ Mengen-Diagramms, gelegentlich auch als Weg/ Zeit-Diagramms bezeichnet. Diese Art der Darstellung eignet sich insbesondere für sog. Linienbaustellen wie z.B. Straßenbau, Tunnelbau und Rohrleitungsbau.

Beispiel. Schlüsselfertiger Hochbau

Der schlüsselfertige Hochbau (SHB) hat in den vergangenen Jahren erheblich an Bedeutung gewonnen. Bei den großen Bauunternehmen besitzt der schlüsselfertige Hochbau im Inland einen Anteil von z.T. mehr als 50 % der gesamten Bauleistung. Insofern hat das Projektmanagement insbesondere bei den Ausbau-

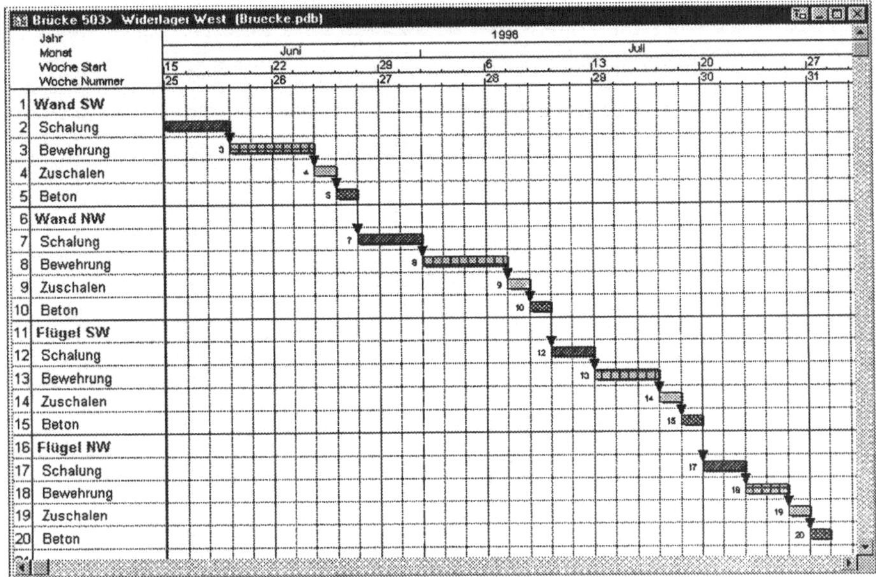

Bild 5.2-2 Planung für Bauablauf Brückenbau (Management und Software GmbH)

gewerken große Bedeutung. Häufig müssen die Leistungen von 30 und mehr Subunternehmern koordiniert werden. Bei den normalerweise knapp bemessenen Ausführungsfristen muß der Qualitätssicherung besonderes Augenmerk geschenkt werden. Dies gilt sowohl für die Bauüberwachung des AG oder den von ihm beauftragten Architekten als auch für den Bauleiter des AN. Das Projektmanagement bzw. der Bauleiter selbst müssen dafür Sorge tragen, daß die Bauleistungen technisch und handwerklich einwandfrei ausgeführt werden, um spätere Beanstandungen zu vermeiden, wie z.B. umfangreiche Nachbesserungen oder Mängelbeseitigungen während der Gewährleistungsfrist.

Insbesondere im schlüsselfertigen Hochbau kann eine detaillierte Ablaufplanung in Verbindung mit einer konsequenten Terminkontrolle nur auf der Basis eines EDV-gestützten Projektmanagementsystems erreicht werden.

5.2.3.2
Detailplanung Baustelleneinrichtung (BE)

Die Anforderungen an einen Detailplan für die BE sind je nach Größe und Komplexität der Baumaßnahme naturgemäß sehr unterschiedlich. Generell ist zu unterscheiden zwischen Baustellen auf der „grünen Wiese" und Baustellen im innerstädtischen Bereich, bei denen aufgrund der beengten Platzverhältnisse besondere Sorgfalt auf die Planung verwendet werden muß, um einen möglichst störungsfreien Bauablauf zu gewährleisten.

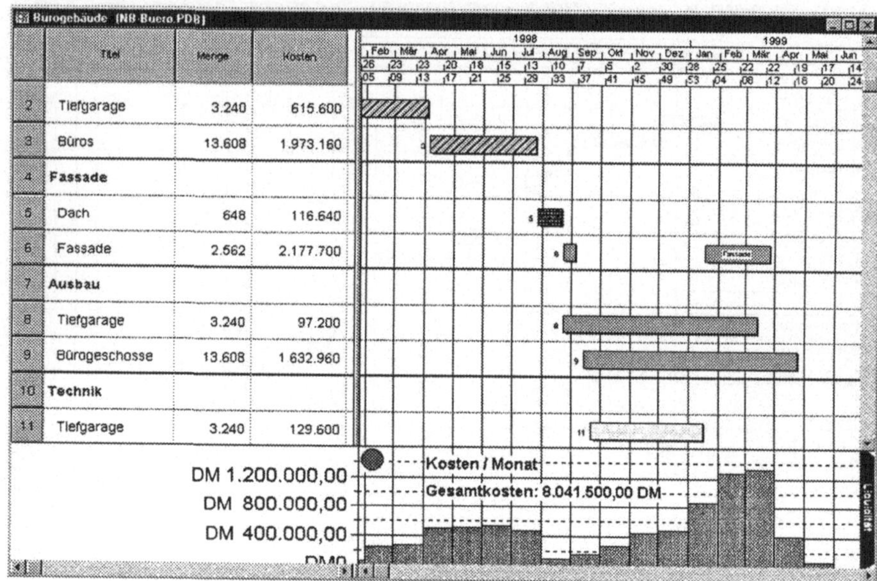

Bild 5.2-3: Kosten pro Monat bei einem Bürogebäude (Management und Software GmbH)

Kranstellung. Zunächst ist die Größe des benötigten Krans zu bestimmen. Kennzahl für Krane ist das Nennlastmoment. Dieses gibt an, welches Maximalgewicht bei einer bestimmten Auslegerlänge noch gehoben werden kann. Zur Bemessung des geeigneten Krans können das schwerste zum Einsatz vorgesehene Schalelement, der gefüllte Betonkübel oder das schwerste zu bewegende Fertigteil zugrunde gelegt werden. Steht kein eigener geeigneter Kran zur Verfügung, muß geprüft werden, ob dieser angemietet werden soll. Alternativ kann auch ein eigener, kleinerer Kran zum Einsatz kommen, wenn man z.B. für die vom Kran nicht bestrichenen Flächen für Hebevorgänge einen Mobilkran und zum Betonieren zusätzlich eine Betonpumpe anmietet.

Zufahrten. Bei Baustellen auf der „grünen Wiese" steht meist ausreichend Platz für die Zufahrten zur Verfügung. Probleme treten in diesen Fällen eher dadurch auf, daß die Befahrbarkeit der Zufahrten nicht ganzjährig gegeben ist. Dann müssen vor Einrichtung der Baustelle die Zufahrtstraßen ausreichend befestigt werden, z.B. durch die Verlegung eines Geotextils und einer ausreichend tragfähigen Mineralgemisch-Schicht. Schwieriger ist es meist, Zufahrtmöglichkeiten für Baustellen in Innenstädten zu schaffen. Frischbeton-Lieferfahrzeuge, Tiefladertransporte für Baugeräte und Fertigteile, sonstige Baustofflieferungen sowie Lieferungen für den technischen Ausbau sind so zu koordinieren, daß es zu keinen nennenswerten Störungen des öffentlichen Straßenverkehrs und auch des internen Baustellenverkehrs kommt.

Ver-/ Entsorgung. Anschlüsse für Wasser, Abwasser, Tel. etc. sind im innerstädtischen Bereich meist ohne große Probleme herzustellen. Schwierigkeiten kann es dagegen im Bereich der Reststoff- und Abfallentsorgung geben. Aus Umweltschutz- und auch aus Kostengründen müssen die auf der Baustelle anfallenden Abfälle in teilweise 5 und mehr Fraktionen separiert werden. Für die dazu benötigten Container sind die entsprechenden Stellflächen vorzusehen.

Bei außerhalb liegenden Baustellen müssen die Ver- und Entsorgungsleitungen häufig über längere Distanzen herangeführt werden. Während der Wintermonate ist darauf zu achten, daß wegen der Frostgefahr die Wasserleitungen ausreichend isoliert oder aber mit einer Überdeckung von mindestens 80 cm im Boden verlegt sind.

Stellflächen für Container. Baustellen in Innenstädten haben in den meisten Fällen nur relativ wenig Platz für Stellflächen zur Verfügung. Um für die gewerblichen Arbeitnehmer die zeitraubenden An- und Abfahrten zur Baustelle zu umgehen, werden die Wohncontainer direkt auf der Baustelle untergebracht, – meist übereinander gestapelt. Auch die Bürocontainer für den Auftraggeber, für den Bauleiter etc. werden meist übereinander plaziert.

Lagerflächen. Es bedarf sorgfältiger Überlegungen seitens der AV, wie die Lagerflächen innerhalb der Baustelle angeordnet werden sollen, um gegenseitige Behinderungen der beteiligten Kolonnen und der Subunternehmer weitgehend zu verhindern. Lagerflächen werden u.a. benötigt für

– Bodenaushub (für die spätere Hinterfüllung des Bauwerks)
– Mutterboden (soweit vorhanden, für die Aufbringung in den Außenanlagen)
– Schalelemente
– Rüstungsmaterial
– Fertigteile
– Mauersteine
– Bewehrungsstahl (Matten, Rundstahl)
– Fassadenelemente

Für die Ausbaugewerke empfiehlt sich die Lagerung innerhalb des Rohbaus und zwar in abschließbaren Bereichen, um dem „Baustellenschwund" vorzubeugen. Um die Bauabwicklung möglichst übersichtlich zu gestalten, ist die Aufstellung einer Projekt-Checkliste – gemeinsam von der Arbeitsvorbereitung und der Bauleitung – zweckmäßig. Diese ermöglicht später der Bauleitung einen schnellen Zugriff auf die wichtigsten Telephon- und Fax-Nummern.

5.2.4
Verträge mit Subunternehmern und Lieferanten

Im Zuge der Angebotskalkulation sind Subunternehmerleistungen und Baustoffpreise angefragt worden. Nach der Auftragserteilung müssen die eingegangenen und eventuell weitere Angebote in einem Preisspiegel unter Berücksichtigung der in den Auftragsverhandlungen mit dem Auftraggeber getroffenen Festlegungen zusammengestellt und ausgewertet werden. Über die jeweiligen Vergabeverhandlungen mit den Subunternehmern sind Verhandlungsprotokolle anzufertigen und gegenseitig abzuzeichnen. Die Vereinbarungen sind in einem schriftlichen Vertrag zu fixieren.

Den Verhandlungen mit den Baustofflieferanten liegt ein Baustoffverzeichnis zugrunde. Dieses wird anhand der Mengen, die sich aus dem Auftrags-LV ergeben, aufgestellt. Es genügt im allgemeinen, dieses Baustoffverzeichnis nur für die Hauptbaustoffe (Beton, Bewehrungstahl, Fertigteile etc.) anzufertigen. Sonstige Baustoffe, die von den Kosten her keine nennenswerte Rolle spielen, werden von der Abteilung Einkauf oder von der Baustelle direkt beim Lieferanten bestellt.

5.3
Bauausführung

Die Erstellung des Bauwerks ist das eigentliche Kernstück des Baubetriebs. Die Bautechnik ist dabei die notwendige Voraussetzung für die Realisierung. Sie ist eingebettet in das Bauvertragsrecht und in die Baubetriebswirtschaft. Ausgeprägtes Kostendenken des Bauleiters ist unabdingbare Voraussetzung für den wirtschaftlich erfolgreichen Abschluß seiner Baustelle. Auf Bauherrnseite spielen ebenfalls finanzielle Dinge eine ausschlaggebende Rolle, – im Rahmen seines Budgets erwartet der AG ein Optimum an Bauleistung.

5.3.1
Bauüberwachung des Auftraggebers (AG)

Grundsätzlich ist zu unterscheiden, ob es sich um Baumaßnahmen der öffentlichen Hand oder um private Bauherrn handelt. Die öffentliche Verwaltung verfügt im Regelfall über eigenes fachtechnisches Personal, das die Bauüberwachung wahrnimmt. Private Bauherrn verfügen meist nicht über den notwendigen technischen Sachverstand und bedienen sich daher bei der Bauüberwachung eines Architekten oder Projektsteuerers. Die Überwachung der Bauausführung soll sicherstellen, daß die Bauleistungen vertragsgemäß ausgeführt werden hinsichtlich:

- Kosten,
- Terminen,
- Qualität.

Kostenüberwachung. Erfolgt die Abrechnung nach Einheitspreisen, hat die Bauüberwachung dafür zu sorgen, daß die Zahlungen im Einklang mit der ausgeführten Bauleistung stehen. Die erbrachte Bauleistung ist durch Mengenermittlungen nachzuweisen. Bei Pauschalpreisverträgen wird meist ein Zahlungsplan vereinbart. Dieser legt fest, welche Zahlungen zu welchem Zeitpunkt vom AG zu leisten sind.

Bei Baumaßnahmen kommt es häufig zu Änderungen des Leistungsumfangs. Zusätzliche Leistungen sind mit Mehrkosten verbunden. Die Bauüberwachung hat zu prüfen, ob und in welcher Höhe die vom Auftragnehmer geforderte zusätzliche Vergütung angemessen ist. Werden die Mehrkosten bei einigen Teilleistungen nicht durch Minderkosten bei anderen Teilleistungen ausgeglichen, entsteht zwangsläufig eine Baukostenüberschreitung. Das eigentliche Baubudget enthält in der Regel eine gewisse Reserve für Unvorhersehbares. Überschreiten die Mehrkosten voraussichtlich das vorgegebene Budget, muß die Bauüberwachung dies möglichst frühzeitig dem Bauherrn mitteilen, damit dieser eine Mittelnachbewilligung in die Wege leiten kann.

Terminüberwachung. Die Überwachung von vertraglich vereinbarten Terminen (Zwischentermine, Endtermin) ist eine weitere wichtige Aufgabe der Bauüberwachung. Soweit es die Planlieferung betrifft, ist der Bauherr selbst an die Einhaltung von Terminen gebunden. Die Bauüberwachung muß dafür sorgen, daß alle für die Ausführung notwendigen Pläne, Genehmigungen etc. rechtzeitig zur Verfügung stehen. Gerät das Bauunternehmen zeitlich in Verzug, muß die Bauüberwachung den Bauleiter bzw. das Bauunternehmen schriftlich auffordern, geeignete Maßnahmen zu ergreifen, damit der Zwischen- bzw. der Fertigstellungstermin doch noch eingehalten werden kann.

Qualitätssicherung. Die Güteüberwachung ist eine weitere Aufgabe für die Bauüberwachung des AG. Sie soll sicherstellen, daß die verwendeten Baustoffe die geforderte Qualität und daß die technische Ausstattung sowie die – im Hochbau – eingebauten Materialien (Bodenbeläge, abgehängte Decken etc.) den vereinbarten Qualitätsstandard besitzen.

5.3.2
Bauleitung des Auftragnehmers (AN)

Vorrangiges Ziel des Bauleiters ist es, die Baustelle wirtschaftlich erfolgreich abzuwickeln, d.h. Gewinn zu erwirtschaften. Durch eine straffe und gut durchdachte Ablauforganisation versucht er – gemeinsam mit der Arbeitsvorbereitung (AV) – zu erreichen, daß Arbeitskolonnen und Baugeräte möglichst über die gesamte Einsatzzeit optimal ausgelastet sind. Unproduktive Wartezeiten müssen sowohl beim Personal als auch bei den (Groß-) Geräten weitgehend minimiert werden, um daraus resultierende Verluste in vertretbaren Grenzen zu halten.

Die wesentlichen Aufgaben des Bauleiters sind:

- Kostenkontrolle
- Terminüberwachung
- Vertragsmanagement
- Qualitätssicherung

Kostenkontrolle. Auf der Basis der Vorgaben, welche die AV erstellt hat, koordiniert der Bauleiter den Ablauf der Baustelle. Dazu gehören der Einsatz des eigenen Personals und der eigenen Baugeräte sowie die Koordination der verschiedenen Subunternehmer. Die Koordinierung der Subunternehmerleistungen ist insbesondere im schlüsselfertigen Hochbau von Bedeutung, damit es möglichst keine gegenseitigen Behinderungen gibt. Der Bauleiter kann bei der Planung des Bauablaufs auf ein EDV-gestütztes Projektmanagementsystem zurückgreifen. Diese stellt die pro Gewerk benötigten Ausführungszeiten, gegenseitige Abhängigkeiten, vor- und nachlaufende Gewerke etc. auf dem Bildschirm übersichtlich dar. In den regelmäßig stattfindenden Baubesprechungen sollten die jeweils betroffenen Subunternehmer ihre Termine aufeinander abstimmen, damit der Ausbau möglichst ohne größere Störungen abgewickelt werden kann.

Über die Terminkoordinierung der Subunternehmer hinaus muß der Bauleiter für diese einige organisatorische Vorleistungen erbringen, um eine zügige Abwicklung der Baumaßnahme zu gewährleisten. Dazu gehören z.B.:

- Bereitstellung von Lagerflächen im Baubereich
- Bereitstellung von abschließbaren Lagerräumen innerhalb des Rohbaus
- Vorhaltung von Aufenthaltsräumen für die Beschäftigten der Subunternehmer (sofern die Subunternehmer keine eigenen Aufenthaltscontainer mitbringen)
- Vorhaltung von Baustrom inkl. Unterverteilung in allen Etagen
- Vorhaltung von Wasseranschlüssen auf allen Etagen
- Hebezeuge für Materialanlieferungen (z.B. Krangestellung) und Materialtransporte innerhalb des Rohbaus (z.B. Materialaufzug)
- Baubeleuchtung inkl. Beleuchtung der Flure und der Fluchtwege (Notstromaggregat)
- Vorhaltung von Mobil-Toiletten (bei Hochhäusern in mehreren Etagen)
- im Bedarfsfall Herstellung und späteres Verschließen von Einbringeöffnungen
- Vorhaltung einer Gebläseheizung in sämtlichen Etagen (Wintermonate)

Der Bauleiter führt in monatlichen Abständen Soll/ Ist-Vergleiche durch, um sich über den jeweils aktuellen Stand seiner Baustelle zu informieren:

- Summe der für die Eigenleistung aufgewendeten Stunden für die Schlüsselpositionen, z.B. Schalungsstunden im Hochbau.
- Summe Geräteeinsatzzeiten von Schlüsselgeräten, z.B. Vortriebsgeräte im Tunnelbau
- Summe der eingebauten Baustoffe für Schlüsselpositionen, z.B. Beton für Großbohrpfähle

Im Bauzeitenplan (Papier oder direkt am Bildschirm) kann durch Eintragung der erbrachten Leistung als Ist-Leistung – am besten in andere Farbe oder Schraffur als die Soll-Leistung – jederzeit verfolgt werden, ob die Teilleistungen sich im Zeitplan befinden oder nicht. Abweichungen von der Soll-Leistung und ihre möglichen Auswirkungen auf den Fertigstellungstermin können per EDV-Einsatz auf dem Bildschirm dargestellt werden.

Ist die Baustelle in Verzug, kann der Bauleiter eine Reihe von Steuerungsmaßnahmen anordnen bzw. ergreifen, um den Fertigstellungstermin trotz der aufgetretenen Verzögerungen doch noch einzuhalten:

- verstärkter Geräteeinsatz
- Verstärkung des Personals durch zusätzliche Kolonnen
- Verbesserung der Motivation des Personals (z.B. durch Prämien)
- Einschaltung weiterer Subunternehmer
- Wechsel zu leistungsfähigeren Lieferanten
- Umstellung des Bauverfahrens (z.B. Verwendung von Fertigteilen statt Ortbeton)

Der Bauleiter vertritt bei Baumaßnahmen der öffentlichen Hand das Bauunternehmen gegenüber dem Bauherrn. Er kann für seine Baustelle, die als profit center geführt wird, alle relevanten Entscheidungen treffen, – er trägt auch die volle Ergebnisverantwortung für seine Baustelle. Lediglich Entscheidungen von weitreichender Bedeutung, wie etwa bei komplizierten Vertragsfragen, bleiben dem Oberbauleiter bzw. der Geschäftsleitung vorbehalten.

Zu den Aufgaben des Bauleiters gehört auch ein konsequentes Bauvertragsmanagement. Grundsätzlich ist zu prüfen, welche Leistungen nach dem Bauvertrag zum Leistungsumfang gehören, welche Zusatzleistungen aufgrund Besondere oder Zusätzlicher Vertragsbedingungen zu erbringen sind, ohne daß diese gesondert vergütet werden und insbesondere für welche Zusatzleistungen Nachforderungen (Nachträge) gestellt werden können, weil sie nicht Bestandteil des Bauvertrags sind. Es empfiehlt sich, trotz allen Termindrucks die Ausführung von zusätzlichen Leistungen schriftlich festzulegen. Vor der Ausführung sollte die Einigung über den Abrechnungspreis erzielt werden. Äußerungen wie „das kriegen wir sicherlich später noch einvernehmlich geregelt", dienen sicher einer guten Baustellenatmosphäre, führen meist aber zu schlechteren Abrechnungspreisen.

Besondere Sorgfalt muß der Bauleiter bei Baumaßnahmen der öffentlichen Hand auf die Meldung von Behinderungen des Bauablaufs und die Aufstellung der daraus resultierenden Mehrforderungen verwenden. Diese sind bei kleinerem Umfang ausreichend dokumentiert, wenn die Ursache der Behinderung im Tagesbericht der Baustelle notiert und durch den Auftraggeber bzw. seinen Vertreter durch Gegenzeichnung anerkannt wurde. Bei größerem Umfang einer Leistungsänderung oder einer vom AG zu vertretenden Störung des Bauablaufs, z.B. durch verspätete Planlieferung, ist in jedem Fall eine gesonderte, schriftliche Mitteilung an den Auftraggeber erforderlich. Diese Mitteilung muß die Anspruchsgrundlage enthalten, z.B. daß durch eine bestimmte Anordnung des Bauherrn eine Verlängerung der Bauzeit notwendig wird. Der Sachzusammenhang zwischen der Anordnung des Bauherrn und der Bauzeitverlängerung muß eindeutig gegeben sein. Über die Höhe eventueller Mehrkosten, die aus der Bauzeitverlängerung entstehen, brauchen in dieser Mitteilung an den Bauherrn noch keine konkreten Angaben enthalten zu sein. Erst nach der Anerkennung des Anspruchs dem Grunde nach sollte der Bauleiter seine Nachforderungen präzisieren. Ist die Urkalkulation hinterlegt worden, kann er auf die entsprechenden Leistungsansätze, Vorhaltekosten etc. zurückgreifen, um seine Mehrkostenforderungen nachvollziehbar zu belegen.

Im Schlüsselfertigen Hochbau vertritt der Projektleiter das Bauunternehmen gegenüber dem Bauherrn. Im Regelfall sind die relevanten Entscheidungen über den Pauschalpreis, die Termine sowie die vom AG und AN zu erbringenden Planungsleistungen gefallen. Nachträge kommen, im Gegensatz zum sonstigen Baugeschehen, nur in untergeordneter Größenordnung zum Tragen. Allerdings muß der Projektleiter im Schlüsselfertigbau ähnlich wie der Bauleiter bei öffentlichen Baumaßnahmen sehr darauf achten, daß nicht durch verspätete Entscheidungen des Bauherrn Störungen des Bauablaufs auftreten. Im Rahmen von turnusmäßig stattfindenden Besprechungen sind mögliche Behinderungen des Bauablaufs zwischen Bauherr und ausführenden Unternehmen durch den Projektleiter zu klären. Die getroffenen Entscheidungen werden protokolliert und umgesetzt.

Checkliste Bauleiter

Kostenstelle: ....

Baumaßnahme: ....

Auftraggeber: ....

Anschrift: ....

Tel: ....   Fax: ....

Vertreter des AG: ....

Anschrift: ....

Tel ....   Fax: ....

Auftragsschreiben vom ....

Baugenehmigung vom ....

Beteiligte Büros:

Vermessung: ....

Architektur: ....

Sachbearbeiter: ....

Tragwerksplanung: ....

Sachbearbeiter: ....

Prüfingenieur: ....

Sachbearbeiter: ....

Haustechnik: ....

Hausintern:

OBL ....

TB: ....

AV: ....

Sicherheitsingenieur: ....

Umweltschutzbeauftragter: ....

Ämter/ Behörden: ....

....

....

UNFALLARZT: ....

6 Projektsteuerung

Die Komplexität großer Bauvorhaben macht es in vielen Fällen erforderlich, einen Projektsteuerer einzuschalten. Vorrangigstes Ziel der Projektsteuerung ist die wirtschaftlich optimale Abwicklung des Bauvorhabens. Der Projektsteuerer nimmt die Interessen des Auftraggebers wahr, indem er die Koordinierung aller Tätigkeiten der am Bau Beteiligten übernimmt inkl. der Kontrolle der Kosten, der Termine und der Qualität. Diese Delegation von Auftraggeberaufgaben an den Projektsteuerer führt dazu, daß der Bauherr nur noch einige wenige Grundsatzentscheidungen selbst fällen muß.

Das bisherige Leistungbild im §31 „Projektsteuerung" der HOAI ist nicht nach Projektphasen wie der §15 „Leistungsbild Objektplanung für Gebäude, Freianlagen und raumbildende Ausbauten" gegliedert. Darüber hinaus sind die Formulierungen der Projektsteuerungsleistungen relativ allgemein gehalten, was in der Praxis immer wieder zu Kompetenzstreitigkeiten zwischen dem Architekten und dem Projektsteuerer führt. Um das Leistungsbild des Projektsteuerers klarer zu strukturieren und auch die Honorierung der Leistungen zu präzisieren, sind vom Ausschuß der Ingenieurverbände und Ingenieurkammern für die Honorarordnung e.V. (AHO) entsprechende Vorschläge ausgearbeitet worden (Stand: 1996).

Tabelle 16 Grundleistungen der Projektsteuerung und Prozentsätze des Grundhonorars nach §206 „Honorartafel für die Grundleistungen der Projektsteuerung":

	%
1 Projektvorbereitung (Projektentwicklung, strategische Planung, Grundlagenermittlung)	26
2 Planung (Vor-, Entwurfs- und Genehmigungsplanung)	21
3 Ausführungsvorbereitung (Ausführungsplanung, Vorbereiten der Vergabe und Mitwirken bei der Vergabe)	19
4 Ausführung (Projektüberwachung)	26
5 Projektabschluß (Projektbetreuung, Dokumentation)	8
Summe	100

Alle Projektstufen enthalten jeweils die nachfolgenden Handlungsbereiche:

A – Organisation, Information, Koordination und Dokumentation,
B – Qualitäten und Quantitäten
C – Kosten
D – Termine

Im Rahmen der Projektvorbereitung ist es z.B. Aufgabe des Projektsteuerers, bei der Aufstellung des Investitionsrahmens beratend mitzuwirken. In diesem Zusammenhang sind zusätzlich Überlegungen über die voraussichtlich später anfallenden Folgekosten wie z.B. Wartungs- und Instandsetzungskosten anzustellen.

Für die Wahrnehmung der Interessen benötigt der Projektsteuerer eine schriftliche Handlungsvollmacht, welche den Umfang seiner Leistungen klar beschreibt. Dazu können z.B. gehören:

– Verhandlungsführung für sämtliche abzuschließende öffentlich-rechtliche und privatrechtliche Verträge,
– Leitung aller turnusmäßig stattfindenden Projektbesprechungen inkl. Führung und laufende Überprüfung des Termin- und Maßnahmenkataloges,
– Vorbereitung aller notwendig werdenden Entscheidungen und Kontrolle von deren Durchsetzung.

In der für die Baupraxis wichtigen Projektstufe 4. „Ausführung" sind folgende Grundleistungen enthalten:

A Organisation, Information, Koordination, Dokumentation
1 Fortschreiben des Organisationshandbuches
2 Fortschreiben des Projekthandbuches
3 Mitwirken beim Durchsetzen von Vertragspflichten gegenüber den Beteiligten
4 Laufende Information und Abstimmung mit dem Auftraggeber
5 Einholen der erforderlichen Zustimmungen des Auftraggebers

B Qualitäten und Quantitäten
1 Prüfen von Ausführungsänderungen, ggf. Revision von Qualitätsstandards nach Art und Umfang
2 Mitwirken bei der Abnahme der Ausführungsleistungen
3 Herbeiführen der erforderlichen Entscheidungen des Auftraggebers

C Kosten und Finanzierung
1 Kostensteuerung zur Einhaltung der Kostenziele
2 Freigabe der Rechnungen zur Zahlung
3 Beurteilung der Nachtragsprüfungen
4 Vorgabe von Deckungsbestätigungen für Nachträge
5 Fortschreiben der Mittelbewirtschaftung
6 Fortschreiben der Projektbuchhaltung für den Mittelabfluß

D Termine und Kapazitäten
1 Überprüfen und Abstimmen der Zeitpläne des Objektplaners und der ausführenden Firmen mit den Steuerungsablaufplänen der Ausführung des Projektsteuerers
2 Ablaufsteuerung der Ausführung zur Einhaltung der Terminziele
3 Überprüfen der Ergebnisse der Baubesprechungen (Baustellen-Jours-fixes) anhand der Protokolle der Objektüberwachung, Vorschlagen und Abstimmen von Anpassungsmaßnahmen bei Gefährdung von Projektzielen

Die im Regelfall knapp bemessenen Fertigstellungstermine für das Bauprojekt machen es notwendig, daß der Bauherr seine Entscheidungen rechtzeitig trifft. Das gilt nicht nur während der Phase bis zur Genehmigungsplanung, sondern auch während der Ausführungsphase, wenn z.B. über die Ausbildung der Fenster oder über die Führung der Elektrokabel entschieden werden muß. Es ist Aufgabe des Projektsteuerers, diese Entscheidungen entsprechend vorzubereiten. Entscheidungen des Bauherrn bedürfen grundsätzlich der Schriftform. Es empfiehlt sich, wegen der Vielzahl der anfallenden Vorgänge Formblätter zu entwickeln und eine Terminliste zu führen, aus der zweifelsfrei hervorgeht, wann welche Entscheidungen getroffen wurden. Dies erleichtert bei Streitigkeiten die Feststellung, wer aufgetretene Störungen des Bauablaufs zu vertreten hat.

Projektbesprechungen sind ein wesentliches Steuerungsinstrument im Rahmen der Bauausführung. In einzelnen Sachstandsberichten müssen zumindest die Schlüsselleistungen bezüglich ihres Fertigstellungsgrades dargestellt werden, damit durch Soll/Ist-Vergleiche eventuelle Terminüberschreitungen festgestellt werden können. Gemeinsam mit den jeweils Beteiligten sind Lösungsmöglichkeiten zu diskutieren. Das Ergebnis der Diskussion ist im Termin- und Maßnahmenplan zu dokumentieren mit der Festlegung, wer bis zu welchem Termin die jeweilige Aufgabe zu erfüllen hat.

Der Auftraggeber muß durch den Projektsteuerer monatlich schriftlich über die wichtigsten Ereignisse bei der Bauausführung unterrichtet werden.

§31 (2) der HOAI bestimmt, daß das Honorar für die Leistungen des Projektsteuerers nur dann in Rechnung gestellt werden darf, wenn es bei Auftragserteilung schriftlich vereinbart wurde. Diese Bestimmung ist gemäß BGH-Urteil vom 09.01.1997 (VII ZR 48/96) nichtig. Bei den anstehenden Honorarsummen und wegen der Komplexität der Aufgabenstellung ist die Schriftform eigentlich eine Selbstverständlichkeit. Im Projektsteuerungsvertrag sollte zur Vermeidung späterer Streitigkeiten auch fixiert werden, was zu den anrechenbaren Kosten gehört bzw. auf was sich diese beziehen. Die AHO-Regelung sieht im §202 (3) vor, daß sich Auftraggeber und Projektsteuerer vertraglich darauf einigen können, daß sich die anrechenbaren Kosten für die Projektstufen 1 bis 5 nach der vom Auftraggeber genehmigten Kostenberechnung oder nach dem genehmigten Kostenanschlag richten sollen. Zusätzlich sollte im Projektsteuerungsvertrag eine Honorarregelung für den Fall getroffen werden, wenn eine Bauzeitverlängerung eintritt, die der Auftraggeber zu vertreten hat, weil er z.B. eine für die Bauausführung notwendige Entscheidung nachweislich zu spät getroffen hat.

Bei nahezu jedem großen Bauprojekt ergeben sich noch während der Rohbauphase Änderungen. Dies können Nutzerbedarfsänderungen sein oder solche, die sich aus dem technischen Bauablauf zwangsweise ergeben. Solche Änderungen müssen bezüglich ihrer Auswirkungen auf die Kosten, auf die Termine oder den Ausbaustandard hin überprüft werden. Änderungen beim Ausbaustandard können z.B. eine höhere Reparaturanfälligkeit mit sich bringen.

Zusätzlich muß die Mehr- und Minderkosten-Auflistung aktualisiert werden, um die Einhaltung des Baubudgets überprüfen zu können. Für den durch die Änderungen verursachten Arbeitsaufwand sollte ebenfalls eine Honorarregelung getroffen werden, da diese Leistungen durch das Grundhonorar nicht abgedeckt werden.

7 Projektentwicklung

7.1
Begriffsbestimmung

Die Begriffe Projektentwicklung, Projektsteuerung, Projektmanagement und Projektleitung werden in der Baupraxis unterschiedlich interpretiert und verwendet. Unter Projektentwicklung im hier verwendeten engeren Sinne wird die Realisierung von eigeninitiierten Gewerbeimmobilien verstanden. Die wesentlichen Aktivitäten reichen dabei von der Projektidee über die Nutzungskonzeption bis hin zur Vermarktung der Immobilie.

7.2
Markt

Projektentwicklung (PE) wird von im wesentlichen von Unternehmen betrieben, die sich auf dieses Marktsegment spezialisiert haben, wie z.B. die Unternehmensgruppe Roland Ernst, Heidelberg; Köllmann AG, Wiesbaden etc. Aber auch Firmen mit großem Grundbesitz, die primär in anderen Branchen tätig sind, haben eigene Tochtergesellschaften gegründet, welchen den über den eigenen Bedarf hinaus gehenden Immobilienbesitz vermarkten, wie z.B. die Deutsche Bahn AG; ABB, Mannheim etc. Dieses innerbetriebliche Management wird als Corporate Real Estate Management (CREM) bezeichnet.

Große Bauunternehmen sind in diesem Bereich ebenfalls aktiv geworden. Grundgedanke war dabei meist, Gewerbeimmobilien für institutionelle Anleger sozusagen aus einer Hand inkl. der Bauausführung anbieten zu können. Dadurch wurden neue Geschäftsfelder parallel zum konventionellen Baumarkt erschlossen, d.h. zusätzliches Auftragsvolumen beschafft.

7.3
Ablauf der Projektbearbeitung

Die Komplexität des Aufgabenbereichs der Projektentwicklung macht es notwendig, jedes Einzelprojekt mit einem kompetenten Projektmanagement zu bestücken, dessen Verantwortungsbereich den eines Bauleiters oder eines Projektleiters im schlüsselfertigen Hochbau beträchtlich übersteigt. Das Geschäftsfeld PE verlangt über die Fachkenntnisse eines Architekten oder Bauingenieur hinaus fundierte Kenntnisse des Immobilienmarktes, des Baurechts sowie Akquisitionsgeschick bei der Vermarktung der Immobilie. Mit entscheidend für den Markterfolg sind eine gründliche Standortanalyse und ein überzeugendes Nutzungskonzept. Die Bauausführung im klassischen Sinne tritt bei diesem Geschäftsbereich mehr oder weniger in den Hintergrund.

7.3.1
Grundstück

Die „Lage" ist der ausschlaggebende Faktor für das Bauprojekt. Das gilt sowohl für Nutzungen als Büroraum wie auch für Verkaufsflächen des Handels. Durch eine Bauvoranfrage muß zunächst geklärt werden, ob das Bauvorhaben in der vorgesehenen Form, mit der geplanten Geschoßflächenzahl (GFZ), dem Bruttorauminhalt (BRI), den Baugrenzen etc. überhaupt genehmigungsfähig ist. Der Bauvorbescheid besitzt im Regelfall eine Gültigkeit von 12 bzw. 24 Monaten, – auf Antrag kann er verlängert werden. Auf der Basis des Bauvorbescheides muß dann geprüft werden, ob die Nutzung des Grundstücks in der vorgesehenen Form vorgenommen werden kann oder ob aufgrund von Nutzungsbeschränkungen eine Änderung der Konzeption erfolgen muß.

Wichtig bei der Bewertung des Grundstücks ist auch, ob Altlasten, d.h. kontaminierter Boden und/oder verunreinigtes Grundwasser, vorhanden sind. Da die Kosten für die Beseitigung von Altlasten schwierig abzuschätzen sind, sollte die Sanierungsverpflichtung nicht vom Projektentwickler übernommen werden, sondern immer beim bisherigen Grundstückseigentümer verbleiben.

Die Sicherung des Grundstücks kann entweder durch Option oder durch Kauf erfolgen. Beim Optionsvertrag sollte eine Klausel enthalten sein, daß dieser erst wirksam wird, wenn die Baugenehmigung bis zu einem bestimmten Zeitpunkt erteilt wurde. Notariell beurkundete Optionsverträge finden häufig dann Anwendung, wenn der Vertragspartner bestimmte Leistungen während der Optionszeit zu erbringen hat. Kaufoptionen haben den Vorteil, daß während der Karenzzeit der Option die Möglichkeit besteht, das Nutzungskonzept und die Verwertungsmöglichkeiten intensiv zu überprüfen. Entscheidungen, die aufgrund Termindrucks „mit der heißen Nadel" gefällt werden, führen häufig zu erheblichen Verlusten. Ergibt die Überprüfung des Konzepts, daß eine Realisierung des Projektes mit unüberschaubaren Risiken verbunden wäre, wird lediglich die Option nicht ausgeübt, d.h. die finanzielle Belastung für den Projektentwickler ist deutlich niedriger als bei einem Kauf des Grundstücks.

Wird für das Grundstück ein Kaufvertrag abgeschlossen, sollte ein Rücktrittsrecht vereinbart werden. Von diesem kann der Käufer, d.h. der Projektentwickler, Gebrauch machen, wenn die Baugenehmigung nicht bis zu einem bestimmtem Zeitpunkt erteilt ist. In jedem Fall muß die uneingeschränkte Verfügbarkeit und Verwertbarkeit des Grundstücks gegeben sein. Bestehende Mietverhältnisse sollten grundsätzlich nicht übernommen werden. Die schon erwähnte Sanierungsverpflichtung bei Altlasten sollte generell beim Verkäufer bleiben.

Häufig werden im Rahmen der Projektentwicklung Kooperationsverträge mit Bauträgern, Eigentümern oder Investoren geschlossen. Diese dienen der gemeinsamen vermarktungsgerechten Entwicklung des Grundstücks. Festzulegen sind u.a. die Kostentragung (Vorkosten, Baukosten etc.) sowie die Risiko- und Erfolgsbeteiligung. Ist ein Bauunternehmen Vertragspartner, muß vereinbart werden, zu welchen Konditionen der GU-Auftrag an dieses erteilt werden soll.

Für Projekte größeren Umfangs werden Objektgesellschaften gegründet, entweder als Gesellschaft bürgerlichen Rechts (GbR) oder als GmbH & Co. KG, wenn die Haftung beschränkt werden soll.

7.3.2
Kostenschätzung

Die Kostenschätzung des vorgesehenen Projektes ist die Grundlage für die nachfolgenden Finanzierungsüberlegungen. Wesentliche Elemente dieser Kostenschätzung sind die Kosten für:

1. Grundstück
- Vorkosten für Standortwahl
- Kaufpreis
- Abbruch/ Räumung der Bauflächen
- Erschließung
- Anschlüsse Ver-/Entsorgung
- Altlastenbeseitigung

2. Planung
- Architekten-Honorar
- Planungskosten Fachingenieure

3. Bau
- Rohbau
- Fassade
- Ausbau
- Außenanlagen

4. Sonstige Kosten
- Bauzinsen
- Eigenkosten PE
- Eigenkosten Projektmanagement
- Aufwendungen für Vermietung/ Verkauf
- Sonderkosten

Auf der Basis der Kostenermittlung wird eine Erlöskalkulation durchgeführt. Dabei wird die voraussichtliche Gesamtjahresmiete ermittelt, – meist unter Hinzuziehung von Mietpreisspiegeln, die z.B. von Maklervereinigungen erstellt werden. Der Abgabepreis für das Projekt ergibt sich aus der Jahresmiete, die mit einem von der Marktsituation abhängigen Faktor multipliziert wird. Die Höhe diese Multiplikators liegt zwischen 13,5 und 15,5.

Beispiel. Ein zur Vermarktung anstehendes Bürogebäude hat eine vermietbare Fläche von 8 000 m^2. Der Mietpreisspiegel weist für den Standort eine erzielbare

Miete zwischen 22.– und 24,50 DM/ m^2 und Monat aus. Für die Ermittlung des Abgabepreises werden 22.– DM/ m^2 zugrunde gelegt. Damit ergibt sich der Abgabepreis bei einem gewählten Multiplikator von 15,0 zu

8 000 m^2 x 22.– DM pro m^2 und Monat x 12 Monate x 15,0 =

$$31\ 680\ 000.–\ \text{DM}.$$

7.3.3
Finanzierung

Eigenmittel für die Finanzierung von PE-Bauvorhaben sollten nur in geringem Umfang eingesetzt werden. Grundsätzlich ist zu prüfen, zu welchen Konditionen Kredite aufgenommen werden können. Die Finanzierung umfaßt den Grundstückskauf, die Zwischenfinanzierung während der Bauausführung sowie die Endfinanzierung. Die voraussichtliche Zinsentwicklung ist zu berücksichtigen.

7.3.4
Nutzungskonzept

Primäres Ziel des Projektentwicklers ist es, eine angemessenen Rendite zu erzielen. Die Nutzungskonzeption muß unter dieser Prämisse die einzelnen maßgeblichen Faktoren eines Projektes zu einem Optimum zusammenzuführen:

– Lage des Grundstücks
– Funktionalität
– Flexibilität der Büroflächennutzung

Der wirtschaftliche Erfolg des Projektentwicklers hängt in erster Linie davon ab, ob das von ihm angebotene Projekt vom Markt angenommen wird, d.h. daß langfristige Mietverträge abgeschlossen werden bzw. das komplette Bauvorhaben einen Käufer findet. Zum Zeitpunkt des Grundstückserwerbs und der Ausarbeitung der Nutzungskonzeption steht in aller Regel der spätere Nutzer noch nicht fest. Die Planung erfolgt für den sog. anonymen Nutzer. Es geht in diesen Fällen darum, ein Nutzungskonzept mit hoher Flexibilität, z.B. bei der Raumaufteilung, zu erarbeiten. Bürogebäude werden häufig bezugsfertig angeboten. Die „Adresse" des Standortes, die architektonische Gestaltung der Fassade und der Außenanlagen sowie die Büroausstattung prägen das Erscheinungsbild der Immobilie entscheidend. Darüber hinaus spielen auch Fragen der Verkehrsanbindung (Öffentlicher Personennahverkehr, Parkplätze) eine wichtige Rolle.

Für den Mieter spielen neben den reinen Mietkosten selbstverständlich auch die Nebenkosten eine wichtige Rolle. Der Architekt muß also darauf achten, eine Bauweise mit möglichst geringen Folgekosten (z.B. Verzicht auf eine aufwendige Klimaanlage) zu wählen. Die Qualität der Bausubstanz hat direkte Auswirkungen auf die Unterhaltungs- und spätere Instandsetzungskosten.

7.3.5
Vermarktung

Der Immobilienmarkt ist gekennzeichnet durch relativ starke Schwankungen bei Angebot und Nachfrage. Eine Immobilie wird sich um so leichter vermarkten lassen, je überzeugender das Nutzungskonzept ist. Je schwächer der Immobilienmarkt ist, um so größer müssen zwangsläufig die Akquisitionsbemühungen des Projektentwicklers sein, solvente Nutzer für sein Bauvorhaben zu gewinnen. Handelt es sich um Bürogebäude, bieten sich als potentielle Kunden an:

- Steuerberater, Ärzte, Anwälte und Unternehmensberater für Einzelbüros
- Firmen als Mieter oder Käufer des gesamten Komplexes
- Kapitalanleger (Versicherungen, Fondsgesellschaften, Pensionskassen, Vermögensverwaltungen)

8 Bauverfahren

8.1
Erdarbeiten

Erdarbeiten fallen bei nahezu jeder Baumaßnahme an. Die Palette reicht dabei vom einfachen Aushub für Entwässerungsleitungen oder Fundamente über die Hinterfüllung von Bauwerken (z.B. Brückenwiderlager) bis hin zum Bau von Staudämmen. Unter anderem haben hohe Lohnkosten dazu geführt, daß immer leistungsfähigere Baumaschinen entwickelt wurden. Der Einsatz von Großgeräten ist ein typisches Merkmal für den modernen Erdbau. Hilfspersonal wird nur noch in geringem Umfang eingesetzt, wie z.B. bei kleineren Nachbesserungsarbeiten.

8.1.1
Technische Spezifikationen

Wichtige Regelwerke für Erdarbeiten sind:

- ZTVE-StB: Zusätzliche Technische Vorschriften und Richtlinien für Erdarbeiten im Straßenbau
- Allgemeine Technische Vertragsbedingungen für Bauleistungen (ATV) Erdarbeiten – DIN 18 300

Der Inhalt der DIN 18 300 ist, wie auch die anderen die Bauausführung betreffenden DIN-Vorschriften, in folgende Abschnitte gegliedert:

    0 Hinweise für das Aufstellen der Leistungsbeschreibung
    1 Geltungsbereich
    2 Stoffe, Bauteile; Boden und Fels
    3 Ausführung
    4 Nebenleistungen, Besondere Leistungen
    5 Abrechnung

Die Auswahl der einzusetzenden Baugeräte hängt im wesentlichen von der Bodenart, den Transportentfernungen sowie der Art der auszuführenden Erdbewegung ab. Bei jeder größeren Baumaßnahme muß deshalb ein Bodengutachten erstellt und der Leistungsbeschreibung beigefügt werden. Der anstehende Boden muß hinsichtlich seiner Eigenschaften so detailliert beschrieben werden, daß die Bauunternehmen ihr Angebot entsprechend kalkulieren können. Die Einstufung von Boden und Fels erfolgt gemäß Punkt 2.3 in insgesamt 7 Klassen, wobei für

die Einteilung der Zustand des Bodens beim Lösevorgang maßgeblich ist. Ober-
boden, in der Baupraxis meist als Mutterboden bezeichnet, wird unabhängig von
seinem Zustand beim Lösen als eigene Bodenklasse behandelt.

Tabelle 17 Einstufung von Boden und Fels gemäß DIN 18300

Klasse 1: Oberboden	Oberste Schicht des Bodens, die neben anorganischen Stoffen, z.B. Kies-, Sand-, Schluff- und Tongemischen, auch Humus und Bodenlebewesen enthält.
Klasse 2: **Fließende Bodenarten**	Bodenarten, die von flüssiger bis breiiger Beschaffenheit sind und die das Wasser schwer abgeben.
Klasse 3: **Leicht lösbare Bodenarten**	Nichtbindige bis schwachbindige Sande, Kiese und Sand-Kies-Gemische mit bis zu 15% Beimengungen an Schluff und Ton (Korngröße kleiner als 0,06 mm) und mit höchstens 30% Steinen von über 63 mm Korngröße bis zu 0,01 m^3 Rauminhalt *). Organische Bodenarten mit geringem Wassergehalt, z.B. feste Torfe.
Klasse 4: **Mittelschwer lösbare Bodenarten**	Gemische von Sand, Kies, Schluff und Ton mit mehr als 15% der Korngröße kleiner als 0,06 mm. Bindige Bodenarten von leichter bis mittlerer Plastizität, die je nach Wassergehalt weich bis halbfest sind und die höchstens 30% Steine von über 63 mm Korngröße bis zu 0,01m^3 Rauminhalt *) enthalten.
Klasse 5: **Schwer lösbare Bodenarten**	Bodenarten nach den Klassen 3 und 4, jedoch mit mehr als 30% Steinen von über 63 mm Korngröße bis zu 0,01 m^3 Rauminhalt. Nichtbindige und bindige Bodenarten mit höchstens 30% Steinen von über 0,01 m^3 bis 0,1 m^3 Rauminhalt *). Ausgeprägt plastische Tone, die je nach Wassergehalt weich bis halbfest sind.

Klasse 6: **Leicht lösbarer Fels und vergleichbare Bodenarten**	Felsarten, die einen inneren, mineralisch gebundenen Zusammenhalt haben, jedoch stark klüftig, brüchig, bröckelig, schiefrig, weich oder verwittert sind, sowie vergleichbare feste oder verfestigte bindige oder nichtbindige Bodenarten, z.B. durch Austrocknung, Gefrieren, chemische Bindungen. Nichtbindige und bindige Bodenarten mit mehr als 30% Steinen von über 0,01 m^3 bis 0,1 m^3 Rauminhalt *).
Klasse 7: **Schwer lösbarer Fels**	Felsarten, die einen inneren, mineralisch gebundenen Zusammenhalt und hohe Gefügefestigkeit haben und die nur wenig klüftig oder verwittert sind. Festgelagerter, unverwitterter Tonschiefer, Nagelfluhschichten, Schlackenhalden der Hüttenwerke und dergleichen. Steine von über 0,1 m^3 Rauminhalt *)

*) 0,01 m^3 Rauminhalt entspricht einer Kugel mit einem Durchmesser von ca. 0,3 m.

0,1 m^3 Rauminhalt entspricht einer Kugel mit einem Durchmesser von ca. 0,6 m.

Die Einteilung nach Klassen soll bei der Ausführung helfen, Unstimmigkeiten bei der Beurteilung weitgehend zu vermeiden. In der Praxis zeigt sich immer wieder, daß Baugrunduntersuchungen aufgrund ihres Stichprobencharakters die tatsächlichen Bodenverhältnisse nur bedingt zutreffend wiedergeben. Abweichungen bei den Bodenverhältnissen führen zu Änderungen des Bauablaufs oder beim Geräteeinsatz, was meist mit Mehraufwand, d.h. Mehrkosten verbunden ist. Die Bauleitung des AN und die Bauüberwachung des AG müssen in solchen Fällen eine einvernehmliche Regelung für die Mehrkostenerstattung finden. Unter Punkt 3.5.3 heißt es dazu:

> Werden beim Abtrag von der Leistungsbeschreibung abweichende Bodenverhältnisse angetroffen oder treten Umstände ein, durch die die vereinbarten Abtragsquerschnitte nicht eingehalten werden können, so sind die erforderlichen Maßnahmen gemeinsam festzulegen; diese sind Besondere Leistungen.

Die Leistungsbeschreibung bei Erdarbeiten muß gemäß Punkt 0.2.3 Angaben über eventuell vorhandene Schadstoffbelastungen enthalten. Besteht ein Verdacht auf Kontaminationen, dann sind entsprechend sorgfältige Voruntersuchungen durchzuführen. Sind Art und Umfang der Schadstoffbelastung bekannt, ist auch das Behandlungsverfahren für die Altlast bzw. der Entsorgungsweg (inkl. Entfernungsangabe bis zur nächstgelegenen Deponie) mit in die Ausschreibung aufzunehmen.

Die Abrechnung der Erdarbeiten kann entweder in m^3 (in „gewachsenem" bzw. verdichtetem Zustand) oder nach m^2 der eingebauten und verdichteten Flächen erfolgen.

Punkt 0.5 Abrechnungseinheiten:

Im Leistungsverzeichnis sind die Abrechnungseinheiten wie folgt vorzusehen:

> (Absatz 1) Abtrag, Aushub, Fördern, Einbau nach Raummaß (m^3) oder nach Flächenmaß (m^2), getrennt nach Boden- und Felsklassen oder sonstigen Stoffen sowie gestaffelt nach Längen der Förderwege, soweit 50 m Förderweg überschritten werden.

Die Abrechnung erfolgt anhand der Ausführungszeichnungen mittels EDV. Auch komplizierte Erdkörper wie z.B. höhengleiche Kreuzungen mit Verzögerungs- und Beschleunigungsspuren lassen sich mit den zur Verfügung stehenden Rechenprogrammen problemlos für die Mengenermittlung erfassen. In Einzelfällen, wie z.B. beim Antreffen von Hindernissen im Boden (Mauerreste, alte Betonfundamente etc.) werden manuelle Aufmaße vorgenommen.

Überschreitet der Förderweg 50 m, sind entsprechende Positionen für die mittlere Länge des Förderweges in das LV aufzunehmen. Bei Großbaustellen wie z.B. dem Neubau der ICE-Strecken kann die Transportentfernung für den Boden aus den Abtrags- in die Auftragsstrecken bzw. auf die Zwischenlagerflächen durchaus mehrere Kilometer betragen. Analog gilt dies auch für Boden, der für einen Wiedereinbau nicht geeignet ist und deshalb auf eine Bauschutt-/ Erdaushubdeponie zu verbringen ist.

Der Standardleistungskatalog für den Straßen- und Brückenbau (STLK) sieht im Leistungsbereich 106 Erdbau folgende Staffelung der Förderwege vor:

> Mittlere Länge des Förderweges bis 0,25 km
>   über 0,25 bis 0,5 km
>   über 0,5 bis 1 km
>   über 1 bis 2,5 km
>   über 2,5 bis 5 km
>   freie Textwahl (bei mehr als 5 km mittlerer Förderweite)

Es ist grundsätzlich Aufgabe des Bauunternehmens, die Geräteauswahl zu treffen, mit denen die geforderten Erdarbeiten ausgeführt werden sollen. Dazu heißt es unter Punkt 3.1.1:

> Die Wahl des Bauverfahrens und -ablaufs sowie die Wahl und der Einsatz der Baugeräte sind Sache des Auftragnehmers.

Der Auftraggeber bzw. seine örtliche Bauüberwachung haben allerdings dann eine Eingriffsmöglichkeit in die Gerätedisposition des Auftragnehmers, wenn dieser aufgrund mangelnder Gerätekapazität mit seiner Leistung in Verzug geraten ist. In diesem Fall wird der AG einen verstärkten Geräteeinsatz fordern.

Bei großen Erdbaumaßnahmen ist eine Baustellenbegehung unbedingt erforderlich. Anhand des Baugrundgutachtens liegen erste Informationen bezüglich der Klassifizierung der Bodenarten und der Grundwasserstände vor. Die Begehung dient dazu, die örtlichen Gegebenheiten in Augenschein zu nehmen (Einschnitt-, Auftragsbereiche, Seitenentnahmen). Die ausgeschriebenen Förderweiten sind für die Hauptmassen stichprobenartig zu prüfen. Die Fahrwege sind auf ganzjährige Befahrbarkeit, Steigungsverhältnisse etc. zu überprüfen. Zwangspunkte auf dem Fahrweg wie z.B. Kunstbauwerke (Brücken, Durchlässe) sind in Übersichtsskizzen festzuhalten, damit daraus resultierende verlängerte Förderweiten oder Behinderungen des Bauablaufs in der Kalkulation und im Bauablaufplan berücksichtigt werden können.

Ist eine ganzjährige Befahrbarkeit der Transportwege nicht gegeben, muß überlegt werden, mit welchen technischen Mitteln diese sichergestellt werden kann, z.B. durch den Einbau von Geotextilien oder einer Mineralgemischschicht. Unter Umstände kann auch die Verfestigung von Teilbereichen notwendig werden.

8.1.2
Ausschreibungstexte Erdarbeiten

Der weit überwiegende Teil aller Ausschreibungen für Erdarbeiten erfolgt mittels standardisierter Texte. Die Teilleistungen werden dabei im Sinne des §9 VOB/A klar und eindeutig beschrieben. Der zu erbringende Umfang der Leistung ist damit zum Zeitpunkt der Kalkulation präzise erfaßbar. Bei einer sorgfältigen Ausschreibung unter Verwendung von Standardleistungstexten dürften während der Ausführung und bei der Abrechnung eigentlich keine Streitigkeiten zwischen Auftraggeber (AG) und Auftragnehmer (AN) auftreten.

Für die Ausschreibung stehen zwei Sammlungen von standardisierten Texten zur Verfügung:

- STLK Standardleistungkatalog für den Straßen- und Brückenbau,
  Leistungsbereich 106 Erdbau;
- StLB Standardleistungsbuch für das Bauwesen,
  Leistungsbereich (LB) 002 Erdarbeiten.

Die Ausschreibungsunterlagen werden von der Bauverwaltung selbst oder von Ing.-Büros erstellt. Die bauausführenden Unternehmen beschränken sich meist auf stichprobenartige Kontrollen der ausgeschriebenen Mengen bei den Schlüsselpositionen. Bei Funktionalausschreibungen muß jeder einzelne Bieter die komplette Mengenermittlung selbst durchführen. Wegen der Pauschalierung der Angebotssumme kommt es auf eine möglichst genaue Erfassung der zu erbringenden Erdbauleistungen an, da das Mengenrisiko beim Bieter bzw. dem späteren Auftragnehmer liegt.

8.1.2.1
Ausschreibungstext gemäß STLK

Im folgenden sind einige STLK-Ausschreibungstexte im Langtext aufgeführt. Diese enthalten die ausführliche Beschreibung der auszuführenden Leistung. Das Angebot wird mittels EDV erstellt, wobei die Einheitspreise in ein Kurztext-Verzeichnis eingetragen werden.

Tabelle 18 Ausschreibungsmuster im Erdbau

OZ	Beschreibung der Teilleistungen	StL-Nr
1.2.001	Boden lösen und einbauen	106 212 0813 0001
	700 000 m^3 Boden aus Abtragsbereichen profilgerecht lösen, innerhalb der Baustelle fördern, in den Auftragsbereichen profilgerecht einbauen und verdichten.	
(1.08)	Klasse 3 bis 6.	
(3.1)	Vertiefungen, die durch Aushub ungeeigneten Bodens oder Abbruch von baulichen Anlagen entstanden sind, verfüllen.	
(4.3)	Bauwerke hinterfüllen und ggf. überschütten sowie Leitungsgräben verfüllen.	
(7.01)	Abgerechnet wird nach Abtragsprofilen.	

Hinweis zur OZ 1.2.005
Boden auf Auffüllflächen.

1.2.005	Boden lösen und weiterverwenden	106 217 1001 0001

100 000 m^3
Boden aus Auftragsbereichen profilgerecht lösen,
(1.10) Klasse 2 bis 5.
(4.1) Boden innerhalb der Baustelle fördern und nach Angabe des AG einbauen.
(8.1) Abgerechnet wird nach Abtragsprofilen

8.1.2.2
Funktionalausschreibungen im Erdbau

In der Funktionalausschreibung werden vom AG nur wenige, meist allgemein gehaltene Informationen zur Verfügung gestellt. Diese betreffen die Trassenführung, z.B. bei einer Autobahn-Neubaustrecke, mit Angaben, welche Abschnitte Einschnitte bzw. Dammlagen sind und welche Kunstbauten von der Trasse berührt werden (Tunnel, Stützmauern, Brücken, Durchlässe). Darüber hinaus sind generelle Forderungen enthalten, z.B. daß der Bieter für einen Massenausgleich sorgen, Zusatzmassen beibringen bzw. Überschußmassen beseitigen muß. Einzelheiten zur Geologie sind dem geologischen Längsprofil bzw. dem Baugrundgutachten zu entnehmen. Auf eventuelle Altlasten wird gesondert hingewiesen, um dem AN kein unzumutbares Risiko aufzubürden.

Zu den eigentlichen Erdarbeiten werden in der Funktionalausschreibung ebenfalls nur wenige Angaben gemacht. Diese betreffen die Forderung, daß sämtliche Erdarbeiten unter Einhaltung der gängigen Vorschriften ordnungsgemäß ausgeführt werden müssen und daß über die erreichte Tragfähigkeit ein Nachweis zu führen ist. Ansonsten beschränkt sich der Ausschreibungstext meist auf die Formulierung, daß die Herstellung des Erdkörpers bis Oberkante (OK) Planum respektive bis Unterkante (UK) Oberbau vorzunehmen ist. Es ist offenkundig, daß die gesamte Mengenermittlung für den Erdbau von den Bietern durchgeführt werden muß. Häufig fehlen aber in den Bauunternehmen Mitarbeiter, die aufgrund ihrer Ausbildung und Berufserfahrung in der Lage sind, solche sicher nicht ganz einfachen Mengenermittlungen durchzuführen. In solchen Fällen müssen die Bieter auf fachkundige Ing.-Büros zurückgreifen.

8.1.3
Bauverfahren im Erdbau

Erdarbeiten lassen sich in folgende Teilleistungen gliedern:

- Lösen,
- Laden,
- Transportieren,
- Abkippen/ Entladen,
- Einbauen/ Verdichten.

Der Hydraulikbagger auf Raupen ist das typische Gerät zum Lösen und Laden auf sämtlichen größeren Erdbaustellen (Bild 8.1-1). Übliche Betriebsgewichte liegen zwischen 30 und 65 t, die Motorleistung zwischen 150 und 350 kW. Als Antriebssystem hat sich die Hydraulik durchgesetzt: für das Fahrwerk, für das Drehwerk sowie für Einzelantriebe. Die Motorleistung läßt sich dank Turbokupplungen und Drehmomentwandler in voller Höhe nutzen.

Die Hydraulikbagger lassen sich, ohne Umbauten vornehmen zu müssen, mittels Tieflader auf dem öffentlichen Verkehrswegenetz zu den einzelnen Baustellen transportieren. Hydraulikbagger werden in der Standardausführung mit Monoblockausleger und Tieflöffel ausgestattet. Für weitere Einsätze gibt es eine Fülle von Zusatzausrüstungen, die mit wenigen Handgriffen umgerüstet werden können. Z.B. wird statt des Tieflöffels eine Klappschaufel eingesetzt, wenn der Bodenaushub „vor der Wand" erfolgen soll. Ein weiteres, häufig eingesetztes Zusatzgerät ist der Profil- oder Grabenlöffel. Mit diesem kann der Hydraulikbagger zum Planieren von Böschungen eingesetzt werden.

Im Steuer- und Regelbereich hat sich bei den Baggern die Elektronik durchgesetzt. Wichtig für eine lange Lebensdauer und für die Verfügbarkeit des Gerätes sind eine ordnungsgemäße und termingerechte Wartung und Instandsetzung. Die elektronische Datenerfassung im Bedienungsstand des Baggers gibt hier entsprechende Hinweise auf anstehende Wartungsdienste. Darüber hinaus werden auch betriebliche Details wie z.B. effektive Einsatzzeiten des Baggers auf der Baustelle etc. erfaßt.

Die Leistungsfähigkeit des Baggers ist von einer Reihe von Faktoren abhängig, wie z.B.:

- Lösbarkeit des Bodens,
- Füllungsgrad des Tieflöffels,
- Materialauflockerung.

Der Hydraulikbagger als Ladegerät und LKW's als Transportgeräte sind immer als maschinentechnische Einheit zu sehen (Bild 8.1-1). Der Bodentransport erfolgt im LKW-Betrieb, bei Großbaustellen mittels Dumpern und Muldenkippern.

Bild 8.1-1 Hydraulikbagger und Dumper im Erdbaueinsatz (CATERPILLAR)

Gängige Fahrzeuggrößen sind:

	Nutzlast	Motorleistung
LKW (4-Achser)	20 t	200-250 kW
Dumper	22 t	200-250 kW
Muldenkipper	40 t	250-350 kW

Muldenkipper und Dumper sind für den normalen Straßenverkehr nicht zugelassen und müssen mit Tiefladern zur Baustelle transportiert werden (genehmigungspflichtiger Sondertransport). Der Einsatz erfolgt ausschließlich im Baustellenbereich. Die Leistung der Gerätegruppe Bagger/Ladegerät wird durch die Ladespielzeiten, die Wechselzeiten und das Ladevolumen der Transportfahrzeuge beeinflußt. Die Ladespielzeit des Baggers umfaßt dabei die Zeit für das Lösen des Bodens, das Anheben und Schwenken des Tieflöffels, den Ladevorgang sowie das Zurückschwenken des Auslegers in die Ausgangsposition. Die Wechselzeit der Transportgeräte ist der Zeitraum für das Heranfahren in den Ladebereich, für die Beladung selbst und für das Verlassen des Ladebereichs. Bei günstigen Platzverhältnissen und einer eingespielten Crew beträgt die Wechselzeit für ein Fahrzeug rd. 20 sec.

Die Zahl der einzusetzenden Fahrzeuge für den Bodentransport läßt sich aufgrund von Erfahrungswerten und empirischen Formeln abschätzen. Auf der Baustelle müssen diese Festlegungen aber sorgfältig überprüft werden, weil die Vielzahl der Einflußfaktoren und ihre Auswirkungen auf den Baubetrieb sich auf theoretischem Wege nicht genau genug erfassen lassen. Bei Abweichungen von der Soll-Leistung muß zügig Abhilfe, z.B. durch Beistellung weiterer LKW, geschaffen werden.

Maßgeblich für den Geräteeinsatz sind letztlich die örtlichen Gegebenheiten sowie die Bodenmengen, die in der verfügbaren Bauzeit zu bewegen sind. Erdarbeiten sind in starkem Maße witterungsabhängig. Deswegen müssen bei der Gerätedisposition auch zu erwartende witterungsbedingte Ausfallzeiten berücksichtigt werden.

Der abgekippte bzw. entladene Boden wird flächig von einer Planierraupe verteilt (Bild 8.1-2). Planierraupen besitzen ein Kettenlaufwerk und ein Planierschild, mit dem die Grobverteilung des Bodens erfolgt. Der Schubrahmen für das Schild ist bei den meisten Geräten außenliegend. Das Schild selbst kann bei einigen Gerätetypen mechanisch geschwenkt werden, um auch einen seitlichen Materialtransport vornehmen zu können. Der wirtschaftlich vertretbare Aktionsradius liegt für eine Planierraupe bei etwa 50 bis 60 m. Gängige Gerätegrößen sind:

- Antriebsleistung: 170-225 kW
- Betriebsgewicht: 25-35 t

Der häufigste Einsatz für Planierraupen ist die Herstellung des Grobplanums auf der freien Strecke und auch bei der Hinterfüllung von Bauwerken. Zur Standardausrüstung einer Raupe gehört meist auch ein Heckaufreißer. Dieser besteht aus einer oder mehreren Reißzähnen, den sog. Rippern. Damit können fest gelagerte Böden und Fels soweit aufgerissen und aufgelockert werden, daß sie anschließend mittels Bagger geladen werden können.

Schürfkübelraupen sind Erdbewegungsmaschinen auf einem Raupenfahrwerk, die folgende Verfahrensschritte in sich vereinen:

- Lösen,
- Laden,
- Transportieren,
- Entladen,
- Verteilen.

Zwischen den Achsen des Gerätes befindet sich der Materialkübel (Schürfkübel), der für den Ladevorgang hydraulisch abgesenkt wird. Während der Vorwärtsfahrt wird der Boden in den Kübel geschürft. Das beladene Gerät fährt ohne fremde Unterstützung zur Einbaustelle. Der Entladevorgang ist so steuerbar, daß die gewünschte Schichtdicke eingebaut werden kann.

Bild 8.1-2 Planierraupe beim Verteilen des Bodens (LIEBHERR)

Bei Großbaustellen mit großen Erdbewegungen und großen Transportentfernungen kommen Scraper zum Einsatz (Bild 8.1-3). Scraper sind zugleich Zug- und Schürfeinheit. Gemeinsam mit einer Planierraupe arbeiten Scraper im sog. push-pull-Betrieb. Zunächst wird dabei der Schürfkübel zum Laden des Bodens abgesenkt. Mit Schubunterstützung durch die Planierraupe erfolgt während der Vorwärtsfahrt die Füllung des Materialkübels. Wie beim Schürfkübelbetrieb ist auch hier die lagenweise Entleerung des Kübels möglich. Eine Sonderform des Scrapers ist der Elevator-Scraper. Er belädt sich, bei vergleichweise kleinerem Kübelinhalt gegenüber dem Scraper, selbst. Für den Ladevorgang ist im Prinzip also keine Raupe als Schubeinheit notwendig. Es sollte aber auch beim Elevatoreinsatz eine Planieraupe vorgehalten werden, die zum einen die Abtragsflächen planiert und zum anderen im Bedarfsfall zum pushen eingesetzt werden kann.

Scraper und Schürfkübelraupen erfordern sehr hohe Investititonen und sind daher im Regelfall nur bei entsprechend großen Baumaßnahmen wirtschaftlich einsetzbar. Ein wirtschaftlicher Einsatz kann auch gegeben sein, wenn z.B. bei bindigen Böden eine Bodenverbesserung vorgenommen werden muß, weil man dann eine Bodenfräse einsparen kann.

Bild 8.1-3 Scraper beim Bodentransport (CATERPILLAR)

Das Haupteinsatzgebiet von Scrapern ist der Auslandsbau. Im Inland wird der Erdbau fast ausschließlich mit Muldenkippern, Dumpern und LKW als Transportgeräten ausgeführt.

Nach dem Einbau und dem Herstellen des Grobplanums wird das Feinplanum hergestellt. Beim Grobplanum kommen sowohl Planierraupen als auch Grader als Baugeräte zum Einsatz. Beim Feinplanum kommen ausschließlich Grader zum Einsatz (Bild 8.1-4). Bei diesen ist zwischen den Achsen die sog. Schar angeordnet, die hinsichtlich des Schnittwinkels und auch bezüglich der Schnitthöhe hydraulisch verstellbar ist. Durch die mittige Anordnung der Schar läßt sich das Feinplanum mit relativ wenigen Übergängen profilgerecht herstellen. Das geforderte Quergefälle im Planum ist mittels Nivellierautomatik am Gerät einstellbar. Die Höhenabtastung des Graders erfolgt meist mit Hilfe eines Lasers. Übliche Gerätegrößen bei Gradern sind:

- Antriebsleistung: 100-120 kW
- Betriebsgewicht: 15-20 t
- Scharbreite: 3,65 m

Durchschnittliche Flächenleistungen sind beim Grobplanum rd. 800-1 000 m²/ h, beim Feinplanum 400-500 m²/h.

Die Verdichtung des Bodens hat zum Ziel, die Tragfähigkeit soweit zu erhöhen, daß später nahezu keine Setzungen mehr auftreten können. Wesentlich wirkungsvoller als eine statische Verdichtung ist die dynamische Verdichtung.

Bild 8.1-4 Grader beim Herstellen des Grobplanums (CATERPILLAR)

Durch ein rotierendes Umwuchtsystem werden Zentrifugalkräfte erzeugt, die eine Kornumlagerung bewirken. Diese Umlagerung der Körner führt zu einer dichteren Lagerung des Korngemisches und damit zu einer Reduzierung des Hohlraumgehaltes. Dadurch werden spätere Verformungen weitgehend verhindert und die Tragfähigkeit des Bodens steigt deutlich an.

Die Verdichtungsleistung ist von der Bodenart, der Kornform und der Kornzusammensetzung (Körnungskurve) abhängig. Gerätetechnisch bedingt sind die Tiefenwirkung der Verdichtungsgeräte und damit die verdichtbaren Schichtdicken begrenzt. Je nach bodenspezifischen Gegebenheiten sind also nur bestimmte maximale Schichtdicken noch ordnungsgemäß verdichtbar.

Im Erdbau sind Tandem-Vibrationswalzen gängige Verdichtungsgeräte (Bild 8.1-5). Sie besitzen zwei gleich große Bandagen. Der hydrostatische Fahrantrieb gewährleistet ein ruckfreies Anfahren und Bremsen. Das Vibrationssystem ist meist mit zwei unterschiedlichen Frequenzen ausgestattet, wodurch eine Anpassung an unterschiedliche Bodenarten und Schichtdicken ermöglicht.

Ein weiteres Gerät für die Bodenverdichtung ist die Anhängewalze. Es kann entweder eine Glattmantel-Bandage oder eine mit sog. Schaffüßen bestückte Bandage eingesetzt werden. Die glatte Bandage verwendet man bei nichtbindigen bzw. schwach bindigen Böden. Schaffußwalzen werden bei bindigen Böden, insbesondere im Deponiebau eingesetzt (Bild 8.1-6), weil hier durch die knetende Wirkung der Schaffüße eine innige Verzahnung des bindigen Bodenmaterials und damit eine gute Verdichtungswirkung erzielt wird.

Bild 8.1-5: Tandem-Vibrationswalze (BOMAG)

Auf Großbaustellen werden für die Verdichtung auch Walzenzüge eingesetzt. Die Vorderachse ist mit einer Vibrationsbandage ausgestattet, während die Hinterachse eine Gummibereifung besitzt. Zur Verbesserung der Manövrierfähigkeit besitzen Walzenzüge meistens eine Knicklenkung. Die Vibration ist wie bei den Tandemwalzen auf zwei Frequenzen umschaltbar.

Flächenleistungen:

- Tandem-Vibrationswalze $400\text{-}800 \; \text{m}^2$
- Walzenzüge $600\text{-}1\,200 \; \text{m}^2$

Kleingeräte wie Vibrationsstampfer, Rüttelplatten oder handgeführte Doppel-Vibrationswalzen kommen nur bei beengten Platzverhältnissen, wie z.B. bei der Hinterfüllung von Schächten oder Bauwerksteilen und beim Verfüllen von Leitungsgräben zum Einsatz.

Eine gleichmäßig gute Verdichtung des Bodens ist ausschlaggebend für die Funktionsfähigkeit des Erdkörpers bzw. des gesamten Fahrweges (Autobahn, ICE-Strecke). Die Kontrolle mittels Lastplattenversuch ist zeitraubend und hat lediglich Stichprobencharakter. Die Ergebnisse sind nur mit einem gewissen zeitlichen Verzug verfügbar. Bei den meist knapp bemessenen Bauzeiten kommt es aber darauf an, möglichst sofort nach Abschluß der Verdichtungsarbeit flächendeckende Ergebnisse zu bekommen. Dies wird durch die kontinuierliche Messung der Bodenreaktionskräfte, die den Verdichtungsgrad widerspiegelt,

Bild 8.1-6 Schaffußwalze (BOMAG)

ermöglicht. Die Meßergebnisse können via Bildschirm oder per Ausdruck begutachtet werden. Dem Walzenfahrer wird der Grad der erreichten Verdichtung in seiner Fahrerkabine angezeigt. Eventuell nicht ausreichend verdichtete Teilflächen können schnell lokalisiert und anschließend sofort nachverdichtet werden.

Lassen sich gewisse Bereiche trotz intensiven Walzens nicht ausreichend verdichten, muß entweder ein Bodenaustausch oder eine Bodenverbesserung vorgenommen werden. Beim Bodenaustausch wird der gesamte nicht verdichtungsfähige Boden ausgehoben und entweder großflächig auf einer Seitenablagerung verteilt oder auf eine Erdaushub-Deponie gebracht.

Bei den Bodenverbesserungsverfahren unterscheidet man zwischen Mixed-in-place- und Mixed-in-plant-Verfahren. Bei der Mixed-in-place-Methode wird auf die zu verbessernden Flächen Kalk oder Zement dosiert aufgegeben. Kalk verwendet man meistens dann, wenn ein zu hoher Wassergehalt im Boden vorliegt. Mit Zement läßt sich häufig auch eine deutliche Verbesserung der Tragfähigkeit erzielen. Der Arbeitsablauf einer Mixed-in-place-Vefestigung gliederrt sich in die Schritte:

- Verteilen,
- Einfräsen,
- Verdichten.

Beim Mixed-in-plant-Verfahren wird der zu verfestigende Boden ausgehoben und in einer Mischanlage z.B. mit Zement nach einer vorgegebenen Rezeptur vermischt. Dank der präzise arbeitenden Dosiertechnik erfüllt das nach dieser Methode hergestellte Boden/ Zementgemisch hohe Qualitätsanforderungen. Das Material läßt sich mit einem normalen Straßenfertiger einbauen, wobei die Einbaudicke auf rd. 20 cm begrenzt ist. Der Fertiger wird häufig beim Einbau der obersten Zone der Frostschutzschicht im Straßenbau eingesetzt.

Eine weitere Methode der Baugrundverbesserung ist der Einsatz von Tiefenrüttlern (Bild 8.1-7). Der Rüttler wird unter Zugabe von Wasser, das an der Rüttlerspitze austritt, bis auf die gewünschte Tiefe gebracht. Während der Rüttler allmählich wieder nach oben gezogen wird, erfolgt durch die Vibration des Rüttlers eine dichtere Lagerung des Bodens. Beim Rüttelvorgang entstehen Trichter an der Oberfläche der zu verdichtenden Schicht. Diese werden meist mit zusätzlichem körnigen Material aufgefüllt. Für diese Arbeiten werden häufig kleinere Radlader eingesetzt. Es sind dies Allround-Ladegeäte mit Knicklenkung. Die verdichtete Zone hat einen Durchmesser von etwa 2 bis 4m. Durch eine räumliche Überschneidung der zylindrischen Rüttelkörper können durchgängige Zonen mit einer verbesserten Tragfähigkeit geschaffen werden.

Welches Bauverfahren für die Baugrundverbesserung eingesetzt wird, hängt neben den örtlichen Gegebenheiten entscheidend von den Kosten des Geräteeinsatzes ab. Bei sehr großen und hohen Dämmen z.B. im Verkehrswegebau kann, nicht zuletzt aus Kostengründen, auch eine sog. statische Vorbelastung zum Tragen kommen. Der Dammkörper wird mit einem rechnerisch ermittelten Maß überhöht hergestellt. Die Langzeitsetzungen im Untergrund der Dammaufstandsfläche klingen dadurch relativ schnell ab. Der Wasserentzug aus dem Dammkörper erfolgt durch vertikal angeordnete Drainagen. Nach Abklingen der Setzungen erfolgt das Abschieben des überschüssigen Bodenmaterials bis auf das Soll-Profil des Damms.

Bei großen Erdbewegungen kann auch unter bestimmten Voraussetzungen das Spülverfahren zum Einsatz kommen. Dazu müssen geeignete Bodenarten in ausreichender Menge und auch außerhalb der Trasse genügend Flächen vorhanden sein, um einen Spülbetrieb einrichten zu können. Das Bodenmaterial wird aus einer Seitenentnahme mittels Saugbagger gelöst. Der Transport des Sand/Wasser-Gemisches erfolgt durch eine Rohrleitung. Diese führt von der Seitenentnahme zu den jeweiligen Einbaustellen. Die Einbaustellen liegen innerhalb der Trasse. Sie bestehen aus jeweils einem mit einem Randdamm umschlossenen Spülfeld. Die Spülfelder werden mit einem gewissen Gefälle ausgeführt, damit das lediglich für den Transport benötigte Wasser schnell abfließen kann. Das Wasser wird zum Entnahmebereich zurückgeführt. Das Spülverfahren ermöglicht hohe Stundenleistungen und kann praktisch kontinuierlich im 24h-Betrieb gefahren werden.

Bild 8.1-7 Einsatz eines Tiefenrüttlers (BAUER)

8.2
Brückenbau

Im Bereich der Bundesfernstraßen, d.h. Bundesautobahnen und Bundesstraßen, gibt es rund 34 000 Brücken. Davon haben laut Statistik ca. 65% eine Stützweite von weniger als 30 m. Knapp 6% zählen mit Stützweiten von mehr als 500 m zu den Großbrücken. Der Bestand nach Brückenfläche gibt einen Überblick über den Anteil der Bauarten Spannbeton, Stahlbeton, Stahlbau und Stahlverbundbau (Zahlen gerundet):

Tabelle 19 Anteil an der Brückenfläche nach Art der Ausführung

	%
Spannbeton	68
Stahlbeton	20
Stahl	8
Stahlverbund	4

8.2.1
Technische Spezifikationen

Die ATV DIN 18 331 Beton- und Stahlbetonarbeiten enthält einige Regelungen, die auch für den Brückenbau relevant sind. Auszugsweise werden diese im folgenden aufgeführt.

> 0.5 Abrechnungseinheiten
> Im Leistungsverzeichnis sind die Abrechnungseinheiten wie folgt vorzusehen:
>
> 0.5.1 Raummaß (m^3), getrennt nach Bauart und Maßen, für
> – Massige Bauteile, z.B. Fundamente, Stützmauern, Widerlager, Füll- und Mehrbeton,
> – Brückenüberbauten, Pfeiler.
>
> 0.5.2 Flächenmaß (m^2),getrennt nach Bauart und Maßen, für
> – Beton-Sauberkeitsschichten (Unterbeton),
> – Schalung.
>
> 0.5.5 Gewicht (kg, t), getrennt nach Bauart und Maßen, für
> – Liefern, Schneiden, Biegen und Verlegen von Bewehrungen und Unterstützungen,
> – Einbauteile, Verbindungselemente, u.ä.

Bei der Abrechnung werden z.B. Nischen von mehr als 0,5 m^3 Einzelgröße sowie Schlitze von mehr als 0,1 m^3 je m Länge von der Betonkubatur in Abzug gebracht. Kleinere Aussparungen etc. werden damit übermessen (Punkt 5.1.2.1). Betonmengen, die durch die schlaffe Bewehrung, die Spannstahlbewehrung, Ankerschiene etc. verdrängt werden, werden rechnerisch nicht in Abzug gebracht (Punkt 5.1.1.2).

Die Schalung wird nur dann abgerechnet, wenn für sie eine eigene Leistungsposition ausgewiesen ist. War die Schalung gemäß LV-Text in die Betonposition mit einzurechnen, kommt lediglich die Betonposition zum Tragen. Bei der Abrechnung von Schalungspositionen werden kleinere Aussparungen etc. übermessen. Einzelöffnungen werden nur dann abgezogen, wenn die Einzelgröße mehr als 2,5 m^2 beträgt (Punkt 5.2.2).

Die Abrechnung des Bewehrungsstahls erfolgt nach Tonnen (t) gemäß den geprüften und für die Ausführung freigegebenen Bewehrungslisten (Stahllisten).

> 3.1.3 Der Auftragnehmer hat bei seiner Prüfung Bedenken (gemäß VOB/ B §4 Nr.3) geltend zu machen bei:
> – abweichender Beschaffenheit des Baugrundes von den vom Auftraggeber zur Verfügung gestellten Unterlagen.

Baugrunduntersuchungen werden meist direkt im Bereich der späteren Widerlager durchgeführt. Die Überprüfung der Beschaffenheit des Baugrundes ist durch den Auftragnahmer aber nicht nur im Bereich der Widerlager, sondern auch im Zwischenbereich, sofern ein Lehrgerüst zu erstellen ist, notwendig. Über das Lehrgerüst müssen sämtliche Lasten aus Schalung, Rüstung, Bewehrung und

Frischbeton sicher in den Untergrund geleitet werden, ohne daß es zu unzulässigen Setzungen kommt.

4.1 Nebenleistungen sind ergänzend zur ATV DIN 18 299, Abschnitt 4.1, insbesondere:

4.1.2 Schutz des jungen Betons gegen Witterungseinflüsse bis zum genügenden Erhärten.

Bei sommerlichen Temperaturen wird nach dem Abziehen der Oberfläche ein dünner Kunststoff-Film aufgesprüht, der eine frühzeitige Austrocknung verhindert. Im Winter ist die Betonoberfläche mit Strohmatten o.ä. vor der Frosteinwirkung zu schützen. Ist absehbar, daß die Betonierarbeiten und die Herstellung der Fahrbahndecke während der Wintermonate ausgeführt werden müssen, sind entsprechende Schutzvorkehrungen zu treffen (beheizbares, stützenfreies Schutzzelt).

4.1.3 Leistungen zum Nachweis der Güte der Stoffe, Bauteile und des Betons nach den Bestimmungen des Deutschen Ausschusses für Stahlbeton.

Der Beton für Brückenbaumaßnahmen wird in der Regel von stationären Transportbetonwerken bezogen, die eine flächendeckende Belieferung in der Bundesrepublik Deutschland sicherstellen. Der hohe Mechanisierungsgrad und die kontinuierliche Überwachung beim Mischvorgang stellen einen hohen Qualitätsstandard beim Fertigbeton sicher. Gleichwohl ist auf jeder einzelnen Baustelle der Nachweis notwendig, daß die geforderte Betonfestigkeit bei den einzelnen Bauwerksteilen (Fundamente, Widerlager, Pfeiler, Überbau) auch erreicht wurde.

4.1.7 Liefern und Einbauen von Zubehör zur Spannbewehrung, z.B. Hüllrohre, Spannköpfe, Kupplungsstücke, Einpreßmörtel, sowie Spannen und Verpressen.

Es handelt sich hier um sehr personalintensive Arbeiten, die bei der Kalkulation dieser Leistungen unbedingt mit eingerechnet werden müssen. Nebenleistungen sind definitionsgemäß Leistungen, die nicht gesondert vergütet werden.

4.2 Besondere Leistungen sind ergänzend zur ATV DIN 18 299, Abschnitt 4.2, z.B.:

4.2.6 Vorsorge- und Schutzmaßnahmen für das Betonieren unter $+5°C$ Lufttemperatur (siehe DIN 1045).

4.2.7 Herstellen von Aussparungen, z.B. Öffnungen, Nischen, Schlitze, Kanäle.

4.2.8 Herstellen von Profilierungen.

4.2.11 Liefern und Einsetzen von Einbauteilen, z.B. Lager, Zargen Anker, Verbindungselemente, Rohre, Dübel.

4.2.12 Herstellen von Bewegungs- und Scheinfugen sowie Fugendichtungen.

Die Regelungen des Abschnittes 5 Abrechnung, die teilweise oben bereits ange-
sprochen wurden, haben den Vorteil, daß für die Abrechnung eindeutige Grundlagen gegeben sind und damit Streitigkeiten zwischen AG und AN über den
abrechenbaren Leistungsumfang vermeidbar sind.

8.2.2
Ausschreibungstexte

8.2.2.1
STLK Standardleistungskatalog

Die meisten Brücken werden mit standardisierten Texten aus dem Standardleistungskatalog, Leistungsbereich 118 Kunstbauten aus Beton und Stahlbeton
zusammengestellt. Abgesehen von der Baustelleneinrichtung können praktisch
alle wesentlichen Leistungen im Brückenbau mit diesem Leistungsbereich 118
ausgeschrieben werden. Für den Überbau kann zwischen einer Ausführung in
Ortbeton oder mit Fertigteilen gewählt werden. Die entsprechenden Ausschreibungstexte sehen z.B. wie folgt aus:

Tabelle 20 Ausscheibungstext für einen Brückenüberbau aus Ortbeton und mit Fertigteilen

Überbau aus Ortbeton:

| 3.2.010 | 800 m³ Bewehrten Beton einschl. Scha-
lung herstellen | 118312203011 |

Bewehrten Beton einschließlich Schalung
nach Zeichnung herstellen, Schalung
vorhalten und beseitigen.
Bewehrung wird gesondert vergütet.

(1.20) Bauteil = Überbau
        Festigkeitsklasse B 45
        Sichtflächenschalung = Schaltafeln
(6.1) Schalungsverlauf horizontal

| 3.2.011 | 96 t Betonstahl einbauen | 11821222002-- |

Betonstahl entsprechend statischen und
konstruktiven Erfordernissen einbauen

Bauteil = Überbau
(3.02) Stahlsorte BSt 500 M

3.2.012   t Spannstahl nach Wahl einbauen

Spannstahl nach Wahl des AN entsprechend statischen und konstruktiven Erfordernissen einbauen.

Unterstützungen sowie ggf. erforderliche Spanngliedkopplungen herstellen. Spanngliedverankerungen einschließlich Zubehör einbauen, Spannglieder spannen und auspressen.

Bei der Ermittlung des Abrechnungsgewichtes wird nur das theoretische Gewicht des Spannstahls berücksichtigt, ermittelt aus den Nennquerschnitten und den Spanngliedlängen zwischen den Außenflächen der Ankerplatten bzw. bei Haftankern (z.B. Fächer-, Besen-, Haken-, Schlaufenanker usw.) bis zum Austritt aus dem Hüllrohr.

Die angebotene Menge ist aus der vom AG vorgegebenen Menge, multipliziert mit dem Verhältnis der zulässigen Spannung des vorgegebenen Spannstahls zur zulässigen Spannung des angebotenen Spannstahls, ermittelt.

Angaben im Bieterangaben-Verzeichnis über Spannverfahren = ... , Spannstahlgüte in N/mm^2 = ... ,

Anzahl der Spannglieder = ... ,

Zul. Spannkraft je Glied in kN = ... ,

Reibungsbeiwert my = ... ,

Ungewollter Umlenkwinkel Beta = ... ,

Relaxationsklasse = ... , Anzahl der Koppelstellen = ... ,

(1.1) Bauteil = Überbau

(2.1) Vorspannung längs.

Überbau mit Fertigteilen:

3.2.18   18 St Bewehrte Betonfertigteile entsprechend statischen und konstruktiven Erfordernissen nach Zeichnung herstellen und einbauen.   118517430914

(1.4) Fertigteile für Überbau.

(2.3) Festigkeitsklasse B 45,

(4.9) Sichtflächenschalung nach Wahl des

AN
(5.1) Schalungsverlauf horizontal
(6.4) Fertigteile aus Spannbeton. Bewehrung
wird gesondert vergütet.

3.2.19   20 t Betonstahl einbauen

Betonstahl entsprechend statischen und konstruktiven Erfordernissen einbauen.
(1.99) Bauteil = Fertigteile.
(3.02) Stahlsorte BSt 500 M.

3.2.20   7 t Spannstahl einbauen   118230118844

Spannstahl der Relaxationsklasse Sn entsprechend statischen und konstruktiven Erfordernissen einbauen.   Unterstützungen
sowie ggf. erforderliche Spanngliedkopplungen herstellen.
Spanngliedverankerungen   einschließlich
Zubehör einbauen. Spannglieder spannen
und auspressen.
Bei der Ermittlung des Abrechnungsgewichtes wird nur das theoretische Gewicht
des Spannstahls berücksichtigt, ermittelt aus
den Nennquerschnitten und den Spanngliedlängen zwischen den Außenflächen der
Ankerplatten bzw. bei Haftankern (z.B.
Fächer-, Besen-, Haken-, Schlaufenanker
usw.) bis zum Austritt aus dem Hüllrohr.
(1.1) Bauteil = Fertigteilträger
(2.1) Vorspannung längs.
(3.8) Spannstahlgüte 1570/1770 N/mm^2.
(4.8) Zul. Spannkraft/Glied über 1200
        bis1650 kN.
(5.4) Reibungsbeiwert my über 0,20 bis
        0,25,
(6.4) ungewollter Umlenkwinkel Beta = 0,3
        Grad/m.

8.2.2.2
Funktionalausschreibung

Funktionalausschreibungen werden relativ selten angewendet wie z.B. beim
Neubau der ICE-Strecke Frankfurt-Köln oder bei Betreibermodellen im Auto-
bahnbau in Osteuropa. Der Aufbau und die Rangfolge der einzelnen Vertragsbe-

bahnbau in Osteuropa. Der Aufbau und die Rangfolge der einzelnen Vertragsbedingungen wird meist den VOB-Regelungen angepaßt. In einer Funktionalausschreibung könnte dann für die Reihenfolge folgende Festlegung getroffen sein:

I. Bauauftrag vom ....

II. Zusätzliche Vertragsbedingungen

III. Besondere Vertragsbedingungen

IV. Allgemeine Technische Vertragsbedingungen

V. Zusätzliche Technische Vertragsbedingungen

VI. VOB/ B

Der Bauherr liefert in einer Funktionalausschreibung, wie schon in Abschnitt 8.1 dargestellt, nur einige grundlegende Informationen. Dies betrifft die Trassenführung, die Zufahrtsmöglichkeiten zu den einzelnen Brückenbaustellen sowie die für die Baustelleneinrichtung vorgesehenen Flächen. Daten zum Baugrund sind dem Baugrundgutachten zu entnehmen. Der Ausschreibungstext beschränkt sich auf wenige Daten (s. nachfolgendes Beispiel):

Tabelle 21 Funktionalausschreibung für eine Brücke

Bauwerks-Nr.		Bau-km
10 a	Neubau einer Straßenbrücke im Zuge der Verlegung der B 45 in funktionstüchtiger Ausführung	ca. 6,342
	Gradiente: ca. 4,50 m über Gelände	
	Länge: ca. 68 m	
	Breite: ca. 11,0 m	

Der Bieter muß damit die komplette Mengenermittlung selbst durchführen. Die Wahl des Brückensystems und des Bauverfahrens bleiben ihm überlassen. Um bei der Vielfalt der möglichen Lösungen, die von den einzelnen Bietern angeboten werden, eine Vergleichbarkeit sicherzustellen, werden vom Bauherrn entwickelte Formblätter vorgegeben, in denen die Bieter die Angaben ihres Entwurfs eintragen müssen (Wahl des Systems, Stützweiten, architektonische Gestaltung, Oberflächenstruktur etc.).

Der Bauherr schreibt vor, welche Unterlagen die einzelnen Bieter vorlegen müssen, um an der Ausschreibung teilnehmen zu können. Es sind dies z.B.:

1. Baustellenübersichtsplan (Lageplan)
2. Brückenbau
    2.1. Baustelleneinrichtungsplan
    2.2. Erläuterungsbericht mit einer Schilderung des vorgesehenen Bauverfahrens
    2.3. Bauwerkspläne (Grundriß, Längsschnitte, Querschnitte)
    2.4. Detailpläne (soweit im Angebotsstadium notwendig)
3. Terminplan (Bauzeitenplan)
4. Zahlungsplan

8.2.3
Bauverfahren

Fast alle Brückenbaumaßnahmen in Deutschland werden von Ämtern der öffentlichen Hand geplant und ausgeschrieben. In einem ersten Schritt werden eventuelle Zwangspunkte und die notwendigen Feldweiten (Stützweiten) ermittelt. Aus der vorgesehenen Trassenführung ergibt sich die Höhe der Brücke über Gelände und damit auch die Höhe für Widerlager und Pfeiler. Die Einhaltung von Lichtraumprofilen für den kreuzenden Verkehrsweg ist zu beachten. Aufgrund der Erfahrungen des planenden Amtes bzw. der zuständigen Planungsabteilung wird ein Querschnitt (z.B. Hohlkasten, Plattenbalken) gewählt sowie die voraussichtliche Bauzeit für die Ausführung ermittelt. Damit sind die wesentlichen Rahmenbedingungen für das Bauwerk im sog. Verwaltungsentwurf festgelegt.

Auf der Basis des Verwaltungsentwurfs müssen die Bieter Überlegungen anstellen, mit welchem Bauverfahren sie die Brücke erstellen bzw. ob sie zusätzlich zum Verwaltungsentwurf Sondervorschläge, sofern diese zugelassen sind, ausarbeiten und anbieten wollen. Dazu wird u.a. geprüft, ob unter Beachtung der vorgegebenen Rahmenbedingungen alternative Lösungen gefunden werden können, die technisch mindestens gleichwertig, insgesamt aber wirtschaftlicher, d.h. kostengünstiger angeboten werden können. Die Alternativen können dabei das Bauverfahren selbst betreffen, wie z.B. die Verwendung von Fertigteilträgern statt der ausgeschriebenen Ortbetonlösung oder auch den Brückenquerschnitt (Plattenbalken statt Hohlkasten).

Im Regelfall werden Brücken mit Transportbeton hergestellt. Bei sehr langen Brücken mit einem breiten Überbauqerschnitt und den damit verbundenen großen Einbaumengen kann es in Einzelfällen wirtschaftlich günstiger sein, eine eigene Mischanlage auf der Baustelle zu installieren. Beim Kostenvergleich zwischen Transportbeton und Eigenherstellung sind u.a. folgende Kosten zu berücksichtigen:

- Auf- und Abbau der Anlage
- An- und Abtransport der Anlage
- Vorhaltekosten der Betonmischanlage
- Boxen für die Zuschlagstoffe
- Silos für Zement

Wesentlicher Vorteil einer Baustellenanlage ist die ständige Verfügbarkeit, was sich insbesondere bei einem Mehrschichtenbetrieb günstig auswirkt. Die Mischanlage kann entweder von der bauausführenden ARGE oder von einem Dritten, z.B. einem Baustofflieferanten betrieben werden.

Im Brückenbau dominiert der Spannbeton, wie anfangs ausgeführt, mit Stützweiten zwischen 12 und 300 m. Lediglich kleinere Brücken und Durchlässe mit Stützweiten bis zu ca. 12 m werden in Stahlbeton ausgeführt. Stahl als Baustoff kommt häufig bei Eisenbahnbrücken sowie bei Großbrücken mit Stützweiten von mehreren hundert Metern zum Einsatz.

Die Ausführung von Spannbetonbrücken verlangt ein hohes Maß an bautechnischer Sorgfalt. Dies betrifft insbesondere die höhengerechte Verlegung der Hüllrohre bzw. des Spannstahls sowie den Korrosionsschutz des auf der Baustelle gelagerten Spannstahls. Beschädigungen an den Hüllrohren sind unter allen Umständen zu vermeiden. An den Hochpunkten der Hüllrohre sind jeweils Entlüftungsröhrchen einzubauen. Dadurch wird sichergestellt, daß sich beim Auspressen keinerlei Hohlräume bilden, sondern die Hüllrohre vollständig mit Zementmörtel verfüllt werden. Die Verlegung des Spannstahls sowie das Aufbringen der Vorspannung darf nur von erfahrenen Fachkräften vorgenommen werden.

Bei der Herstellung des Brückenüberbaus gibt es eine Reihe von Bauverfahren:

– Brückenbau mit ortsfestem Lehrgerüst
– Brückenbau mit verfahrbarem Lehrgerüst
– Brückenbau mit Vorschubrüstungen
– Brückenbau mit Fertigteilen
– Taktschiebeverfahren
– Freivorbau

Brückenbau mit ortsfestem Lehrgerüst. Voraussetzung für die Errichtung eines solchen Lehrgerüstes sind ein weitgehend ebenes Gelände sowie eine ausreichende Tragfähigkeit des Untergrundes. Um Zeit und Personalkosten einzusparen, werden in den meisten Fällen Rüststützen oder Rüsttürme verwendet (Bild 8.2-1). Diese bestehen aus Stahl-Fachwerkelementen, die nach dem Baukastenprinzip eingesetzt werden können. Die Verbindung der tragenden Elemente untereinander erfolgt durch Bolzen oder Keilschlösser. Die Kopf- und Fußstützen sind ausziehbar, so daß sich jede gewünschte Bauhöhe des Lehrgerüstes damit herstellen läßt. Die Feinausrichtung erfolgt über die Kopfstützen. Je nach Untergrundverhältnissen können Fertigteilfundamente, Kanthölzer o.ä. als Aufstandsfläche verwendet werden. Zu Beginn der Einrüstungsarbeiten empfiehlt sich der Einbau einer rd. 10 cm dicken Sauberkeitsschicht aus Beton B 10, damit immer auf einer sauberen Arbeitsebene gearbeitet werden kann.

Auf den Rüststützen werden in relativ engem Abstand die Rüstträger verlegt, die ihrerseits die Schalung für den Überbau tragen (Bild 8.2-2). Die Schalhaut besteht aus vorgefertigten, beschichteten Holzplatten, die im Rastermaß vorliegen und mit denen sich praktisch sämtliche Bauteilabmessungen bei Fundamenten, Pfeilern, Widerlagern und Überbauten einschalen lassen. Nur bei geometrisch komplizierten Bauteilen muß die Schalung „von Hand" mit einzelnen Holzbrettern hergestellt werden.

Das Betonieren des Überbaus, hier dargestellt für einen Hohlkastenquerschnitt, erfolgt in mehreren Abschnitten.

Phase I: Die untere Platte sowie die schräg verlaufenden Stege werden nach Abschluß der Bewehrungsarbeiten eingeschalt. Die Schalung muß sorgfältig verankert werden, damit sie die Lasten aus dem Frischbetongewicht aufnehmen kann. Die Schalung für die Kragarme ist bereits vormontiert, wird aber erst im zweiten Bauabschnitt benötigt. Betoniert werden in dieser Phase die Bodenplatte

Bild 8.2-1 Rüsttürme für den Brückenüberbau (PERI)

Bild 8.2-2 Aufbau der Schalung für den Überbau (PERI)

Phase II: Die Innenschalung der Stege wird, sobald der Beton ausreichend erhärtet ist, entfernt und für den Einsatz im nächsten Betonierabschnitt vorgezogen. Dann wird die Schalung für die Fahrbahnplatte aufgestellt und höhenmäßig ausgerichtet. Anschließend werden die Fahrbahnplatte und die Kragarme in einem Arbeitsgang betoniert.

Phase III: Nach dem Aushärten des Betons werden die Schalung der Bodenplatte und die Außenschalung der Stege abgesenkt und in den nächsten Betonierabschnitt vorgezogen. Wenn auch die Fahrbahnplatte eine ausreichende Festigkeit besitzt, kann die Innenschalung abgesenkt und ausgebaut werden.

Die Arbeitstakte sollten so gewählt werden, daß die einzelnen Abschnitte des Überbaus im Wochenrhythmus hergestellt werden können.

Betoniert wird überwiegend mittels Betonpumpe über einen schwenkbaren Verteilermast (Bild 8.2-3). Die Hersteller dieser Baugeräte bieten eine breite Palette von Gerätetypen an, mit denen praktisch sämtliche Förderhöhen und -weiten zu bewältigen sind. Bei den Betonpumpen gibt es zwei unterschiedliche Pumpenarten: Kolbenpumpen und Rotorpumpen.

Kolbenpumpen sind 2-Zylinderpumpen mit gegenläufigem Saug- und Druckhub. Beim Saughub wird der Beton aus einem Fülltrichter, in dem ein Rührwerk zur Homogenisierung des Frischbetons installiert ist, angesaugt, während beim Druckhub der Beton in die Förderleitung hineingepreßt wird. Bei Rotorpumpen wird durch die Drehung des Rotors der Pumpenschlauch durch zwei gegenüber liegende Gummiwalzen zusammengepreßt. Dadurch wird Beton aus einem Fülltrichter, der ebenfalls mit einem Rührwerk versehen ist, angesaugt. Gleichzeitig wird der im Schlauch befindliche Beton durch die obere Druckrolle in die Förderleitung gedrückt.

In der Baupraxis werden überwiegend Kolbenpumpen eingesetzt, u.a. deshalb, weil sich mit ihnen große Bauhöhen mit den entsprechenden Pumpendrücken erreichen lassen.

Brückenbau mit verfahrbaren Lehrgerüsten. Grundgedanke bei dieser Lösung ist es, Kosten zu sparen, indem das gesamte Lehrgerüst nach dem Absenken im fertiggestellten Abschnitt in den nächsten Betonierabschnitt vorgefahren wird. Dies setzt ein ebenes Baugelände, einen tragfähigen Baugrund bzw. eine standfeste Verschiebebahn voraus. Es ist aber zu prüfen, ob im Regelfall der komplette Abbau des Lehrgerüstes und ein Neuaufbau nicht wirtschaftlicher sind. Dank der modernen Rüstungstürme, deren Demontage und erneute Montage mittels Schnellverbindungen zügig vonstatten geht, wird sich das Umsetzen eines kompletten Lehrgerüstes auf Sonderfälle beschränken.

Bild 8.2-3 Betonieren des Überbaus (PUTZMEISTER)

Brückenbau mit Vorschubgerüsten. Ab einer gewissen Brückenhöhe (ca. 20 m) wird der Bau eines Lehrgerüstes zu aufwendig, insbesondere wenn ungünstige Geländeverhältnisse vorliegen oder querende Verkehrswege vorhanden sind, bei denen Durchfahrtsöffnungen freigehalten werden müssen. Vorschubrüstungen lassen sich wirtschaftlich vornehmlich dann einsetzen, wenn die Brücke gleichgroße Feldweiten besitzt. Für diesen Brückentyp sind seitens der Bauunternehmen mehrere Systeme von Vorschubrüstungen entwickelt worden. Es handelt sich dabei um freitragende, stählerne Rüstträger, die ein gesamtes Brückenfeld in Längsrichtung überspannen. Der Rüstträger ist aus Gewichtsgründen als Fachwerkträger ausgebildet. Die Abstützung erfolgt auf die jeweils fertiggestellten Bauwerksteile, so daß keinerlei Hilfsabstützungen benötigt werden.

Die Schalung besteht aus großflächigen Schalungselementen. Sie kann hydraulisch abgesenkt werden. Wesentlicher Vorteil dieses Bauverfahrens ist die kurze Taktzeit. Die Arbeitskolonne erreicht wegen der sich mehrfach wiederholenden, gleichbleibenden Arbeitsvorgänge eine hohe Leistung pro Zeiteinheit. Die Vorschubrüstung läßt sich wetterfest einrüsten, so daß auch während Schlechtwetterperioden durchgearbeitet werden kann. Die Versorgung der Baustelle mit Beton, Bewehrungsstahl etc. erfolgt über die schon fertiggestellten Abschnitte der Brücke. Der fertiggestellte Überbau dient jeweils als Lagerfläche für die Baustoffe, Hilfsstoffe etc.

Brückenbau mit Fertigteilen. Fertigteile lassen sich in stationären Produktionsstätten mit gleichbleibend guter Qualität und witterungsunabhängig herstellen. Die Schalung besteht aus Stahlblech und gestattet eine hohe Paßgenauigkeit der einzelnen Fertigteile. Die Investitionskosten für ein Fertigteilwerk sind relativ hoch und amortisieren sich erst bei entsprechend hohen Stückzahlen. Die Eigenproduktion von Fertigteilen für eine einzige Brückenbaumaßnahme ist daher nur in Sonderfällen wirtschaftlich.

Im Brückenbau werden Fertigteile häufig dort eingesetzt, wo der kreuzende Verkehr möglichst wenig beeinträchtigt werden soll, wie z.B. bei Brücken über Eisenbahnlinien. Da die Fertigteile per Tieflader zur Baustelle transportiert werden, müssen die uneingeschränkte Zufahrtsmöglichkeit sowie die uneingeschränkte Befahrbarkeit der Zufahrtsstraßen sichergestellt sein. Die Verlegung der Fertigteile erfolgt mittels Autokran. Da der Antransport über die Straße erfolgt, sind die Längsabmessungen der Fertigteile limitiert. Die obere Grenze liegt bei etwa 35 m Länge. Die Verlegung dieser rund 50 t schweren Bauteile ist nur mit Großgerät (Autokran) möglich. Die Fahrbahnplatte wird über den verlegten und justierten Fertigteilen aus Ortbeton mit einer Dicke von ca. 25 cm hergestellt (Bild 8.2-4).

Fertigteile für den Überbau werden auch bei der sog. Segmentbauweise verwendet. Diese Verfahren ist allerdings in der Bundesrepublik Deutschland (Stand: 1998) nicht zugelassen. Die einzelnen Segmente besitzen die volle Querschnittsbreite und haben in Abhängigkeit von der Tragfähigkeit des Verlegegerätes eine Länge von 3 bis 6 m. Das Verlegegerät besteht aus einem fachwerkartigen Trägergerüst, das oberhalb der Fahrbahn angeordnet ist. Die Fertigteile werden in einer Feldfabrik in einer Stahlschalung mit hoher Paßgenauigkeit hergestellt. Die Stirnschalung wird dabei von dem jeweiligen Vorgängersegment gebildet. Die Vorspannung wird nachträglich feldweise aufgebracht. Wegen der hohen Kosten für die Feldfabrik, das Trägergerüst etc. kommt die Segmentbauweise nur bei sehr langen Brücken mit gleichbleibendem Querschnitt, wie z.B. bei Hochstraßen in Ballungsgebieten in Frage.

Taktschiebeverfahren. Bei schwierigen Geländeverhältnissen oder bei großen Brückenhöhen kann das Taktschiebeverfahren als wirtschaftliche und technische Alternative Anwendung finden. Bei dieser Methode wird der Überbau hinter einem der Widerlager abschnittsweise hergestellt. Die Baustelle mit ihrer

Bild 8.2-4 Fertigteilträger für den Überbau (OSW)

ortsfesten Schalung und einer Überdachung des Arbeitsbereiches entspricht einer ortsfesten Produktionsstätte. Das jeweils fertiggestellte Teilstück und mit ihm der bisher fertiggestellte Teil des Überbaus wird hydraulisch vorwärts geschoben. Das Vorschubverfahren wird so lange fortgesetzt, bis der gesamte Überbau hergestellt und bis zum anderen Widerlager vorgeschoben wurde.

In der Regel wird die Produktionstätte hinter dem niedriger gelegenen Widerlager an, man schiebt also den Überbau „bergauf". Beim Taktschiebeverfahren sind keinerlei Lehrgerüste notwendig. Kreuzender Verkehr wird durch die Baumaßnahme in keiner Weise behindert. Durch den gleichbleibenden Arbeitsablauf lassen sich hohe Arbeitsleistungen und kurze Taktzeiten für die Herstellung erreichen.

Freivorbau. Dieses Bauverfahren kommt bei Brücken mit sehr großen Spannweiten oder in unzugänglichem Gelände zur Anwendung. Zunächst wird der Pylon mit Hilfe einer Kletterschalung hergestellt (Bild 8.2-5). Die gesamte Schalung wird an dem jeweiligen vorangegangenen Abschnitt verankert und kann nach Fertigstellung eines Teilabschnittes hydraulisch in den nächsthöheren Abschnitt gefahren werden. Zur optimalen Auslastung der Kolonne werden die Arbeitsabläufe für das Hochziehen und Ausrichten der Schalung, die Verankerung, das Bewehren und das Betonieren so gewählt, daß die Abschnitte jeweils im Wochenrhythmus hergestellt werden können.

Vom fertiggestellten Pylon aus erfolgt die abschnittsweise Herstellung des Überbaus. Die Vorbauwagen sind jeweils eine komplette Einheit aus Schalung und Rüstung (Bild 8.2-6). Die Verankerung des Vorbauwagens erfolgt jeweils am vorangegangenen Abschnitt. Nach Erhärten des Betons wird der fertiggestellte Abschnitt mittels Spannstahl mit dem vorangegangenen kraftschlüssig verbunden. Nach dem Ablassen der Schalung wird der Vorbauwagen vorgezogen und die Arbeiten am nächsten Kragarmabschnitt können beginnen. Auch bei diesem Bauverfahren muß eine sorgfältige Arbeitsvorbereitung dafür sorgen, daß die eingesetzte Kolonne kontinuierlich arbeiten kann.

Bild 8.2-5 Kletterschalung für Brückenpfeiler

Bild 8.2-6 Freivorbau (PERI)

8.3
Hochbau

Öffentliche Bauherren errichten Bauten im Hochbau vornehmlich im Bereich der Verwaltungsgebäude, Krankenhäuser sowie Schulen, Hochschulen und Universitäten. Private Bauherrn investieren hauptsächlich in Büro- und Verwaltungsgebäude, Warenhäuser und Einkaufszentren. Gemessen am genehmigten Bauvolumen entfallen im sog. Nichtwohnungsbau nur 10% auf die öffentliche Hand, während Private mit 90% ganz eindeutig den Markt dominieren.

Bei institutionellen Anlegern und bei privaten Investoren hat sich bei großen Bauvorhaben die Vergabe an einen Generalunternehmer (GU) durchgesetzt. Dieser übernimmt die Auftragsausführung zu einem Festpreis, verbunden mit der Verpflichtung, das Gebäude zu einem fest vereinbarten Termin schlüsselfertig zu übergeben. Die Auftragssumme wird meistens pauschaliert. Aufwendige und zeitraubende Abrechnungen der erbrachten Leistungen können damit entfallen. Bei Hochbaumaßnahmen der öffentlichen Hand ist die Vergabe in Fach- und Teillosen auf der Basis der VOB der Regelfall. Deshalb wird jedes Ausbaugewerk separat ausgeschrieben und vergeben. Dieses Vorgehen führt bei nahezu jeder Baumaßnahme zu Kosten- und Terminüberschreitungen.

8.3.1
Technische Spezifikationen

Die DIN 18 331 enthält für den Hochbau Regelungen, die auszugsweise im folgenden aufgeführt sind. Nach „m^2" werden im Hochbau z.B. Wände, Decken, Bodenplatten und Treppenläufe abgerechnet (Punkt 0.5.2). Die Abrechnung von Stützen, Unterzügen, Fenster- und Türstürzen sowie das Herstellen von Fugen erfolgt nach „m" (Punkt 0.5.3). Die Bewehrung wird, wie auch im Brücken- und Tunnelbau, nach den freigegebenen Stahllisten (Bewehrungslisten) in „t" abgerechnet. Die Leistung „Bewehrung" umfaßt dabei jeweils das Schneiden, Biegen, Liefern und Verlegen des Bewehrungsstahls.

> 4.2 Besondere Leistungen:
> 4.2 7 Herstellen von Aussparungen, z.B. Öffnungen, Nischen
> 4.2.9 Schließen von Aussparungen und dergleichen
> 4.2.10 Herstellen von Vouten, Auflagerschrägen und Konsolen
> 4.2.11 Liefern und Einsetzen von Einbauteilen, z.B. ...Anker, Verbindungselemente, Rohre, Dübel

Die aufgeführten Leistungen sind lohnintensiv und verursachen entsprechend hohe Kosten. Deshalb werden sie nach diesen Bestimmungen gesondert vergütet.

> 5 Abrechnung

> 5.1.1.5 Decken werden zwischen den äußeren Begrenzungsflächen der Decke oder Auskragung gerechnet.

> 5.1.1.7 Durchdringungen, Einbindungen

> – Durchdringungen
> Bei Wänden wird nur eine Wand durchgerechnet, bei ungleicher Dicke die dickere.

> Bei Unterzügen und Balken wird nur ein Unterzug bzw. Balken durchgerechnet, bei ungleicher Höhe der höhere, bei gleicher Höhe der breitere.
> – Einbindungen
> Bei Wänden, Pfeilervorlagen und Stützen, die in Decken einbinden, wird die Höhe von Oberfläche Rohdecke bzw. Fundament bis Unterfläche Rohdecke gerechnet.

> Bei Stürzen und Unterzügen wird die Höhe von deren Unterfläche bis Unterfläche Deckenplatte gerechnet.

> Binden Stützen in Unterzüge oder Balken ein, werden die Unterzüge und Balken durchgemessen, wenn sie breiter als die Stützen sind. Die Stützen werden in diesem Fall bis Unterfläche Unterzug oder Balken gerechnet.

5.1.2   Es werden abgezogen:

5.1.2.1 Bei Abrechnung nach Raummaß (m^3):

– Öffnungen, Nischen, Kassetten, Hohlkörper u. ä. über 0,5 m^3 Einzelgröße sowie Schlitze, Kanäle, Profilierungen u.ä. über 0,1 m^3 je m Länge.

– Durchdringungen und Einbindungen von Bauteilen, z.B. Einzelbalken, Balkenstege bei Plattenbalkendecken, Stützen, Einbauteile, Betonfertigteile, Stahl- oder Steinzeugrohre über 0,5 m^3 Einzelgröße, wenn sie durch vorgegebene Betonierfugen oder in anderer Weise baulich abgegrenzt sind; als ein Bauteil gilt dabei auch jedes aus Einzelteilen zusammengesetzte Bauteil,
z.B. Fenster- und Türumrahmungen, Fenster- und Türstürze, Gesimse.

5.1.2.2 Bei Abrechnung nach Flächenmaß (m^2):

Öffnungen, Durchdringungen und Einbindungen über 2,5 m^2 Einzelgröße

5.2 Schalung

5.2.1.1 Die Schalung von Bauteilen wird in der Abwicklung der geschalten Flächen gerechnet. Nischen, Schlitze, Kanäle, Fugen werden übermessen.

5.2.1.2 Deckenschalung wird zwischen Wänden und Unterzügen oder Balken nach den geschalten Flächen der Deckenplatten gerechnet. Die Schalung von freiliegenden Begrenzungsseiten der Deckenplatte wird gesondert gerechnet.

5.2.1.3 Schalung für Aussparungen, z.B. für Öffnungen, Nischen, Hohlräume, Schlitze, Kanäle sowie für Profilierungen wird bei der Abrechnung nach Flächenmaß in der Abwicklung der geschalten Betonfläche gerechnet.

5.2.2   Es werden abgezogen:

Öffnungen, Durchdringungen, Einbindungen, Anschlüsse von Bauteilen u.ä. über 2,5 m^2 Einzelgröße.

Die aufgeführten Regelungen zeigen, daß die Abrechnung im Hochbau relativ aufwendig ist. Die Festlegungen, ab welcher Einzelgröße ein Abzug bei der Ermittlung der Betonkubatur bzw. bei der Schalung vorzunehmen ist, dient der Klarstellung bei eventuellen Streitigkeiten zwischen Auftraggeber und Auftragnehmer.

8.3.2
Ausschreibung

Um aufwendige Abrechnungen im Hochbau zu vermeiden, werden Leistungen, insbesondere im Schlüsselfertigen Hochbau, pauschaliert. Die LV's für den Rohbau, die Ausbaugewerke etc. bestehen lediglich aus Kurztexten, wie das nachfolgende Beispiel auszugsweise darstellt:

Tabelle 22 Ausschreibungstext für Betonarbeiten (Funktionalausschreibung)

Position	Leistung
2.01	Stahlbetonarbeiten Untergeschosse Die Bauteilabmessungen resultieren aus statischen und konstruktiven Randbedingungen. Die Parkuntergeschosse sind als „weiße Wanne" auszuführen. Die Stahlbetondecken in den Untergeschossen werden in Modulschalung mit Unterzügen ausgeführt.
2.02	Stahlbetonarbeiten Bürogeschosse Die Bauteilabmessungen resultieren aus statischen und konstruktiven Randbedingungen. Die Stahlbetondecken in sämtlichen Bürogeschossen werden als unterzugfreie Flachdecke ausgeführt. Die Oberfläche der Decken ist zur Aufnahme der Doppelböden in den Fluren sowie der Hohlraumböden in den Büroräumen herzurichten.

8.3.3
Bauausführung

Hochbauten bedürfen einer eingehenden Arbeitsvorbereitung. Dabei müssen bei Funktionalausschreibungen zunächst die Art der Konstruktion (Stahlbetonskelettbau, Flachdecken oder Decken mit Unterzügen), Anzahl der Krane (Turmdrehkrane) und das Schalungssystem festgelegt werden. Vom Bauablauf her müssen zuerst die statisch aussteifenden Elemente (Treppenhausturm, Fahrstuhlturm etc.) erstellt werden, an die später die Geschoßdecken angeschlossen werden. Für die vorgesehenen Arbeitskolonnen muß jeweils ein Arbeitstakt ausgearbeitet werden, der eine gute Auslastung und eine Minimierung von gegenseitigen Behinderungen sicherstellt.

Ausbaugewerke werden überwiegend vor Ort in Handarbeit ausgeführt und lassen sich nur in relativ engen Grenzen rationalisieren. Dennoch wird versucht, alle Möglichkeiten der Vorfertigung, z.B. für Fassadenelemente, Fenster, Sanitärblöcke etc., zu nutzen. Will man sich eine spätere Verlegung von Rohrleitungen oder Kabeln offenhalten, müssen von vornherein Doppel- oder Hohlraumböden vorgesehen werden.

8.3.3.1
Krane

Bei kleineren Baumaßnahmen genügt meist ein einzelner Kran für sämtliche Transportvorgänge. Die Auswahl des Krans richtet sich nach der Höhe des zu erstellenden Bauwerks, denn der Kranausleger muß den höchsten Punkt des Gebäudes überstreichen können. Der Kran ist gemäß Baugeräteliste (BGL) durch das Nennlastmoment (tm) gekennzeichnet. Dieses gibt an, welche Traglast (t) bei der maximalen Ausladung (m) noch gehoben werden kann. Für den Baustelleneinsatz sollte im Zweifelsfall immer der leistungsfähigere Kran gewählt werden. Maßgeblich für die Traglast ist das voraussichtliche schwerste zu bewegende Element: z.B. Schaltisch, Fertigteil oder u.U. der Betonierkübel, sofern einige Bereiche des Gebäudes nicht mit einer Betonpumpe betoniert werden können.

Um bei größeren Baumaßnahmen die Zahl der benötigten Krane festlegen zu können, müssen die insgesamt zu transportierenden Mengen an Baustoffen, Schalung, Bewehrung, Mauerwerk und Ausbaumaterialien ermittelt werden. Anhand von Kran-Aufwandswerten, die auf betriebsinternen Erfahrungswerten von vergleichbaren Baustellen basieren, kann die Stückzahl der Krane bestimmt werden. Die Kran-Aufwandswerte pro Monat beziehen sich meist auf den m^3 Bruttorauminhalt (BRI). Sie müssen neben der eigentlichen Nutzungszeit für die Transportvorgänge (Heben, Schwenken, Absetzen) auch Zeiten für sonstige Nutzungen durch die Baustelle, für Unterbrechungen und Brachzeiten enthalten. Nachdem die Anzahl der Krane ermittelt wurde, können anhand des Lageplanes die Standorte und die vom jeweiligen Kranausleger bestrichenen Flächen festgelegt werden. Die auf den einzelnen Kran entfallenden Materialmengen ergeben sich aus der zugehörigen Gebäudekubatur. Die Krangröße ergibt sich, wie eingangs dargestellt, durch das Nennlastmoment (max. Hubgewicht x max. Auslegerlänge). Den Abschluß der Vorermittlungen bildet die Festlegung der Kraneinsatzzeiten in Abhängigkeit vom Bauablauf und vom vorgesehenen Kolonneneinsatz.

Häufigster Krantyp im Hochbau ist der Turmkran mit Laufkatzausleger (Bild 8.3-1). Die Kranstellung und die Fußverankerung richten sich nach den örtlichen Baustellenverhältnissen. Handelt es sich um hohe Gebäude, wird der Kran am Gebäude selbst verankert. Bei beengten Verhältnissen muß der Kran innerhalb des zu erstellenden Gebäudes (z.B. im Treppenschacht) aufgestellt und später über das Dach rückgebaut werden (Bild 8.3-2). Der Kran wird entweder auf einem Unterwagen montiert oder im Bauwerksfundament verankert. In Einzelfällen wird der Kran auch im Gebäude kletternd eingesetzt.

Bei einem oben drehenden Kran ist das Oberteil des Kranes (Ausleger + Gegengewicht) auf einem Drehkreuz an der Spitze des Kranturms gelagert. Die Laufkatze ist horizontal verfahrbar und kann Lasten im gesamten vom Ausleger bestrichenen Bereich aufnehmen und am gewünschten Punkt absetzen.

Hochbaukrane werden meist als Kletterkrane ausgebildet. Für den Klettervorgang gibt es zwei unterschiedliche Verfahren. Beim ersten Verfahren klettert der Innenturm im Außenturm. Zusätzliche Turmstücke werden auf den Außenturm aufgesetzt. Bei dem anderen Verfahren besitzt der Kran an seiner Spitze ein sog.

Bild 8.3-1 Krane mit Laufkatzausleger (LIEBHERR)

Kletterportal (Kletterstulpe), durch das zusätzliche Turmstücke seitlich auf den Kranturm durchgeschoben werden können.

In Bauwerksbereichen, bei denen die ständige Beistellung eines Kranes unwirtschaftlich wäre oder bei nicht vorhersehbaren Störungen des Bauablaufs, wie z.B. durch den Ausfall eines Kranes, werden Autokrane als Hebegerät eingesetzt. Die am Markt verfügbaren Autokrane decken praktisch alle Erfordernisse bezüglich Hubhöhe und Traglasten ab. Es handelt sich bei diesen Baugeräten um gummibereifte, mehrachsige, für den Straßenverkehr zugelassene Fahrzeuge, die innerhalb kurzer Rüstzeiten auf der Baustelle betriebsbereit sind. Während der Transportvorgänge ruht der Autokran auf fest am Unterwagen montierten, hydraulisch ausfahrbaren Abstützungen.

Zur Aktualisierung der betrieblichen Kenndaten des Hochbaukrans werden im Führerhaus des Krans wichtige Betriebsdaten kontinuierlich erfaßt. Dies betrifft im wesentlichen die effektiven Nutzungs- bzw. Einsatzzeiten der Laufkatze sowie des Dreh- und Hubwerks. Fällig werdende Wartungsdienste werden optisch oder akustisch angezeigt.

Bild 8.3-2 Kranstellung innerhalb des Gebäudes (LIEBHERR/PERI)

8.3.3.2
Schalung

Die Lohnkosten haben bei Schalungsarbeiten großes Gewicht. Insofern bedarf es einer gründlichen Vorbereitung des Arbeitsablaufes auf der Baustelle, um den Lohnaufwand pro m^2 eingeschalter Fläche und die Menge an vorzuhaltendem Schalmaterial möglichst gering zu halten.

Die Schalung besteht aus der Schalhaut, den Schalungsträgern und der Rüstung. Die Schalung ist ein arbeitstechnisches Hilfsmittel, um dem Frischbeton die gewünschte Form zu geben. Die Schalhaut kommt direkt mit dem Beton in Berührung und gestaltet damit dessen Oberfläche (glatt, Holzstruktur o.ä.). Die Schalungsträger unterstützen die Schalhaut und leiten die Lasten aus dem Gewicht des Betons, der Einbaukolonne etc. in die tragende Unterkonstruktion, die sog. Rüstung, weiter. Die Rüstung besteht besteht bei Deckenschalungen meist aus Quer- und Jochträgern und in der Höhe verstellbaren Stützen. Die Rüstung muß standsicher und verformungsarm ausgebildet sein.

Die Schalhaut muß eine geringe Betonhaftung aufweisen, um nach dem Aushärten des Beton gut ausgeschalt werden zu können. Vor dem Betonieren wird deshalb ein Trennmittel aufgesprüht, um den Ausschalvorgang zu erleichtern. Für die Schalhaut stehen mehrere Materialien zur Verfügung, die sich hinsichtlich Verwendbarkeit, Einsatzhäufigkeit und Materialkosten deutlich unterscheiden (Holz, Stahl, Aluminium).

Brettschalung aus Holz verursacht hohe Lohnkosten und wird nur in Sonderfällen, z.B. bei schwieriger geometrischer Formgebung, eingesetzt. Der Verschnitt ist hoch und die Einsatzhäufigkeit gering. Kleinere Bauteile oder Restflächen, für die keine passende Systemschalung vorhanden ist, können mit entsprechend zugeschnittenen Sperrholzplatten eingeschalt werden. Allerdings sind diese Platten schon nach 2-3 Einsätzen nicht mehr verwendbar. Mit mehrfach verleimten Sperrholzplatten, die teilweise mit einem Kantenschutz versehen sind, lassen sich je nach Beanspruchung 10-30 Einsätze erreichen. Die Schalhaut dieser Schalplatten ist meistens mit einem Kunstharz beschichtet.

Stahl als Schalung wird wegen der nahezu unbegrenzten Haltbarkeit in Fertigteilwerken eingesetzt. Mit dieser Schalung lassen sich Fassadenelemente, Brüstungen etc. mit hoher Paßgenauigkeit herstellen. Wegen seines hohen Gewichts wird Stahlschalung ansonsten im Hochbau nur in Sonderfällen, z.B. beim Schalen von Rundstützen eingesetzt.

Aluminiumschalung ist in der Anschaffung relativ teuer, hat aber eine nahezu unbegrenzte Einsatzhäufigkeit. Längsträger und Paneele aus Aluminium können aufgrund ihres geringen Eigengewichts kranunabhängig auf der Baustelle eingesetzt werden. Der Einbau der Schalung kann von angelernten Hilfskräften ausgeführt werden. Aufgrund des relativ niedrigen Stundenaufwands pro m^2 Schalung und der hohen Einsatzhäufigkeit ist Aluminiumschalung trotz der hohen Anschaffungskosten häufig wirtschaftlicher als sonstige Deckenschalungssysteme.

Bei hohen Gebäuden werden zunächst die aussteifenden Elemente, wie z.B. der Treppenturm, erstellt. Der Turm muß einen Vorlauf von mindestens einem Geschoß haben, damit die nachfolgend hergestellten Decken, die an den Treppenturm angeschlossen werden, ohne Verzögerung ausgeführt werden können. Für die Schalung des Turms wird eine sog. Kletterschalung verwendet. Die Herstellung des Treppenturms erfolgt abschnittsweise.

Die Schalung ist jeweils am darunter liegenden, bereits fertiggestellten Bauabschnitt verankert. Von der unten angeordneten Nachlaufbühne werden u.a. die Ankerlöcher in der Betonwand verschlossen. Vom oberen Arbeitsgerüst aus wird der Beton in die Schalung eingebracht und verdichtet. Die Kletterschalung wird mittels Kran umgesetzt. Bei entsprechender Einsatzhäufigkeit kann es wirtschaftlicher sein, eine selbstkletternde Schalung zu verwenden. Die Arbeitsschritte Innenschalung, Bewehrung, Außenschalung, Betonieren, Ausschalen und Umsetzen müssen so gewählt werden, daß eine möglichst kontinuierliche Auslastung der eingesetzten Kolonne gegeben ist.

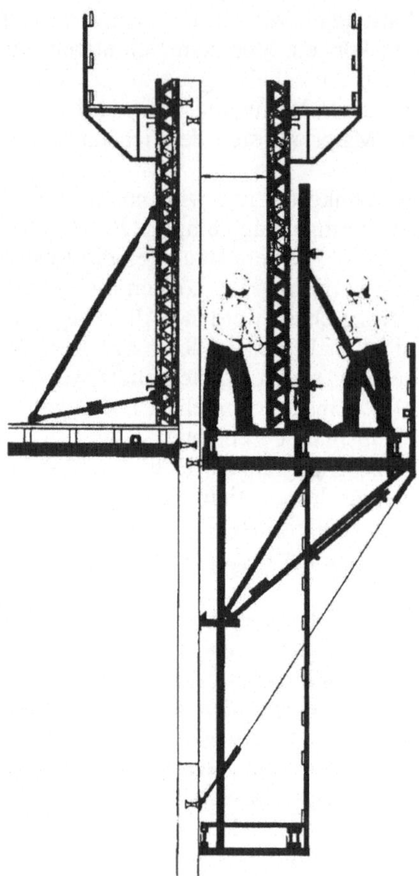

Bild 8.3-3 Kletterschalung

Die Bemühungen, Wände im Hochbau wirtschaftlicher ausführen zu können, haben zur Entwicklung und zum Einsatz der Rahmentafelschalung geführt (Bild 8.3-4). Diese besteht aus einem beschichteten oder feuerverzinkten Stahlrost, auf dem die Schalhaut montiert ist. Die im Rastermaß verfügbaren Schalelemente ermöglichen die Herstellung aller gängigen Wandhöhen und -breiten. Die Elemente werden miteinander biegesteif verbunden. Die Aufstellung und die vertikale Ausrichtung der Rahmentafelschalung kann von angelernten Hilfskräften ausgeführt werden. Die Lagesicherung der Schalung erfolgt mittels Richtstützen, die an der Schalung und auf der Betondecke verankert werden.

Mit Hilfe des CAD (Computer Aided Design) kann die Wandschalung für das zu erstellende Gebäude geplant werden. Das Programm liefert 3D-Darstellungen für die zum Einsatz kommenden Schalungselemente und Zubehörteile.

Bild 8.3-4 Rahmentafelschalung (PERI)

Bei großflächigen, durchgängigen Decken, d.h. Flachdecken ohne Unterzüge, kommen sog. Schaltische zum Einsatz. Dies sind vorgefertigte Schalelemente, die aus Schalhaut, Schalungsträgern und fest miteinander verbundenen Stützen bestehen (Bild 8.3-5). Die Anzahl der Stützen richtet sich nach der Schalfläche, der Deckendicke bzw. dem daraus resultierenden Betongewicht und dem Eigengewicht des Schaltisches. Die Schaltische lassen sich als komplette Einheit mit einem speziell dafür konzipierten Umsetzschnabel von Geschoß zu Geschoß umsetzen. Im Randbereich der Decken ist die Arbeitsbühne fest mit dem Schaltisch verbunden. Das Umsetzen erfolgt ebenfalls mit Kranhilfe. Sind bereits Brüstungen an den Decken vorhanden, müssen die Stützenfüße abnehmbar oder die Stützen umklappbar ausgebildet sein, um die Schaltische umsetzen zu können.

Ein weiteres Schalsystem für Decken mit niedrigen Schalzeiten, d.h. großen Flächenleistungen pro Schalungskolonnen ist das SKYDECK-System (Bild 8.3-6). Dieses besteht aus pulverbeschichteten Aluminium-Paneelen. Die Paneele werden von Längsträgern gehalten, die mit einer Zahnleiste versehen sind.

Die Längsträger ruhen auf höhenverstellbaren Stützen, an deren Kopf ein sog. Fallkopf angeschraubt ist (Bild 8.3-7). Nach Erhärten des Betons wird der Fallkopf mittels Hammerschlag gelöst und die Schalung kann abgesenkt und

Bild 8.3-5 Deckenschalungstisch (PERI)

Bild 8.3-6 SKYDECK-Deckenschalung (PERI)

Bild 8.3-7 Mit SKYDECK eingeschalte Decke (PERI)

zur nächsten Einsatzstelle umgesetzt werden. Die Stützen selbst verbleiben noch für einen gewissen Zeitraum als Notstützen unter der Decke (Bild 8.3-8). Stützen, Längsträger und Paneele werden nach einem bestimmten Verlegeplan, der per CAD erstellt wird, eingebaut. Für den Auf- und Abbau der Schalung wird keine Kranhilfe benötigt. Die Arbeiten können nach kurzer Einarbeitungszeit von angelernten Hilfskräften ausgeführt werden.

Der Stundenaufwand für die Schalung wirkt sich in hohem Maße auf das wirtschaftliche Ergebnis der Baustelle aus. Deshalb muß die Arbeitsvorbereitung besondere Sorgfalt auf die Planung dieser Teilleistung verwenden, um einen wirtschaftlichen Ablauf der Schalarbeiten sicherzustellen. Für jede Bauausführung muß eine individuelle Lösung ausgearbeitet werden. Aufgrund der zur Verfügung stehenden Bauzeit und der insgesamt zu schalenden Flächen ergeben sich anhand firmeninterner Aufwandswerte für Ein- und Ausschalen, Umsetzen etc. die einzusetzenden Kolonnen. Aus diesen Daten wird dann der Taktplan für den Schalungseinsatz erarbeitet, der seinerseits in den Baustellen-Terminplan einzuarbeiten ist.

Bild 8.3-8 Stützen nach Ausschalvorgang (PERI)

Bild 8.3-9 Betonieren einer Geschoßdecke (Putzmeister)

Betoniert wird meist mit Verteilermast und Betonpumpe. Bei großen zu betonierenden Geschoßdeckenflächen werden mehrere Geräte eingesetzt (Bild 8.3-9).

8.3.3.3
Ausbau

Von institutionellen Anlegern und privaten Bauherrn wird bei großen Baumaßnahmen der Auftrag meist an einen Generalunternehmer (GU) vergeben. Die Koordinierung sämtlicher am Bau Beteiligten wird damit dem GU übertragen. Die Planung des gesamtem Bauablaufs muß daher neben den Rohbauarbeiten auch die Arbeiten an der Fassade, den Innenausbau, die Haustechnik sowie die Außenanlagen umfassen. Insbesondere der Ablauf der Ausbauarbeiten muß sorgfältig vorbereitet werden, damit gegenseitige Behinderungen weitgehend vermieden werden und die jeweiligen Subunternehmer ihre Leistungen in einem Zug erbringen können.

Der Notwendigkeit einer detaillierten Ablaufplanung steht in der Praxis häufig entgegen, daß zum Zeitpunkt der Auftragsvergabe für die Ausführung wichtige Details wie z.B. die Fassadengestaltung oder der Ausbaustandard für die Büroräume nicht abschließend geklärt sind. Umplanungen während der Bauausführung, die keineswegs selten sind, führen zu Störungen des Bauablaufs und niedriger Arbeitsproduktivität.

Wie komplex der Entscheidungsprozeß im schlüsselfertigen Hochbau ist, soll am Beispiel der Fassade etwas näher dargestellt werden. Nachdem die Entscheidung über die architektonische Gestaltung gefallen ist, müssen die Art der Ausführung und die Materialart (Naturstein, Aluminium/Glas etc.) entschieden werden. Die Projektleitung prüft gemeinsam mit den beteiligten Planern, inwieweit eine Elementierung der Fassade und eine Vorfertigung z.B. von Brüstungen technisch machbar und wirtschaftlich sinnvoll sind. Weitere Details wie z.B. Sonnenschutz und Öffnungsmöglichkeiten für die Fenster müssen ebenfalls frühzeitig geklärt werden.

Transport, Lagerung und Montage müssen mit der Baustelle abgestimmt werden, um Stillstände zu vermeiden. Hat sich der Bauherr eine Bemusterung der Fassade vorbehalten, müssen der Zeitbedarf für die Herstellung der verschiedenen Musterflächen, für die Bemusterung selbst und die Entscheidung über die Ausführungsart sowie Bestellung, Produktion, Lieferung und endgültige Montage im Terminplan berücksichtigt werden. Die Fassadenarbeiten sollten aus Witterungsgründen abgeschlossen sein, bevor mit dem Innenausbau begonnen wird.

Ausbauarbeiten kann man in folgende Leistungsbereiche unterteilen:

- technische Gebäudeausrüstung (TGA)
- allgemeiner Ausbau

Zum technischen Ausbau gehören alle Leistungen, die der Ver- und Entsorgung dienen sowie Aufzugsanlagen und Anlagen für die Telekommunikation. Im wesentlichen gehören zum technischen Ausbau:

- Heizung
- Lüftung/ Klima
- Sanitär
- Elektroanlagen
- Telekommunikationsanlagen
- Aufzüge

Bei der Auswahl des Heizungssystems müssen sowohl die Anschaffungskosten als auch die Betriebskosten Berücksichtigung finden. Je nach Energieträger (Öl, Gas, Fernheizung) können sich erhebliche Unterschiede bei den Gesamtkosten ergeben. Es muß festgelegt werden, welche Heizkreise installiert und welche Bereiche eine Warmwassernutzung (Büroküchen, Sanitärbereich) erhalten sollen. Meß- und Regelvorrichtungen müssen für einen störungsfreien Betrieb sorgen. Die verbrauchte Wärmemenge muß über entsprechende Meßgeräte erfaßt werden, damit die Heizungskosten pro Büro- bzw. Mieteinheit weiter verrechnet werden können.

Im Bereich Lüftung muß entschieden werden, ob das Gebäude mit einer Klimaanlage ausgestattet oder ob eine natürliche Be- und Entlüftung durch eine entsprechende Fassaden- bzw. Fensterausführung und eine Umluftführung erreicht werden soll.

Im Bereich Sanitär lassen sich die lohnintensiven Arbeiten durch eine teilweise Vorfertigung rationalisieren. Z.B. besitzen sog. Vorwandinstallationen vormontierte Anschlüsse für Kalt- und Warmwasser, für Abwasser und für Sanitärobjekte. Die Einbauteile sind zweischalig, wobei die Rohrleitungen im Zwischenraum geführt werden. Der wesentliche Vorteil dieser Vorwandinstallationen liegt in der schnellen Montage auf der Baustelle. Zum Ausgleich der Rohbautoleranzen sind verstellbare Füße am Installationselement angebracht.

Die Elektroversorgungskabel werden vertikal in separaten Installationsschächten, getrennt von Rohrinstallationen, zu den einzelnen Geschossen geführt. Die horizontale Führung erfolgt entweder in den Fluren zwischen Rohdecke und abgehängter Decke oder im Doppelboden (Bild 8.3-10). Diese Doppelböden bestehen aus Bodenplatten, die auf höhenverstellbaren Stahlstützen ruhen. Die Stahlstützen werden auf der Rohdecke verklebt und können zusätzlich verdübelt werden. Zur Erhöhung der Tragfähigkeit der Bodenplatten und zur Verbesserung der Horizontalaussteifung dienen Rasterstäbe, die entweder in die Stahlstützen eingehängt oder verschraubt werden (Bild 8.3-11). Als Bodenbelag kann Teppich- oder Kunststoffboden, Parkett, Kunst- oder Naturstein zur Ausführung kommen. Doppelböden ermöglichen Nachinstallationen zu einem späteren Zeitpunkt. Sie werden in Trockenbauweise ausgeführt und sind unmittelbar nach ihrer Verlegung nutzbar. Bodenplatten mit Steckdosen lassen sich im Bedarfsfall problemlos umplazieren. Aus Kostengründen werden in den Büros meist keine Doppelböden, sondern Hohlraumböden verlegt (Bild 8.3-12). Die eigentliche Tragschicht des Systems bildet der fugenlos aufgebrachte Fließestrich, der für die Aufnahme aller gängigen Bodenbelagsarten (Teppichboden, Parkett etc.) geeignet ist.

Die Stromverteilung innerhalb der Büroräume kann entweder über eine Fußleisteninstallation, über Fensterbankkanäle oder ein Unterflur-Kanalsystem erfolgen. An den Fußleisten bzw. am Fensterbankkanal sind Steckdosen, Lichtschalter und Telephonanschlüsse installiert. Für einen eventuellen Störungsfall muß ein Notstromaggregat installiert sein inkl. einer USV (Unterbrechungslose Stromversorgung) für die EDV-Anlagen.

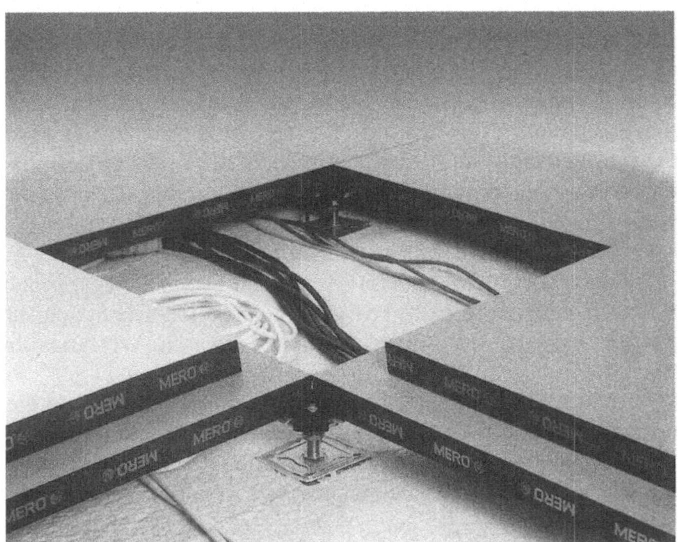

Bild 8.3-10 Doppelboden (MERO)

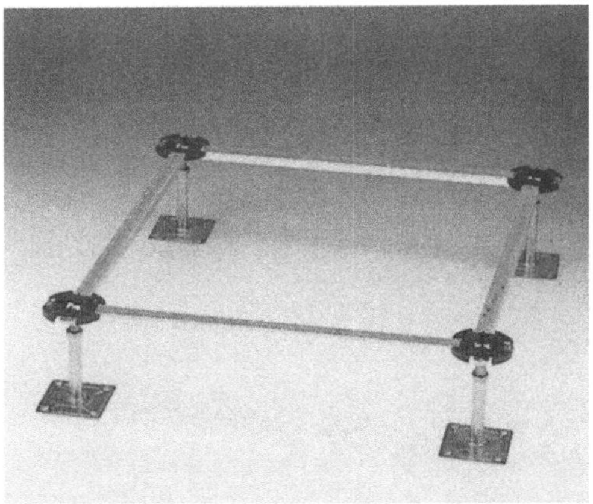

Bild 8.3-11 Stützen und Rasterstäbe für einen Doppelboden (MERO)

Telekommunikationsanlagen, Kabelnetze für die EDV sowie Such- und Signalanlagen werden über ein Schwachstromnetz betrieben. Die Verlegung erfolgt zweckmäßigerweise in einem Leerrohrnetz. Die vertikale Führung der Kabel wird gemeinsam mit anderen Stromkabeln, aber getrennt von wasserführenden Leitungen, vorgenommen. Die horizontale Führung kann unter Putz, in Fensterbankkanälen oder in Doppel- und Hohlraumböden erfolgen. Je nach Bedarf lassen sich die Kabel für Telephon-, Fax- oder Kabelanschlüsse (TV), Türsprechanlagen, Signalanlagen (z.B. für die Tiefgaragenzufahrt) verlegen. Eine spätere Verlegung von zusätzlichen Kabeln ist unproblematisch.

Aufzugsanlagen, sowohl für Personen- als auch für Lastenaufzüge werden meist im Treppenturm angeordnet. Die Fahrkörbe werden innerhalb des Fahrstuhlschachtes an Führungsschienen montiert. Damit die Fahrgeräusche der Aufzüge nicht bis in die Büroräume dringen, sind entsprechende Schallschutzmaßnahmen vorzusehen. Antriebsmotor und Schaltschrank für die Aufzüge befinden sich in einem separaten Maschinenraum. Für Instandhaltungs- und Reparaturarbeiten steht ein Montageträger oberhalb des Fahrstuhlschachtes zur Verfügung.

Sämtliche Anlagen des technischen Ausbaus müssen vor der eigentlichen Inbetriebnahme im Probelauf gefahren und überprüft werden. Die ordnungsgemäße Ausführung ist in einem Abnahmeprotokoll zu bestätigen. Es empfiehlt sich, für die einzelnen Anlagen wie z.B. Heizung, Aufzugsanlage separate Wartungsverträge abzuschließen.

Der allgemeine Ausbau umfaßt den Innenausbau, d.h. die abschließende Gestaltung der Böden, der Wände und Decken in sämtlichen Geschossen inkl. der Innentüren, Treppengeländer und Einbauschränke. Aus der Fülle der Gestaltungsmöglichkeiten sind für einige Ausbaumaßnahmen Ausführungsbeispiele angegeben (jeweils in Klammern):

Fußbodenbelag:

> Tiefgarage (Gußasphalt),
> Eingangsbereich (Naturstein),
> Büros und Flure (Teppichboden),
> Treppen (Betonwerkstein),
> Sanitärräume (Kunststein).

Wände:

> Tiefgarage (weißer Farbanstrich),
> Eingangshalle (Textiltapete),
> Büros und Flure (Rauhfasertapete),
> Treppen (weißer Farbanstrich),
> Sanitärräume (raumhohe Fliesen).

Decken:

> Tiefgarage (weißer Farbanstrich),
> Eingangsbereich (Lichtrasterdecke),
> Büros und Flure (Akustikdecke),
> Treppen (weißer Farbanstrich),
> Sanitärräume (Alu-Paneeldecke).

Nach Abschluß der Ausbauarbeiten kann das Gebäude schlüsselfertig, d.h. bezugs- und gebrauchsfähig übergeben werden. Über die Abnahme der gesamten Bauleistung muß ein Protokoll geführt werden, in dem eventuell vorhandene Ausführungsmängel und Fristen für deren Beseitigung aufzuführen sind.

Bild 8.3-12 Hohlraumboden (MERO)

8.4
Tunnelbau

Tunnel sind unterirdisch geführte Verkehrswege. Straßentunnel werden im innerstädtischen Bereich häufig zur Entflechtung des Verkehrs gebaut. Eisenbahntunnel zur Überwindung von Gebirgen werden schon seit Mitte des 19. Jahrhunderts ausgeführt. Moderne Sprengtechnik, hydraulische Antriebe bei den Baumaschinen und den Gesteinsbohrhämmern, hohe Standzeiten der Bohrwerkzeuge sowie ein per Laser überwachter Ausbruch ermöglichen große Vortriebsleistungen.

8.4.1
Technische Spezifikationen

Die Regelungen gemäß Standardleistungsbuch (StLB), Leistungsbereich 007 Untertagebauarbeiten sind weitgehend identisch mit den Vertragsbedingungen nach DIN 18312 Untertagebauarbeiten. Wesentliche Festlegungen des StLB sind:

3.3 Ausbruch

3.3.1 Von den in der Leistungsbeschreibung vorgeschriebenen Maßen des Ausbruch-Sollprofils darf nur mit Zustimmung des Auftraggebers abgewichen werden.

3.3.2 Zugelassene Toleranzen nach innen (ti) und nach außen (ta) sind in den Verdingungsunterlagen festzulegen. Das Außentoleranzmaß (ta) ist unter Berücksichtigung der geologischen Gegebenheiten für die jeweilige Ausbruchklasse gesondert anzugeben.

3.3.3 Überschreitungen der Toleranzen nach innen (ti) sind nicht zulässig.

3.3.4 Mehrausbruch ist der Ausbruch, der das äußere Toleranzmaß (ta) überschreitet.

3.3.4.1 Vermeidbarer Mehrausbruch ist der Ausbruch, der durch die Arbeitsweise des Auftragnehmers verursacht wird.

3.3.4.2 Geologisch bedingter, nicht vermeidbarer und nicht vorhersehbarer Mehrausbruch wird durch die geologischen Verhältnisse verursacht; er bedarf der Anerkennung durch den Auftraggeber

3.3.5 Mit dem Außentoleranzmaß (ta) ist der geologisch bedingte, nicht vermeidbare, jedoch vorhersehbare Mehrausbruch erfaßt. Ist dies im Einzelfall nicht möglich, ist der vorhersehbare, nicht vermeidbare geologisch bedingte Mehrausbruch quantitativ in anderer Weise anzugeben.

3.3.6 Unvorhergesehenes, z.B. Wasserandrang, Ausfließen von Schichten, Bodenauftrieb, Schäden an baulichen Anlagen, hat der Auftragnehmer dem Auftraggeber unverzüglich anzuzeigen. Die erforderlichen Maßnahmen sind zu vereinbaren.

5 Abrechnung

5.1.2 Ausbruch ist getrennt nach Ausbruchklassen abzurechnen. Der Transport des Ausbruchmaterials ist gestaffelt nach Länge übertage abzurechnen. Als Länge des Förderweges gilt die kürzeste zumutbare Entfernung zwischen Stollenmund/ Schachtkopf und Deponie.

5.2.1 Die Ermittlung der Ausbruchmasssen erfolgt nach theoretischem Ausbruchquerschnitt (Sollprofil) und Achslänge in der Abwicklung.

5.2.2 Vom Auftraggeber anerkannter, geologisch bedingter, nicht vorhersehbarer und nicht vermeidbarer Mehrausbruch wird durch Aufmaß ermittelt und gesondert abgerechnet.

5.2.8 Die Behinderung der Ausbrucharbeiten durch Zutritt von Bergwasser über die Grenzwassermenge hinaus wird durch eine Zulage zum Ausbruchpreis abgerechnet.

5.5 Es werden abgerechnet:

5.5.1 Ausbruch und Abtransport nach Raummaß (m^3)

5.5.2 Beseitigen von Hindernissen nach Raummaß (m^3)

5.5.3 Sicherung und Auskleidung aus Spritzbeton nach Flächenmaß (m^2)

5.5.4 Hohlraumausfüllungen und -verfüllungen nach Raummaß (m^3, l)

5.5.6 Gitterträger und Streckenbögen nach Gewicht (kg, t)

5.5.7 Felsnägel und Felsanker nach Abzahl (Stück), Mehrlängen von Felsankern mit einer Tragkraft über 200 kN nach Längenmaß (m)

5.5.8 Auskleidung mit Tübbingen nach Längenmaß (m)

5.5.9 Ortbeton nach Raummaß (m^3)

5.5.10 Schalung nach Flächenmaß (m^2)

8.4.2
Offene Bauweisen

Die einfachste Methode, Tunnel herzustellen, ist die Ausführung in einer geböschten Baugrube. Um die Böschungen gegen Witterungseinflüsse zu schützen, werden sie mit Kunststoff-Folien abgedeckt (Bild 8.4-1). Wenn die Platzverhältnisse eine geböschte Baugrube nicht zulassen, z.B. wegen der Nachbarbebauung oder wegen parallel verlaufender Verkehrswege, muß die Baugrube seitlich mittels Spundwand, Bohrpfahlwand oder Schlitzwand umschlossen werden.

Maßgeblich für den wirtschaftlichen Erfolg der Tunnelbaustelle ist ein gut durchdachter, in möglichst gleichbleibende Arbeitstakte unterteilter Bauablauf (Bild 8.4-2). Zunächst erfolgt der Bodenaushub bis UK Sauberkeitsschicht. Diese etwa 10-12 cm dicke Betonschicht ermöglicht ein Arbeiten auf sauberem Untergrund und dient auch als Lagerfläche für Kleingerät, Baustoffe etc., wie im Vordergrund von Bild 8.4-1 zu erkennen ist. Im nächsten Bauabschnitt wird die Sohle des Tunnels bewehrt inkl. der Anschlußbewehrung für die Wände. Die Stirnflächen sind komplett eingeschalt. Im dahinter liegenden Bauabschnitt sind die Sohle, die Außenwände und der hintere Teil der Mittelwand fertig betoniert und ausgeschalt. Der vordere Teil der Mittelwand wurde bereits betoniert und wird nach dem Erhärten des Betons ausgeschalt werden. Im rechten Teil des Tunnels wird bereits mit dem Aufbau der Deckenschalung begonnen. Im hinteren Bereich steht noch die auf Rüsttürmen ruhende Schalung der Tunneldecke.

Bild 8.4-1 Tunnelherstellung in einer geböschten Baugrube (PERI)

Bild 8.4-2 Arbeitstakte im Tunnelbau (PERI)

Die einzelnen Bauabschnitte sind zwischen 10 und 12 m lang. Die gewählten Arbeitstakte gewährleisten eine gute Auslastung der Arbeitskolonnen.

Für kreisförmige oder sonstige gekrümmte Querschnitte muß jeweils ein eigener Schalwagen konstruiert werden (Bild 8.4-1). Im vorderen Bauabschnitt ist die Innenschalung der Tunnelröhre herausgefahren und justiert worden. Als nächster Arbeitsschritt folgt die Bewehrung. Wenn diese Arbeiten abgeschlossen sind, wird die Außenschalung des vorangegangenen Bauabschnitts ausgeschalt und in den vorderen Bauabschnitt vorgefahren. Tunnelquerschnitte für Straßentunnel sind praktisch niemals identisch. Der Schalwagen kann also nur für eine einzige Baustelle eingesetzt werden und muß deshalb zu 100 % auf die jeweilige Baumaßnahme abgeschrieben werden. Bestenfalls können einzelne Segmente z.B. von der Rüstung nach Abschluß der Baustelle zurückgewonnen werden.

Die einzelnen Abschnitte sind bei einer geböschten Baugrube von außen gut zugänglich und können deshalb mit einer Betonpumpe, die am oberen Böschungsrand aufgestellt wird, betoniert werden. Zum Abschluß der Arbeiten wird das Bauwerk überschüttet. Der Boden muß lagenweise eingebaut und verdichtet werden, um Setzungen an der Oberfläche zu verhindern.

Bei Tunnelbauten im innerstädtischen Bereich wird häufig die sog. Deckelbauweise angewandt (Bild 8.4-3). Der oberirdische Verkehr wird bei diesem Verfahren nur kurzfristig beeinträchtigt. Der Bauablauf bei der Deckelbauweise ist folgender:

- Herstellen der seitlichen Baugrubenumschließung (Bohrpfahlwand, Schlitzwand) (1)
- Aushub bis UK Tunneldecke (2)
- Herstellung der Tunneldecke (3)
- Verfüllung und Verdichtung des Bodens oberhalb der Tunneldecke inkl. Herstellung der Fahrbahndecke (4)
- Bodenaushub unterhalb der Tunneldecke bis UK Sauberkeitsschicht
- Herstellung der Sauberkeitsschicht und der Tunnelsohle (5)
- Herstellung der Tunnelwände (6)
- Herstellung der Fahrbahnbefestigung im Tunnel
- Technischer Ausbau (Beleuchtung etc.)

Maßgeblich für den wirtschaftlichen Erfolg der Tunnelbaustelle ist ein gut durchdachter, in möglichst gleichbleibende Arbeitstakte unterteilter Bauablauf.

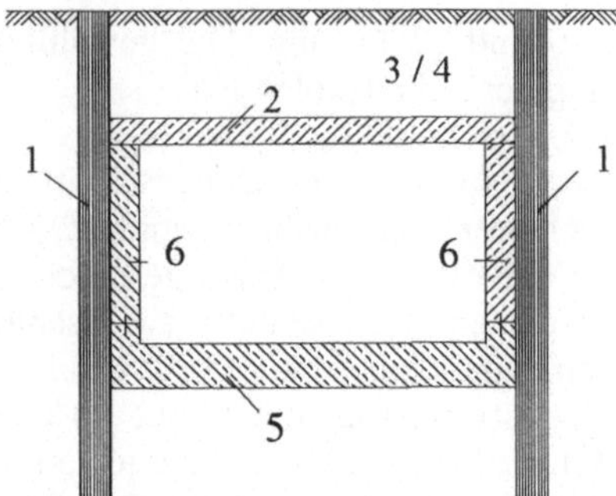

Bild 8.4-3 Deckelbauweise

1 Schlitzwände, 2 Tunneldecke, 3 Bodenaushub, 4 Verfüllung mit Boden, 5 Tunnelsohle,
6 Tunnelwände

Sobald die Phase 4 abgeschlossen ist, kann der Verkehr oberirdisch wieder unge-
stört weiterlaufen. Der Bodenaushub für den eigentlichen Tunnel sowie Scha-
lungs-, Bewehrungs- und Betonierarbeiten für das Tunnelbauwerk werden unterirdisch ausgeführt. Sofern die Baugrubenumschließung in das Bauwerk integriert
werden soll, muß besondere Sorgfalt auf die Anschlüsse Wand/ Tunneldecke
bzw. Wand/ Tunnelsohle gelegt werden.

Eine besondere Tunnelbau-Methode ist die Segmentbauweise, die z.B. bei
Querungen von Wasserstraßen angewendet wird. Die einzelnen Tunnelsegmente,
teilsweise bis zu 100 m und mehr lang, werden an Land bzw. im Trockendock
vorgefertigt, mit Schlepperhilfe eingeschwommen und auf ein unter Wasser
planiertes Sand/ Kies-Bett abgesetzt. Die Bauwerksfugen müssen sorgfältig ab-
gedichtet sein. Zum Schutz des Bauwerks gegen Beanspruchungen aus dem
Schiffsverkehr wird der Tunnel lagenweise überschüttet.

8.4.3
Tunnel in untertägiger Bauweise

Tunnelbaumaßnahmen erfordern besonders hohe bautechnische Anstrengungen.
Zunächst müssen durch Probebohrungen oder durch einen Probestollen die geologischen Verhältnisse untersucht werden. Auf der Basis dieser Untersuchungen
können dann die einzelnen Ausbruchklassen festgelegt werden. Gemäß StLB,
LB 007 Untertagebauarbeiten wird das Gebirge in folgende Ausbruchklassen
unterteilt:

2.2 Ausbruchklassen

Ausbruchklasse 1:
Ausbruch, der keine Sicherung des Gebirges erfordert.

Ausbruchklasse 2:
Ausbruch, der eine Sicherung erfordert. Die Sicherung kann in Abstimmung mit dem Bauverfahren so eingebaut werden, daß die Ausbrucharbeiten nicht behindert werden.

Ausbruchklasse 3:
Ausbruch, der dadurch behindert wird, daß eine Sicherung in geringem Abstand erforderlich ist, oder bei Einsatz von Vollschnittmaschinen Nachfall im Maschinenbereich eintritt, der von Hand entfernt werden muß.

Ausbruchklasse 4:
Ausbruch, der eine Sicherung unmittelbar nach dem Freilegen des Gebirges und/ oder beim Maschinenvortrieb besondere Maßnahmen zur Verspannung erfordert.

Ausbruchklasse 5:
Ausbruch, der eine Sicherung unmittelbar nach dem Freilegen des Gebirges und besondere Arbeitsweisen erfordert (z.B. Einschränkungen und Sonderverfahren bei der Sprengarbeit, Begrenzung der Schräm- und Frästiefen bzw. Erstellung der Auffahrung mit Vollschnittmaschinen).

Ausbruchklasse 6:
Ausbruch, der eine Unterteilung des Ausbruchquerschnittes erfordert, die nicht durch betriebliche Gründe bedingt ist. Sicherungen und Arbeitsweisen in den Teilquerschnitten können unterschiedlich sein.

Ausbruchklasse 7:
Ausbruch, der bei Voll- oder Teilausbruch eine unmittelbare Sicherung und zusätzlich eine Sicherung der Ortsbrust erfordert.

Ausbruchklasse 8:
Ausbruch, der bei Voll- oder Teilausbruch eine vorauseilende Sicherung erfordert.

Ausbruchklasse 9:
Ausbruch, der bei Voll- oder Teilausbruch eine vorauseilende Sicherung und zusätzlich eine Sicherung der Ortsbrust erfordert.

Ausbruchklasse 10:
Ausbruch, der die Anwendung von Sonderverfahren erfordert (z.B. Druckluftbetrieb, Gefrieren, Injektionen).

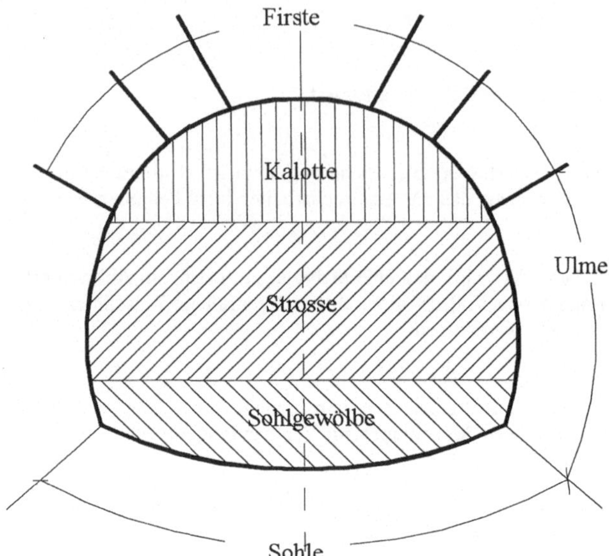

Bild 8.4-4 Bezeichnungen im Tunnelbau

Ist ein Ausbruch des vollen Querschnitts aus technischen, sicherheitstechnischen oder sonstigen Gründen nicht möglich, wird ein Teilausbruch z.B. im Kalotten- oder Ulmenstollenvortrieb ausgeführt. Die aufgrund der geologischen Verhältnisse maximal zulässigen Abschlagslängen müssen auf der Baustelle unbedingt eingehalten werden.

Der Verwaltungsentwurf wird meist unter Einschaltung von Ing.-Büros, die auf den Tunnelbau spezialisiert sind, gemeinsam mit einem oder mehreren Gutachtern aufgestellt. Die örtliche Verteilung der einzelnen Ausbruchklassen wird anhand eines Längsprofils dargestellt. Aus dem Ausbruchquerschnitt und der Länge des zu erstellenden Tunnelbauwerks ergeben sich die auf die jeweiligen Ausbruchklassen anfallenden Mengen.

Bei der Wahl des Bauverfahrens spielen eine ganze Reihe von Faktoren eine Rolle:

– Ausbruchklassen und ihre Verteilung über die Gesamtlänge des Tunnels
– Schichtenverlauf
– Durchlässigkeit des Gebirges
– Störungszonen
– Abbau im Vollausbruch oder Teilausbruch
– Förderung des abgebauten Materials
– Sicherungsmaßnahmen im Bauzustand
– Art der Ausführung (einschalig, zweischalig)
– Wasserandrang und -abführung

8.4.3.1
Spritzbetonbauweise

Spritzbeton als Baustoff findet im untertägigen Tunnelbau vielfach Verwendung. Mit Abstand am häufigsten wird Spritzbeton für Sicherungsmaßnahmen eingesetzt. Darüber hinaus verwendet man ihn auch für Profilierungen an der Ausbruchleibung, für partielle Randverstärkungen des Gebirges sowie für kleinflächige Versiegelungen oder Abdichtungen.

Rund 80-85% aller weltweit hergestellten untertägigen Tunnel sind in Spritzbetonbauweise oder vergleichbaren Verfahren hergestellt worden. Wesentliche Elemente der Spritzbetonbauweise sind von dem NÖT-Verfahren (Neue Österreichische Tunnelbauweise) übernommen worden.

Ausschreibungstext für Spritzbetonbauweise (auszugsweise):

OZ/Pos.Nr.	Leistungsbeschreibung

05.01.001
.................m^3
Ausbruch der Kalotte gem. Ausbruchklasse K3 im steigenden
bzw. fallenden Vortrieb gem. Baubeschreibung, für den plan-
gemäßen Regelquerschnitt des Gewölbeprofils, unter Beach-
tung der Dicken für Außen- und Innenschale, herstellen.
Abschlagtiefe: 3,50 m
In die Position sind einzurechnen:
– Ausbruch der Kalotte im Vollausbruch
– Lösen, Laden und Abtransport bis zum Tunnelanschlag
– Fassung und Ableitung des anfallenden Bergwassers bis
2 l/sec. (Grenzwassermenge) über Absetzbecken in die Vor-
flut, einschl. aller eventuellen Erschwernisse beim Vortrieb.
Die einzubauenden Sicherungsmittel werden nach gesonder-
ten Positionen abgerechnet.

05.01.002
Zulage zur Ausbruchsklasse K3 bei einer reduzierten Ab-
schlaglänge von 3,00 m,
sonst wie Pos. 05.01.001

05.01.017
.................m^3
Ausbruch der Strosse und Sohle gem. Ausbruchklasse St3/So2
im Vollausbruch für steigenden bzw. fallenden Vortrieb gem.
Baubeschreibung, für den plangemäßen Regelquerschnitt des
Gewölbeprofils unter Beachtung der Dicken für Außen- und
Innenschale herstellen.
Abschlagtiefe: 5,00 m
In die Position sind einzurechnen:
– Ausbruch der Strosse und Sohle im Vollausbruch mit allen
Rinnen und Profilierungen,
– kraftschlüssiger Anschluß der einzubauenden Sicherungs-
mittel (Spritzbetonschale, Ausbaubogen) an die vorhandene
Kalottensicherung
– Lösen, Laden und Abtransport bis zum Tunnelanschlag
– Fassung und Ableitung des anfallenden Bergwassers bis
2 l/sec. (Grenzwassermenge) über Absetzbecken in die Vor-
flut, einschl. aller eventuellen Erschwernisse beim Vortrieb.
Die einzelnen Sicherungsmittel werden nach gesonderten
Positionen abgerechnet.

05.01.018   Zulage zur Ausbruchklasse St3/So2 bei einer reduzierten Abschlagslänge von 4,00 m,
sonst wie Pos. 05.01.017

06.01.001   ....m^2
Spritzbeton der Güte B 25 gemäß Baubeschreibung im Zuge der Ausbruchsarbeiten in mehreren Lagen mit Einlage von konstruktiver und statischer Bewehrung liefern und einbauen. Sicherung der gesamten Hohlraumleibung.
Mindestdicke: 20 cm
Die Bewehrung wird nach einer gesonderten Position abgerechnet.

06.01.002   ....m^2
Mindestdicke: 25 cm,
sonst wie Pos. 06.01.001

06.02.001   ....St
Liefern, Bohren und Setzen von SN-Ankern im Zuge der Vortriebsarbeiten in der Kalotte und der Strosse einschl. aller Kleinteile und Herstellung eines kraftschlüssigen Verbundes mit dem Gebirge durch Vermörtelung, incl. Lieferung und Einbringen des Mörtels
Tragkraft midestens 200 kN,
Länge bis zu 4,0 m.

06.03.002   .... t
Betonstahlmatten BST 500 M gemäß Baubeschreibung zur Bewehrung der Spritzbetonschale liefern, zuschneiden und ein- oder mehrlagig einbauen einschl. der Befestigung an vorhandenen Bögen und am Gebirge.

06.04.001   .... m
Stahlausbau als Vollwandträger GI 100 oder statisch gleichwertiges Profil gemäß Baubeschreibung als Ausbaubögen im Zuge der Ausbrucharbeiten als Systemausbau liefern und einbauen incl. aller Kleineisenteile und Verbindungsmittel

Die Spritzbetonbauweise kann man beim normalerweise zweischalig ausgeführten Ausbau in folgende Arbeitsschritte untergliedern:

– Ausbruch
– Sicherung (Außenschale)
– Abtransport des Ausbruchmaterials
– Bau der Innenschale

Der Ausbruch kann bei entsprechend günstigen geologischen Verhältnissen mittels Tunnelbagger erfolgen. Dieser besitzt einen meist dreiteilig ausgebildeten Ausleger mit einer Grabschaufel (Excavator) an der Spitze. Aufgrund der Kinematik des Gerätes läßt sich der Tunnelquerschnitt profilgerecht, d.h. ohne Überprofil ausbrechen. Der Tunnelbagger kann nach den Ausbrucharbeiten als Ladegerät für das Haufwerk eingesetzt werden. Sollten bei einem Sprengbetrieb Nacharbeiten am Ausbruchquerschnitt notwendig werden, kann der Tunnelbagger auch diese Arbeiten übernehmen. Für den Ausbruch werden auch Teleskopbagger mit einer entsprechenden Abbauausrüstung eingesetzt, mit denen ebenfalls profilgetreu gearbeitet werden kann. Für den Ausbruch können auch Teilschnittmaschinen zum Einsatz kommen. Es sind dies meist raupengeführte Baugeräte, bei denen Schneid-, Fräs-oder Schrämköpfe den Abbau ausführen (Bild 8.4-9).

Beim Ausbruch dominiert der Sprengbetrieb. Rund 75% aller derzeit im Bau befindlichen Tunnel werden mittels Sprengvortrieb ausgeführt. Wesentliche Ziele des Sprengvortriebs sind ein gebirgsschonender Ausbruch sowie profilgenaues Sprengen, um damit die wegen des Überprofils notwendigen Betonmengen für die Verfüllung zu minimieren. Die Bohrlöcher werden mit hydraulischen Bohrhämmern, an deren Spitze sich die Gesteinsbohrwerkzeuge befinden, aufgebohrt. Die Bohrwerkzeuge besitzen Hartmetalleinsätze in Stift- oder Schneidenform. Im Tunnelbau werden überwiegend Stiftbohrkronen eingesetzt. Die Stiftform, sphärisch oder ballistisch, wird in Abhängigkeit von der Gesteinshärte ausgewählt. Die Bohrhämmer sind auf Lafetten angeordnet, die vom Bohrwagen aus elektronisch auf die einzelnen Bohransatzpunkte ausgerichtet werden können (Bild 8.4-5). Um möglichst gebirgsschonend und effektiv zu sprengen, werden der Bohrlochdurchmesser, die Länge und die Anordnung der Bohrlöcher sorgfältig geplant. Aus Gründen der Arbeitssicherheit werden an die Sprengstoffe und Zünder sehr hohe Sicherheitsanforderungen gestellt. Sprengarbeiten dürfen nur von speziell dazu ausgebildeten Beschäftigten ausgeführt werden. In Deutschland und Österreich kommen hauptsächlich elektrische Zünder zum Einsatz. Die Kombination von elektrischen mit elektronischen Zündern ist vorteilhaft für einen profilgerechten Ausbruch. Allerdings sind elektronische Zünder deutlich teurer als elektrische, so daß abgewogen werden muß, ob ihr Einsatz unter wirtschaftlichen Gesichtspunkten vertretbar ist.

Sprengstoffe im Tunnelbau unterliegen während des Transports, der Lagerung und des Einsatzes sehr strengen Sicherheitsauflagen. Sie müssen wasserfest und schwer detonierbar sein. Sie dürfen also unter keinen Umständen schon bei den auf Baustellen üblichen mechanischen Beanspruchungen detonieren. Der

Bild 8.4-5 Tunnelbohrmaschine (ATLAS-COPCO)

Sprengstoff wird meist in Patronenform in die Bohrlöcher eingebracht. Für die Wahl des Sprengstoffs spielen neben der Energiedichte, der Zahl und Anordnung der Bohrlöcher sowie der Sprengstoffmenge Umweltschutzgesichtspunkte eine immer stärkere Rolle.

Der Abtransport des Ausbruchmaterials erfolgt meist mit Fahrzeugen, die mit Dieselmotoren ausgestattet sind. Zu diesen Dieselemissionen kommen noch zusätzliche Belastungen der Atemluft durch die Sprengschwaden. Emulsionssprengstoffe haben gegenüber gelatinösen Sprengstoffen wesentlich geringere Schadstoffanteile an CO bzw. NO_x in den Sprengschwaden. Dies kann künftig zu einem verstärkten Einsatz von Emulsionssprengstoffen führen, um die Schadstoffkonzentrationen unter den zulässigen Grenzwerten halten zu können. Die notwendige Sprengstoffmenge läßt sich anhand einer auf Praxiserfahrungen beruhenden Formel überschlägig ermitteln (Petzold, 1996).

Beispiel. Der Tunnel besitzt einen Ausbruch-Querschitt S von 150 m². Die Abschlagslänge L_A beträgt 2,50 m. Die spezifische Sprengstoffmenge ergibt sich damit zu:

$$q = 14 : S + 0,8$$

$$q = 14 : 150 + 0,8 = 0,093 + 0,8 = 0,893 \ kg/ \ m^3.$$

Die Gesamtlademenge ergibt sich zu:

$$M_L = S \times L_A \times q$$

$$M_L = 150 \times 2{,}50 \times 0{,}893 = \text{ca. } 335 \text{ kg}$$

Diese Sprengstoffmenge stellt einen ersten Näherungswert dar, der auf die jeweiligen örtlichen Verhältnisse angepaßt werden muß.

Übliche Bohrlochdurchmesser im Tunnelbau betragen zwischen 45 und 52 mm, so daß sich Sprengstoffpatronen mit einem Außendurchmesser von 38 mm problemlos verwenden lassen. Voraussetzung für einen erfolgreichen Sprengbetrieb ist die lage- und richtungsgenaue Ausführung der Bohrlöcher. Elektronisch gesteuerte Bohrlafetten ermöglichen das genaue Anfahren der Bohrlöcher. Der Bohrwagenfahrer kann auf seinem Bildschirm die Bohr-Ansatzpunkte, die Neigung und die Tiefe der Bohrlöcher erkennen.

Das Anfahren erfolgt mit relativ geringem Andruck, um die Richtung möglichst präzise einhalten zu können. Die elektronische Systemsteuerung gewährleistet eine Optimierung von Vorschub, Rotation und Schlagleistung. Die an den Bohrarmen angebrachten Sensoren liefern Daten über die ausgeführten Bohrungen, die dann mittels einer CAD-Software zu einem Bohr-Report aufbereitet werden. Der Bauleiter wird damit in die Lage versetzt, sich am Bildschirm jederzeit einen Überblick über den aktuellen Stand des Sprengbetriebs verschaffen zu können.

Unmittelbar nach der Sprengung muß eine Profilkontrolle erfolgen. Dadurch kann der Bauleiter unmittelbar auf eventuelle Abweichungen von Soll-Querschnitt (Über-, Unterprofil) reagieren und den Sprengvortrieb entsprechend modifizieren.

Als Sicherungsmittel stehen bei der Spritzbetonbauweise zur Verfügung:

- Spritzbeton
- Bögen
- Anker
- Bewehrungsmatten

Das Aufbringen des Spritzbetons kann mittels Naßspritzverfahren oder dem Trockenspritzverfahren mit ofengetrockneten oder mit erdfeuchten Zuschlägen erfolgen. Häufig spielen bei der Festlegung des Verfahrens Umweltschutzgesichtspunkte eine maßgebliche Rolle, insbesondere bezüglich der Forderung nach alkalifreien Erstarrungsbechleunigern beim Naßspritzverfahren.

Beim Naßspritzverfahren. wird eine vorgefertigte Mischung verwendet, für die vorab Eignungs- und Güteprüfungen durchgeführt werden müssen. Über eine Spritzdüse wird der Spritzbeton gemeinsam mit einem Erstarrungsbeschleuniger mittels Druckluft an die Hohlraumleibung gespritzt. Dank der hohen Anwurfgeschwindigkeit erfolgt eine Verdichtung der Spritzbetonschicht. Diese bewirkt, meist in Verbindung mit weiteren Sicherungsmitteln wie Gebirgsankern etc., einen vollflächigen und kraftschlüssigen Verbund mit dem umgebenden Gebirge. Der Spritzbeton wird über hydraulisch bewegliche Spritzausleger, an deren Spitze ein Strahlrohr angebracht ist, auf die Hohlraumleibung aufgetragen. Schwenkmotore, die am Strahlrohr angebracht sind, erlauben eine optimale Ausrichtung des Strahlrohres. Die Spritzrichtung erfolgt jeweils senkrecht auf die Leibung. Die Steuerung der Fördermenge sowie die Führung von Ausleger und Strahlrohr erfolgt über eine Fernbedienung. Das Bedienungspersonal kann sich damit während des Anspritzens außerhalb des Bereichs mit hoher Staubkonzentration und auch außerhalb von noch nicht ausreichend gesicherten Ausbruchabschnitten aufhalten.

Beim Trockenspritzverfahren erfolgt die Wasserzugabe zum Trockengemisch manuell an der Spritzdüse. Dies erfordert sehr viel Erfahrung beim Bedienungspersonal, damit keine nachteilige Veränderung des w/z-Faktors erfolgt. Die Menge des Spritzbetons, die beim Spritzvorgang wieder zu Boden fällt, der sog. Rückprall, beträgt beim Trockenspritzverfahren rund 30%, verbunden mit einer relativ hohen Staubentwicklung. Vorteilhaft bei diesem Verfahren ist, daß der Spritzvorgang in Intervallen ausgeführt werden kann, ohne daß die Geräte jeweils gereinigt werden müßten. Deshalb ist das Trockenspritzverfahren insbesondere bei kleinen aufzubringenden Mengen gut geeignet.

Die Anker stellen bei der Spritzbetonbauweise ein zusätzliches Sicherungselement dar. Sie werden im Regelfall radial, d.h. senkrecht zur Hohlraumleibung ausgeführt, sofern keine ungünstigen Trennflächengefüge dem entgegenstehen. Die Anker werden unmittelbar nach Ausbruch und der sog. Schutterung (Laden und Abfahren des Ausbruchmaterials) versetzt Die Bohrlöcher für die Anker werden meistens mit dem gleichen Bohrwagen gebohrt, der für die Bohrlöcher für den Sprengbetrieb eingesetzt ist. Ausbaubögen werden im Regelfall in einem Abstand von etwa 50 cm hinter der Ortsbrust aufgestellt. Der Abstand der Ausbaubögen untereinander beträgt i.d.R. eine Abschlagslänge.

Durch die Ankerung in Verbindung mit der Spritzbetonschale entsteht ein kraftschlüssiger Verbund mit dem umgebenden Gebirge. In geologisch empfindlichen Bereichen kann es notwendig werden, eine dem Ausbruch vorauseilende Sicherung vorzunehmen. Diese wird unmittelbar nach dem Setzen und Ausspritzen des vordersten Ausbaubogens eingebracht, z.B. durch Injektionsanker.

Der Standardablauf der Spritzbetonbauweise läßt sich wie folgt beschreiben:

- Sprengvortrieb
  Bohrlöcher bohren
  Sprengpatronen einsetzen
  Zündung verdrahten
  Sprengen
- Schutterung
  Ausbruchmaterial laden und
  abtransportieren
- Drainage
  soweit notwendig, Drainage verlegen

- Sicherung
    Versiegelung mit Spritzbeton
    Baustahlmatten einbringen und befestigen
    Verbaubögen setzen
    Ankerlöcher bohren
    Anker einbauen
    Spritzbeton aufbringen
- Abdichtung
    soweit notwendig, die Spritzbetonflächen ebnen und eine Kunststoffdichtungsbahn aufbringen

Mit der Spritzbetonbauweise lassen sich praktisch alle Tunnelquerschnitte auffahren. Wechselnde Querschnitte wie z.B. Aufweitungen sind mit diesem Verfahren
ebenfalls gut beherrschbar. Die Bauweise mit Spritzbeton besitzt eine große Anpassungsfähigkeit an die jeweiligen geologischen Verhältnisse. Die Ausbruchsmethode und der Umfang der Sicherungsmaßnahmen können im Bedarfsfall relativ schnell angepaßt werden, ohne daß es zu längeren Standzeiten der Baugeräte
oder gar zu einem Stillstand der Baustelle kommt. Bezüglich der Gebirgsdeformationen muß ein hoher meßtechnischer Aufwand getrieben werden, um den
optimalen Zeitpunkt für den Einbau der Sicherungselemente sicherzustellen.
Kontrollmessungen sind insbesondere für setzungsempfindlichen Bereiche notwendig (z.B. oberirdische Bebauung oder kreuzende Verkehrswege).

Ausschlaggebend für den wirtschaftlichen Erfolg der Spritzbetonbauweise sind
mit den einzelnen Arbeitsabläufen bestens vertraute, eingespielte Kolonnen. Eine
Kolonne besteht beim Sprengvortrieb aus dem sog. Drittelsführer, den Mineuren
und den Geräteführerrn. Für die Bezahlung wird ein Leistungslohn vereinbart, der
an die Vortriebsleistung gekoppelt ist. Die Vortriebsarbeiten werden im Mehrschichtenbetrieb ausgeführt. Weitere Kolonnen werden für die Sicherungsmaßnahmen und für das Aufbringen des Spritzbetons eingesetzt. Zulagen für Arbeiten
im Tunnel, für Überstunden, Samstags-, Sonntags-, Feiertags- und Nachtarbeit
sind durch Tarifvertrag geregelt.

Regelausführung bei der Spritzbetonbauweise ist der zweischalige Ausbau
(Bild 8.4-6). Die Außenschale, bestehend aus der Spritzbetonschale und den sonstigen Sicherungselementen dienen der vorläufigen Sicherung des aufgefahrenen
Hohlraums. Die Innenschale aus Stahlbeton ist das eigentliche Tunnel-Bauwerk.
Für die Innenschale wird im Regelfall wasserundurchlässiger Beton (WUB-Beton)
verwendet.

Kunststoffdichtungsbahnen dienen als Abdichtungen gegen drückendes Wasser. Sie werden auf die geebneten Flächen der Außenschale aufgebracht und befestigt. Werden Kunststoffdichtungsbahnen eingesetzt, kann bei der Innenschale auf
einen WUB-Beton verzichtet werden. Für die Schalarbeiten wird ein verfahrbarer
Schalwagen eingesetzt.

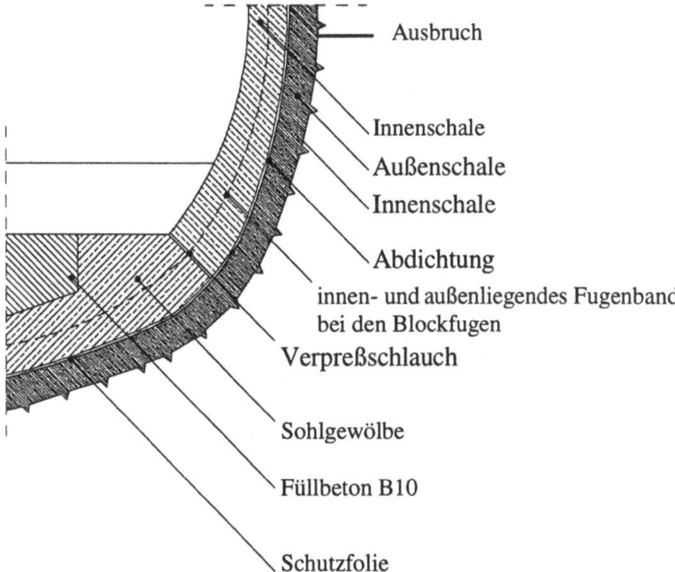

Bild 8.4-6 Zweischaliger Ausbau bei der Spritzbetonbauweise

Zu den Blockfugen werden innenliegende Fugenbänder und in der Fuge zwischen der Sohle und dem Gewölbe wird ein Bleichstreifen von mindestens 30 cm Breite eingebaut. Der Beton wird über speziell für den Tunnelbau konzipierte Betonpumpen eingebracht (Bild 8.4-7).

Die im Tunnelbau eingesetzten Geräte werden infolge des Mehrschichtenbetriebes und der sonstigen Baustellenbedingungen extrem stark beansprucht. Um Reparaturarbeiten und die Ersatzteilvorhaltung zu erleichtern, werden Geräte häufig nur von einem einzigen Hersteller eingesetzt, so z.B. die Spritzbetonmaschinen vom Hersteller A, sämtliche Bohrgeräte vom Hersteller B etc.

Bemühungen, die Vortriebsleistungen zu erhöhen, haben zur Entwicklung und Anwendung einer einschaligen Bauweise unter Verwendung von Stahlfaserbeton geführt. Stahlfaserbeton besitzt gegenüber dem unbewehrten Spritzbeton eine wesentlich bessere Frühfestigkeit. Zeitaufwendige Teilleistungen wie das Verlegen der Baustahlmatten können beim Stahlfaserbeton entfallen, wodurch sich höhere Vortriebsleistungen erzielen lassen (Maidl, B., 1994).

Maßnahmen zur Arbeitssicherheit haben im Tunnelbau einen hohen Stellenwert. Staubpartikel in der Luft, Emissionen aus den Dieselmotoren (DME), Sprengstoffschwaden sowie diffuse Lichtverhältnisse führen zu erheblichen gesundheitlichen Belastungen am Arbeitsplatz. Für Arbeiten unter Tage bestehen eine Reihe von Vorschriften und Bestimmungen, die von der Bauleitung unbedingt beachtet werden müssen:

Technische Regeln für Gefahrstoffe – TRGS 900
„Grenzwerte in der Luft am Arbeitsplatz – MAK – und TRK-Werte"

Technische Regeln für Gefahrstoffe – TRGS 905
„Verzeichnis krebserregender, erbgutverändernder oder fortpflanzungsgefährdender
Stoffe"

Technische Regeln für Gefahrstoffe – TRGS 403
„Dieselmotorenemissionen"
Unfallverhütungsvorschriften „Sprengarbeiten (VBG 46)"

Bild 8.4-7 Einsatz einer Betonpumpe im Tunnelbau (Putzmeister)

Um die darin aufgeführten Grenzwerte einzuhalten und damit für akzeptable
Arbeitsbedingungen für die Beschäftigten zu schaffen, ist für eine ausreichend
dimensionierte Be- und Entlüftung im Tunnel zu sorgen. Für die Dimensionie-
rung der Belüftung gelten folgende Randbedingungen (König, 1996):

- $2 \, m^3$ / min Frischluft pro Beschäftigten im Bauwerk

- als Verbrennungskraftmaschinen dürfen im Tunnel nur Dieselmotoren verwendet
  werden

- beim Einsatz von Dieselmotoren im Tunnel sind $4 \, m^3$/ min Frischluft pro Diesel-kW
  mit einem Gleichzeitigkeitsfaktor von 0,75 anzusetzen

- die Luftgeschwindigkeit im Tunnel darf nicht kleiner als 0,3 m/s, das entspricht 18m^3/min pro m^2 Tunnelquerschnitt, und nicht größer als 6,0 m/s sein. Leck- und Reibungsverluste in den Rohrleitungen (Lutten) sind zu berücksichtigen

- der Frischluftaustritt ist bis 30 m an die Ortsbrust heranzuführen und dem Baufortschritt entsprechend nachzuziehen

8.4.3.2
Tunnelbohrmaschinen (TBM)

Vollschnittmaschinen. fahren kreisrunde Tunnelquerschnitte in einem Arbeitsgang auf. Im Hartgestein ist der an der Stirnfront der TBM befindliche sog. Bohrkopf mit Rollenmeißeln besetzt. Schluff- und tonhaltige Böden lassen sich ebenfalls mittels dieser Vortriebstechnik auffahren. Das anstehende Gebirge wird bei der TBM sozusagen als Widerlager benutzt, um den vollen Anpreßdruck auf die Ortsbrust aufbringen zu können. Die Tunnelbohrmaschinen sind jeweils Einzelanfertigungen für eine ganz bestimmte Baumaßnahme. Die Lieferzeiten sind entsprechend lang. Es ist ausgesprochen selten, daß nach Abschluß der Tunnelbauarbeiten später einmal exakt der gleiche Tunnelquerschnitt erneut ausgeschrieben wird. Die Investitionskosten für die TBM müssen also zu 100% auf die jeweilige Baumaßnahme abgeschrieben werden. Der Einsatz einer Tunnelbohrmaschine ist deshalb erst bei relativ langen Tunneln wirtschaftlich.

Die Rollenmeißel bewirken durch ihren hohen Anpreßdruck auf das Gestein Zugspannungen, die zu einer Absplitterung des Gesteins führen (sog. Chips). Die Meißel unterliegen hohen Beanspruchungen. Sie können im Bedarfsfall von innen her ausgewechselt werden. Das abgebaute Gesteinsmaterial wird über ein Förderband oder eine Förderschnecke aus dem Arbeitsbereich nach hinten befördert und kann entweder im Gleisbetrieb oder mittels Ladegerät und Dumpern abtransportiert werden. Der Abbau der Ortsbrust und die Förderung des Abbruchmaterials erfolgen bei diesem Verfahren im Gegensatz zum Sprengbetrieb kontinuierlich. Dadurch lassen sich wesentlich höhere Vortriebsleistungen erzielen. Die Vortriebsleistung fällt allerdings deutlich ab, wenn Störungszonen im Gebirge angefahren werden. Eventuell notwendig werdende Sicherungsmaßnahmen können im Extremfall zum Stillstand des gesamten Vortriebs führen. Wenn eine Tunnelbohrmaschine eingesetzt werden soll, sind sehr eingehende geologische Voruntersuchungen notwendig, am besten durch den Bau eines Sondierstollens über die gesamte Tunnellänge.

Druckluftbetrieb. Großflächige Grundwasserabsenkungen werden häufig wegen der Gefahr von Setzungen oder aus umwelttechnischen Gesichtspunkten nicht zugelassen. Für Tunnelbauten unter dem Grundwasserspiegel müssen deshalb Vorkehrungen getroffen werden, um das Eindringen von Wasser in den Arbeitsraum zu verhindern. Der Vortrieb wird in diesen Fällen z.B. unter Druckluft ausgeführt. Die unter Druck stehende Arbeitskammer ist gegenüber der Tunnelröhre durch eine luftdichte Druckwand aus Stahl abgeschottet. Für Personal und Material wird je eine separate Schleuse in die Druckwand installiert. Der aufzubringende Luftdruck ist auf den anstehenden hydrostatischen Wasserdruck, bezogen auf die Tunnelsohle, zu bemessen. Dadurch ist im Firstbereich ein gewisser Überdruck vorhanden.

Arbeiten unter Druckluft unterliegen besonderen Sicherheitsbestimmungen. Sie sind bei der Tiefbauberufsgenossenschaft (TBG) und dem zuständigen Bergamt anzuzeigen. Zusätzlich sollten auch Überwachungsärzte und die örtliche Feuerwehr informiert werden. Beim Druckluftbetrieb fallen z.T. erhebliche Mehrkosten an. Neben der Stahldruckwand sowie den Personal- und Materialschleusen müssen Trockenräume sowie eine Krankenschleuse für den Fall von Drucklufterkrankungen vorgehalten werden. Zusätzlich fallen Energiekosten für die Drucklufterzeugung sowie Vorhaltekosten für Ersatzkompressoren und Notstromaggregate an.

Die vorgeschriebenen Zeiten für Ein- und Ausschleusung sowie notwendige Wartezeiten des Personals dürfen in keinem Fall unterschritten werden, um die Gesundheit der Beschäftigten nicht zu gefährden. Die zulässigen Arbeitszeiten unter Druckluft sind limitiert, so daß auch erhebliche Personalmehrkosten bei diesem Verfahren anfallen.

Flüssigkeitsgestützte Ortsbrust. Als stützende Flüssigkeit wird meistens eine Bentonit-Suspension eingesetzt. Das aus Abbruchmaterial und der Suspension bestehende Gemisch wird durch eine Dickstoffpumpe aus dem Arbeitsbereich gefördert. Größere Steine werden mittels Steinbrecher so weit zerkleinert, daß sie ebenfalls abgepumpt werden können. In einer Separieranlage wird die Suspension zurückgewonnen.

Die Auskleidung der Tunnelröhre erfolgt mit Tübbingen. Dies sind werksseitig hergestellte Fertigteilelemente (Kreisbogensegmente), die auf der Baustelle innerhalb der Vortriebsmaschine versetzt und montiert werden. Als Baustoffe für die Tübbinge stehen Guß, Stahlbeton und Stahl zur Verfügung. Wegen ihres hohen Gewichts werden die Segmente mechanisch über ein Förderband zur Einbaustelle transportiert und über sog. Erektoren paßgenau versetzt und miteinander verschraubt.

Während des Schildvortriebs entsteht zwischen dem Gebirge und dem Tübbingring ein verfahrenstechnisch bedingter Hohlraum. Diese wird während des Vortriebs, meist mit Extrudierbeton, laufend verfüllt, um Nachbrüche des Gebirges oder Verschiebungen des Tübbingrings zu vermeiden.

Über einen Kontrollmonitor kann die Schildfahrt der Tunnelbohrmaschine während der gesamten Einsatzzeit kontinuierlich verfolgt werden. Horizontale oder vertikale Abweichungen von der Soll-Lage können sofort erkannt und durch entsprechende Maßnahmen ausgeglichen werden.

Bild 8.4-8 Mixschild für die Untertunnelung des Suezkanals (Herrenknecht)

Teilschnittmaschinen. Mit Teilschnittmaschinen wird der Ausbruchquerschnitt sukzessive abgebaut. Das Teilschnittverfahren kann für sämtliche Tunnelquerschnitte eingesetzt werden. Auch wechselnde Querschnitte innerhalb des Streckenverlaufs können mit gut geschultem Personal problemlos profilgerecht aufgefahren werden. Als Abbauwerkzeuge stehen Baggerschaufeln (Excavator), Schrämköpfe (Bild 8.4-.9) oder Fräsköpfe (Längs- oder Querschneidköpfe) zur Verfügung. Längsschneidköpfe sind in Längsrichtung des Auslegers, Querschneidköpfe rechtwinklig zur Auslegerachse angeordnet. Mit den am Markt verfügbaren Fräß- und Schrämköpfen lassen sich hohe Löseleistungen erzielen. Das gewonnene Haufwerk ist ohne zusätzlichen Brechaufwand fördergerecht. Welche Abbauwerkzeuge für den Einsatz gewählt werden, hängt von der geometrischen Form des Ausbruchquerschnitts, von der Gesteinsart und der vom

Terminplan vorgegebenen Ausbruchleistung pro Schicht ab. Die Geräte sind nach ihrem Einsatz weiter verwendbar und brauchen deshalb nicht zu 100% auf eine Baustelle abgeschrieben zu werden. Teilschnittmaschinen sind häufig mit integrierten Kettenförderern ausgestattet, die das Material aus dem Abbaubereich heraus nach hinten transportieren. Von dort erfolgt der Weitertransport aus der Tunnelröhre heraus.

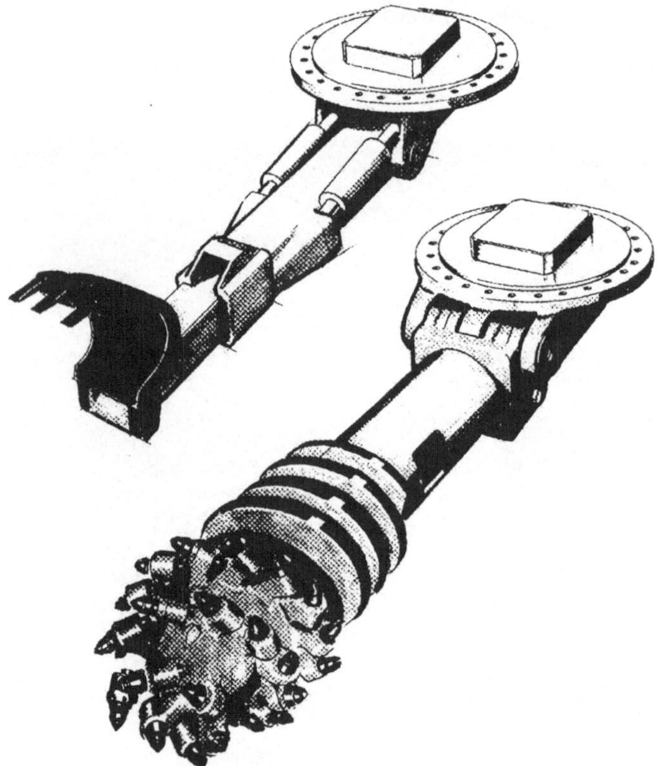

Bild 8.4-9 Excavator und Schrämkopf (Herrenknecht)

8.5
Tiefbau und Spezialtiefbau

Die Zugehörigkeit eines Bauverfahrens oder einer Ausführungsart zum Tiefbau oder zum Spezialtiefbau ist nicht eindeutig definiert. Meist werden dem Tiefbau die „klassischen" Verfahren aus dem Stahlbetonbau zugerechnet wie z.B. der Brückenbau, Durchpressungen und Senkkastengründungen. Zum Spezialtiefbau gehören z.B. der Bau von Schlitzwänden, Tiefgründungen, Dichtwandumschließungen von kontaminierten Standorten, Hochdruckinjektionen (HDI) etc. Kennzeichen dieser Baumethoden sind die hohen fachtechnischen Anforderungen an die Einbaukolonnen. Im folgenden wird die Zuordnung der unterschiedlichen Verfahren nach der technischen Funktion vorgenommen.

8.5.1
Baugrubenumschließungen

Insbesondere im Innenstadtbereich ist es normalerweise aus Platzgründen nicht möglich, eine Baugrube mit Böschungen auszuheben. Für das Herstellen senkrechter Baugrubenwände stehen eine Reihe von technischen Möglichkeiten zur Verfügung.

8.5.1.1
Trägerbohlwand

Die Trägerbohlwand ist eine bereits seit Jahrzehnten praktizierte Lösung für Baugrubenumschließungen. Sie besteht aus Stahlträgern, die in Abhängigkeit von den statischen Erfordernissen in Abständen von rd. 1,50 m bis 3,00 m in den Boden eingebracht werden. Die Wandfläche zwischen den Stahlträgern wird durch Spritzbeton oder mit Holzbohlen gesichert. Bei innerstädtischen Baugruben werden die Stahlträger in vorgebohrte Löcher gestellt, weil bei dieser Methode keine nennenswerten Lärmemissionen oder Erschütterungen auftreten. Die Stahlträger können im Normalfall nach Abschluß der Arbeiten komplett wiedergewonnen und erneut verwendet werden. Eine Ausnahme hiervon liegt z.B. vor, wenn die Fußpunkte der Trägerbohlwand wegen Aufnahme von Vertikalkräften aus Rückverankerungen bei tiefen Baugruben einbetoniert werden müssen. Die Träger können lagegenau versetzt werden, während bei gerammten Trägern häufiger Abweichungen von der Vertikalen auftreten.

Der Holzverbau, meist in Form des sog. Berliner Verbaus ausgeführt, ist die Regelausführung in sämtlichen Bereichen, wo kein Grundwasser auftritt. Das Versetzen der Holzbohlen und das Verkeilen hinter den Trägerflanschen ist arbeitsaufwendig und dauert relativ lange. Spritzbeton für die Ausfachung wird im GW-Wechselbereich oder aus statischen Gründen angewendet. Der Trägerverbau mit Spritzbeton ist verformungsärmer als der mit einer Holzausfachung.

Der Holzverbau findet generell im oberen Bereich der Baugrubenwand mit einer Höhe von 2,0 bis 2,5 m Anwendung (Bild 8.5-1). In diesem Bereich sind

Bild 8.5-1 Holzverbau im oberen Baugrubenbereich (BAUER)

nach Abschluß der Bauarbeiten häufig Ver- und Entsorgungsleitungen neu zu verlegen. Dazu werden die Stahlträger in der entsprechenden Höhe abgebrannt und die Holzbohlen entfernt, was mit relativ geringem Aufwand ausgeführt werden kann. Bei anderen Verbauarten wären umfangreiche Stemmarbeiten o.ä. notwendig, um Leitungen hindurchzuführen.

8.5.1.2
Bohrpfahlwand

Die Herstellung einer Bohrpfahlwand erfolgt in folgenden Arbeitsschritten:

- Herstellung einer Bohrschablone
- Abteufung der Bohrung
- Bodenaushub innerhalb des Bohrrohres
- Einsetzen des Bewehrungskorbes (bei den zu bewehrenden Pfählen)
- Betonieren der Pfähle

Die Bohrschablone wird aus Ortbeton hergestellt und liefert die Bohransatzpunkte für die einzelnen Bohrungen. Im innerstädtischen Bereich, insbesondere bei tiefen Baugruben, bilden meist überschnittene Bohrpfahlwände die Baugrubenumschließung. Sie sind im Gegensatz zu tangierenden oder aufgelösten

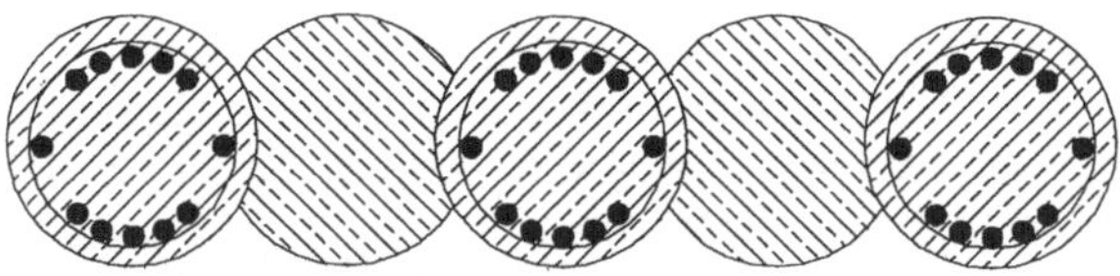

Bild 8.5-2 Überschnittene Bohrpfahlwand

Pfahlwänden druckwasserdicht und werden daher bei Baugruben im Grundwasserbereich eingesetzt. Die Pfähle können bis unmittelbar an die Nachbarbebauung heran ausgeführt werden.

Die Verformungen sind bei dieser Art der Baugrubenumschließung gering, so daß bei ordnungsgemäßer Ausführung keine schädlichen Setzungen zu befürchten sind. Je nach statischen Erfordernissen wird jeder zweite oder auch nur jeder dritte Bohrpfahl bewehrt, während die anderen unbewehrt sind. Zunächst werden die unbewehrten Pfähle hergestellt. Anschließend stellt man die Bohrpfähle her, die später eine Bewehrung erhalten. Die bewehrten Pfähle schneiden mit etwa 10 bis 15 cm in die unbewehrten Nachbarpfähle ein (Bild 8.5-2). Das Einschneiden erfolgt mittels einer Bohrrohrkrone, die am unteren Ende des Bohrrohrs angebracht ist. Nach Erreichen der Solltiefe und der Förderung des im Bohrrohr befindlichen Bodens wird der Bewehrungskorb eingestellt. Unter gleichzeitigem Ziehen des Bohrrohrs wird der Pfahl ausbetoniert. Im Grundwasserbereich kommt das sog. Kontraktorverfahren zur Anwendung. Hierbei befindet sich die Austrittsöffnung des Schüttrohres immer rd. 3 bis 5 m tief im Frischbeton, um eine Entmischung des Betons zu verhindern.

Für die Ausführung der Bohrarbeiten stehen mehrere Verfahren zur Verfügung, von denen die wichtigsten nachfolgend beschrieben werden:

Bohrpfahlherstellung mit Verrohrungsmaschine. Die Bohrrohre bestehen aus doppelwandigen Stahlrohren mit einer Länge zwischen 1,0 und 6,0 m. Sie werden jeweils auf den vorangegangenen, in den Boden gebohrten Bohrschuß aufgesetzt und durch Spezialschrauben miteinander verbunden. Mit diesem Verfahren lassen sich Bohrtiefen von bis zu 50 m erzielen.

Die Verrohrungsmaschine ist gelenkig mit einem Seilbagger verbunden. Die Bohrrohre werden mit einer hydraulischen Rohrschelle fest umschlossen. Über Hubzylinder wird das Bohrrohr unter Nutzung des Eigengewichtes der Verrohrungsanlage unter oszillierenden Drehbewegungen in den Untergrund gedrückt (Bild 8.5-3). Das im Bohrrohr befindliche Bodenmaterial wird mittels Greifer gefördert. Das Bohrrohr sollte dem Aushub immer um ein bestimmtes Maß vorauseilen. Nach dem Versetzen des Bewehrungskorbes wird der Pfahl unter gleichzeitigem Ziehen des Bohrrohres betoniert. Bei dem unter drehenden Bewegungen erfolgenden Ziehvorgang wird wieder die Verrohrungsmaschine eingesetzt.

Verfahrensbedingt treten Erschütterungen auf, insbesondere dann, wenn mittels Meißeleinsatz Felsbänke o.ä. durchörtert werden müssen. Dies ist zu berücksichtigen, wenn die Verrohrungsmaschine im Innenstadtbereich eingesetzt werden soll.

Bild 8.5-3 Verrohrungsmaschine (LIEBHERR)

Im Tief- und Spezialtiefbau wird dank der Entwicklung immer leistungsfähigerer Geräte mittlerweile das Drehbohrverfahren am häufigsten eingesetzt. Durchmesser und Tiefen der Bohrpfähle können praktisch jeder Bodenart optimal angepaßt werden. Neben den statischen Erfordernissen sind auch die räumlichen Verhältnisse auf der Baustelle für die Wahl des Bohrpfahldurchmessers maßgeblich. Es lassen sich deshalb nicht immer die wirtschaftlich günstigsten Bohrdurchmesser auf der Baustelle einsetzen.

Drehbohrverfahren. Drei Verfahren werden im folgenden näher erläutert:

- Kellydrehbohrverfahren
- Schnecken-Drehbohrverfahren (SOB-System)
- Doppelkopf-Drehbohrverfahren (VdW-System)

Trägergerät ist jeweils ein Hydraulikbagger. Beim Kelly-System erfolgt das Eindrücken des Rohres unter gleichzeitiger Drehbewegung des Drehtellers, der mit dem Bohrrohr fest verbunden ist (Bild 8.5-4). Die Förderung des Bodens erfolgt meist über eine Förderschnecke. Müssen härtere Gesteinsschichten oder Fundamentreste durchfahren werden, können entsprechende Werkzeuge an die Kellystange wie z.B. ein Kernbohrrohr montiert werden (Bild 8.5-7). Statt einer Verrohrung kann bei entsprechenden Bodenverhältnissen das Bohrloch mit einer Bentonit-Suspension gegenüber dem umgebenden Erdreich abgestützt werden.

Bei der Herstellung von Ortbetonpfählen nach dem SOB-Verfahren wird zunächst die Bohrschnecke bis auf die gewünschte Tiefe eingedreht (Bild 8.5-5). Der gelöste Boden befindet sich innerhalb der Schneckenwendeln und wirkt stützend auf die Wandung des Bohrlochs. Innerhalb der Schnecke befindet sich das Betonrohr, das sog. Seelenrohr. Durch dieses wird der Beton über eine Betonpumpe in das Bohrloch bei gleichzeitigem Ziehen der Schnecke (ohne Drehbewegung) eingebracht. Der Bewehrungskorb wird mittels Aufsatzrüttler in den noch frischen Beton eingebracht. Der Bewehrungskorb ist mit Abstandhaltern bestückt, um die zentrische Ausrichtung im Bohrloch sicherzustellen.

Bei Anwendung des VdW-Systems können die Bohrpfähle direkt neben der Nachbarbebauung ausgeführt werden (Bild 8.5-6), üblicherweise mit kleineren Durchmessern von 300 bis 400 mm. Das Bohrrohr und die innerhalb des Bohrrohres angeordnete Schnecke werden durch zwei gegenläufige Drehantriebe bis auf Solltiefe in den Boden eingedreht. Das Betonieren erfolgt unter gleichzeitigem Ziehen des Bohrrohres.

Um die Baugrube frei von störenden Aussteifungen zu halten, werden die Bohrpfahlwände im Boden rückverankert. Je nach statischen Erfordernissen kann dies auch in mehreren Lagen übereinander erfolgen (Bild 8.5-1). Die DIN 4125 unterscheidet zwischen Kurzzeit- und Daueranker. Kurzzeitanker dienen definitionsgemäß der temporären Sicherung von Baugruben, maximal über einen Zeitraum von zwei Jahren. Nach Fertigstellung des Bauwerks werden die Kurzzeitanker nicht mehr benötigt. Daueranker müssen über einen Jahrzehnte umfas-

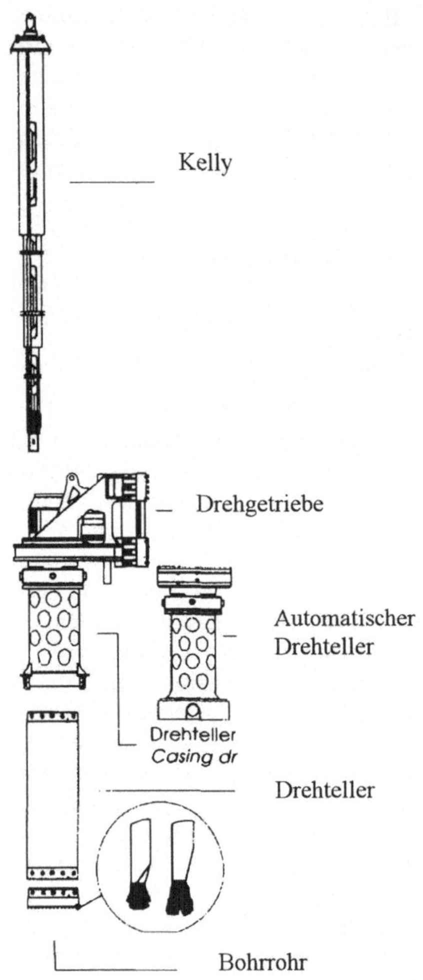

Bild 8.5-4 Kelly-Drehbohrverfahren (BAUER)

senden Zeitraum funktionsfähig bleiben. Sie werden z.B. bei der Sicherung von Stützmauern und Böschungen neben Verkehrswegen eingesetzt (Bild 8.5-8).
Der Arbeitsablauf bei der Herstellung von Ankern erfolgt in folgenden Schritten:

– Herstellen des Bohrloch mittels Drehbohrgerät.
– Einführen des Ankerzuggliedes
– Verpressen mit Zement im Bereich der sog. Verpreßstrecke (Krafteinleitungsstrecke) bei gleichzeitigem Ziehen des Bohrrohres
– Nach ausreichender Erhärtung des Verpreßkörpers Prüfung des Ankers und Aufbringen der Vorspannung
– Aufbringen des Korrosiosschutzes am Ankerkopf

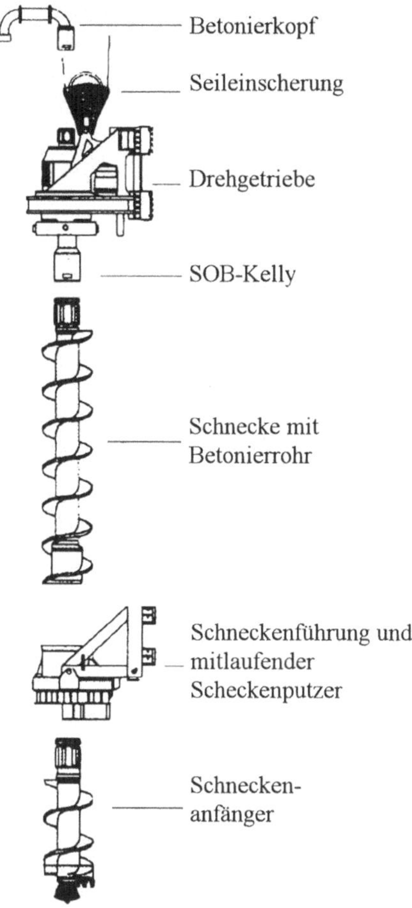

Bild 8.5-5 SOB-System (BAUER)

Der Durchmesser der Bohrung, die Länge und die Neigung des Bohrlochs ergeben sich aus der Statik, sowie aus eventuell erforderlichen Eignungsprüfungen. Die bei der Verankerung von Baugrubenwänden eingesetzten Kurzzeitanker besitzen hochfeste Spanndrahtlitzen als Zugglieder. Die Bohrungen werden mittels Bohrwagen hergestellt (Bild 8.5-9). Das auf einem Raupenfahrwerk montierte Drehbohrgerät besitzt eine schwenkbare Vorschublafette. Die Auswahl des Drehantriebs ist abhängig von der Bodenart, der Bohrtiefe und dem Bohrrohrdurchmesser. Die Ausführung der Bohrung und die Herstellung der Verpreßanker erfordern hohe Sorgfalt, so daß für diese Arbeiten nur gut ausgebildete Fachkräfte eingesetzt werden.

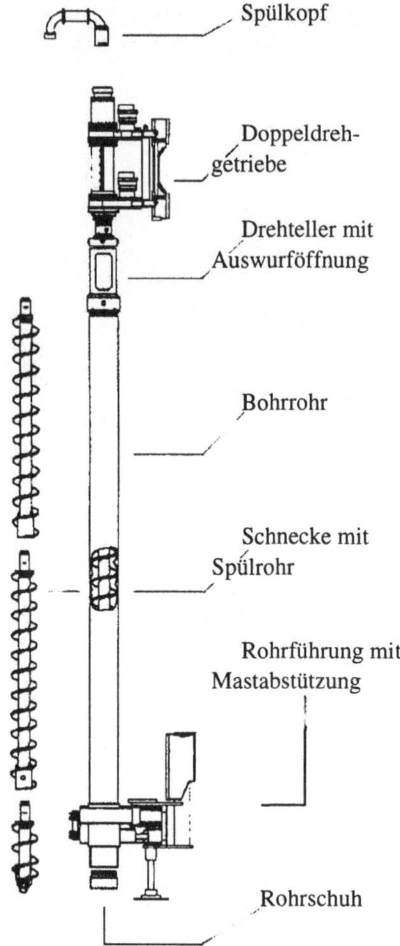

Bild 8.5-6 VdW-System (BAUER)

Daueranker werden sowohl mit Litzen-als auch mit Einstabankern ausgeführt. Bei Dauerankern muß die Funktionsfähigkeit über mehrere Jahrzehnte gewährleistet sein, – deshalb ist dem Korrosionsschutz besondere Aufmerksamkeit zu schenken. Der Spannstahl ist werksseitig mit einer Kunststoffbeschichtung versehen. Der Zwischenraum zwischen dem übergeschobenen Hüllrohr und dem Spannstahl wird verpreßt, meist mit einem Zementmörtel. Der Ankerkopf wird so ausgebildet, daß er jederzeit überprüft werden kann. Im Bedarfsfall können

Bild 8.5-7 Bohrrohrkrone (BAUER)

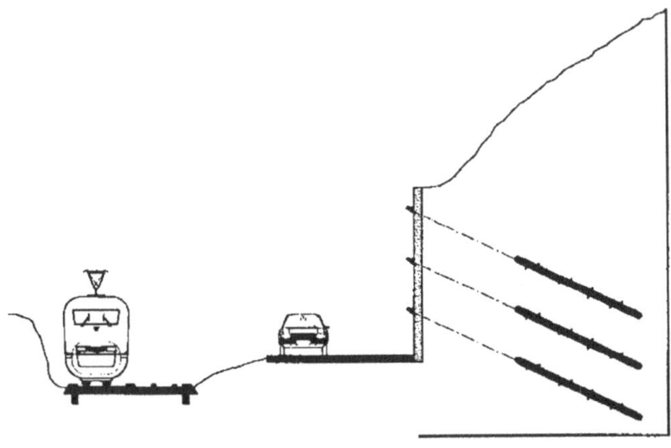

Bild 8.5-8 Daueranker bei Verkehrswegen

Bild 8.5-9 Bohrwagen (Bauer)

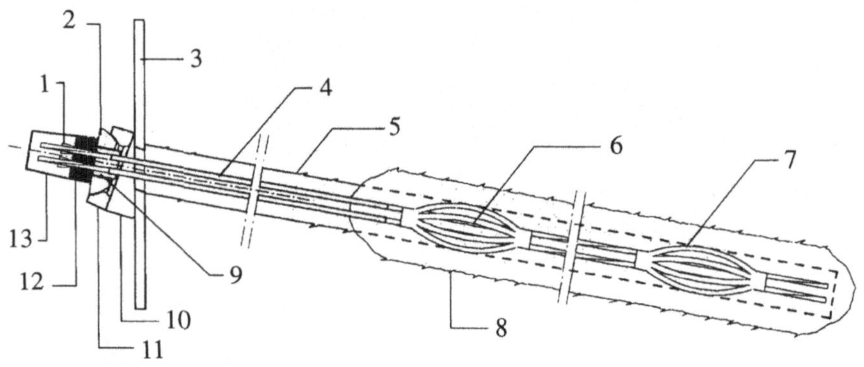

Bild 8.5-10 Kurzzeit-Litzenanker (BAUER)

1 Klemmkeile, 2 Kugelkalotte, 3 zu verankernde Wand, 4 PE-Hüllrohr um Litzen, 5 Bohrloch, 6 Spanndrahtlitze, 7 Abstandshalter, 8 Verpreßkörper, 9 Dichttopf, 10 Auflagerkonstruktion, 11 Kugelplatte, 12 Keilträger, 13 Abdeckkappe

eine Kunststoff- bzw. Stahlkappe gegen Witterungseinflüsse geschützt. Der unter der Schutzkappe vorhandene Hohlraum wird mit Fett ausgefüllt.

8.5.1.3
Spundwände

Spundwandumschließungen von Baugruben bestehen aus einzelnen in den Boden gerammten Spundbohlen aus Stahl. Untereinander sind die Spundbohlen durch sog. Schlösser verbunden. Verschiedene Hersteller bieten eine Reihe von unterschiedlichen Profilformen und -breiten an. Im Tiefbau häufig verwendete Spundwandprofile sind z.B. Larssen 603 der Krupp Hoesch Stahl AG (Bild 8.5-11).

Spundwände werden wegen der verfahrensbedingten Erschütterungen und wegen des Lärms relativ selten bei der Umschließung von innerstädtischen Baugruben eingesetzt. Nachteilig ist auch, daß Spundbohlen im Bereich von kreuzenden Leitungen nicht eingesetzt werden können. Beim Ziehen der Bohlen treten erneut Lärm und Erschütterungen auf und es entsteht ein von der Dicke der Spundbohlen abhängiger Hohlraum, was bei ungünstigen Bodenverhältnissen zu Setzungen führen kann. Bei entsprechenden Bodenarten können die Spundbohlen zur Vermeidung der Lärmbelästigung auch eingepreßt werden.

Spundwände eignen sich gut für Baustellen auf der „grünen Wiese" sowie für Baumaßnahmen im Wasser (z.B. Bau einer Schiffahrtsschleuse) und im Grundwasserbereich (z.B. Bau eines Straßentunnels). Die Spundbohlen werden meist als Doppelbohlen in den Untergrund gerammt oder gerüttelt. Durch den Einsatz von Vibrationsbären (Bild 8.5-12) lassen sich hohe Flächenleistungen erzielen. Die Umwucht des Vibrationsbären bewirkt Längsschwingungen in der Bohle, wodurch die Mantelreibung des Bodens reduziert wird. Gleichzeitig drücken das Eigengewicht der Bohle und das Gewicht des Vibrationsrüttlers die Bohle in den Untergrund. Dieses Verfahren ist gut geeignet für sandige und kiesige Böden. Bei bindigen Böden werden die Spundbohlen meist mit einem Schnellschlag-Rammbär eingerammt oder es wird vorgebohrt. Der Rammbär wird an einem sog. Mäkler geführt, der seinerseits mit einem Hydraulikbagger als Trägergerät verbunden ist.

In Einzelfällen können auch Dieselbären, Dampf- oder Druckluftzylinderbären zum Einsatz kommen.

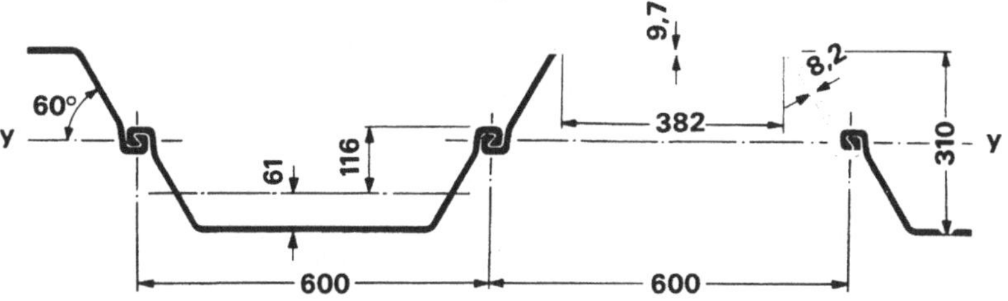

Bild 8.5-11 Spundwandprofil Larssen 603 (HOESCH)

Bild 8.5-12 Vibrationsbär zum Einrütteln von Spundbohlen (KRUPP)

8.5.1.4
Schlitzwand

Die DIN 18313 „Schlitzwandarbeiten mit stützenden Flüssigkeiten" enthält im Abschnitt 0.2 Hinweise, welche Angaben zur Bauausführung in der Leistungsbeschreibung enthalten sein müssen. Wesentliche Punkte sind:

0.2 Angaben zur Ausführung

0.2.9 Arten und Eigenschaften der Schlitzwandbaustoffe, bei Beton und Stahlbeton die geforderte Festigkeitsklasse, Betongruppe und Anforderungen an Beton mit besonderen Eigenschaften nach DIN 1045

0.2.15 Beschränkungen der Länge der Schlitze und der Schlitzwandelemente.

0.2.19 Versuchsschlitze mit dem Zweck der Bodenerkundung, des Standsicherheitsnachweises für den mit Flüssigkeit gefüllten Schlitz oder der Überprüfung der Ausführbarkeit des Verfahrens.

Die Herstellung und die Beseitigung der Leitwände werden inkl. der dazugehörigen Aushubarbeiten nach Länge (m) abgerechnet. Für die Abrechnung der Schlitzwand empfiehlt sich eine getrennte Abrechnung des Bodenaushubs, des

Betons und der Bewehrung, wobei die Bewehrung nach den Stahllisten abgerechnet wird.

Bezüglich der Stützflüssigkeit sieht DIN 18313 folgendes vor:

2.1.1 Die Leistung umfaßt auch das Herstellen der stützenden Flüssigkeit, deren Einleiten in
die Schlitze, Homogenisieren und Ausleiten aus den Schlitzen sowie das Entsorgen der stützenden Flüssigkeit. Ist sie baugrundbedingt schadstoffbelastet, ist ihre Entsorgung Besondere Leistung.

2.1.2 Mit stützender Flüssigkeit vermengter Aushub (gelöster Boden und Fels) geht in das
Eigentum des AN über, soweit der Aushub nicht baugrundbedingt schadstoffbelastet ist.

2.1.3 Nicht mit stützender Flüssigkeit vermengter Aushub geht nicht in das Eigentum des
AN über.

Zum Bauverfahren selbst macht die DIN 18313 keinerlei Angaben oder Vorschriften. Damit bleiben die Gerätewahl, der Bauablauf sowie die Aufbereitung
der Stützflüssigkeit etc. alleinige Angelegenheit des Auftragnehmers. Weichen
die angetroffenen Bodenverhältnisse von den in dem Leistungsverzeichnis be-
schriebenen ab, ist folgende Regelung vorgesehen:

3.1.9 Werden von der Leistungsbeschreibung abweichende Bodenverhältnisse angetroffen,
ist der AG unverzüglich zu unterrichten. Die zu treffenden Maßnahmen, wie z. B. Ändern
der Standsicherheitsnachweise, Ersetzen und Verändern der stützenden Flüssigkeit nach
Qualität und Menge, Ändern der Aushub- und Betonmenge, sind gemeinsam festzulegen;
diese sind Besondere Leistungen.

Schlitzwände sind gut geeignet für die Ausführung von tiefen Baugruben im
innerstädtischen Bereich, insbesondere auch im Grundwasser (GW)-Bereich.
Schlitzwände sind druckwasserdicht. Eine GW-Absenkung erfolgt lediglich im
Baubereich und hat praktisch keine Auswirkungen auf den Bereich außerhalb der
Baustelle. Die Herstellung ist relativ geräusch- und erschütterungsarm. Aufgrund
des Herstellungsprozesses enthält die Schlitzwand weniger Fugen als eine Bohrpfahlwand.

Die Herstellung einer Schlitzwand als Baugrubenumschließung gliedert sich
in folgende Arbeitsschritte:

– Herstellung der Betonleitwände
– Einpumpen der Bentonitsuspension
– Lamellenweiser Aushub des Bodens unter ständiger Zuführung der Bento-
  nitsuspension
– Versetzen der Abschalrohre
– Einsetzen des Bewehrungskorbes
– Betonieren des ausgehobenen Schlitzes

Die Betonleitwände haben eine Höhe von rd. 1,00 bis 1,50 m. Der Abstand zwischen den Wänden entspricht der Dicke der herzustellenden Schlitzwand. Übliche Schlitzwanddicken liegen zwischen 60 cm und 1,20 m. Um ein Kippen der
Leitwände zu verhindern, sollten diese außerhalb des jeweiligen Arbeitsbereichs
mit Kanthölzern oder anderen geeigneten Maßnahmen ausgesteift werden. Die
Leitwände dienen der vertikalen Führung des Schlitzwandgreifers (Bild 8.5-13)

und auch der Abstützung des Bodens im obersten Bereich der Wand, wo verfahrensbedingt Schwankungen des Stützflüssigkeitsspiegels im Dezimeterbereich auftreten. Die Herstellung der Schlitzwand erfolgt lamellenweise (Primär- und Sekundärlamellen).

Die Bentonitsuspension dient während des Aushubs als Stützflüssigkeit gegenüber dem umgebenden Boden. Der Bodenaushub wird mit einem speziellen Greifer vorgenommen. Die übliche Breite des Greifers beträgt 2,80 m, in Einzelfällen bis zu 4,20 m. Der ausgehobene Boden ist mit Bentonitsuspension vermischt. Die Suspension wird über eine Separieranlage zurückgewonnen und

Bild 8.5-13 Schlitzwandgreifer (LIEBHERR)

kann erneut verwendet werden. Wegen der thixotropen Eigenschaft des Bentonits ist eine Entsorgung auf einer Deponie meistens nicht möglich oder wegen der hohen Kosten wirtschaftlich nicht vertretbar.

Nach dem Versetzen der Abschalrohre als seitliche Schalung im Schlitz wird die Bewehrung eingebracht. Der Bewehrungskorb ist für den Antransport, den Hebevorgang durch einen Bagger oder Kran sowie für das Einbringen in den Schlitz ausreichend auszusteifen. Die Bewehrung ist meist mit Stahlrohren als Abstandhaltern bestückt, um die ordnungsgemäße Ausrichtung innerhalb des Schlitzes sicherzustellen. Bei sehr tiefen Baugruben werden die Bewehrungskörbe in einzelnen Segmenten eingebracht, die mit Seilklemmen miteinander verbunden werden.

8.5.2
Großbohrpfähle

Großbohrpfähle werden häufig mit Durchmessern von 60 cm bis 150 cm, in Einzelfällen mit einem Durchmesser von bis zu 250 cm ausgeführt. Als Bohrgeräte kommen entweder Verrohrungsanlagen (Bild 8.5-4) oder Trockendrehbohrverfahren zum Einsatz. Der Arbeitsablauf ist der gleiche wie unter dem Abschnitt „Baugrubenumschließungen" beschrieben. Die wirtschaftlich erfolgreiche Bauabwicklung und die bautechnische Qualität der Großbohrpfähle hängt im wesentlichen von der Arbeitskolonne ab.

Ein wesentlicher Vorteil der Großbohrpfähle ist, daß sie große Bauwerkslasten aufnehmen können, z.B. bei der Gründung von Hochhäusern. Das Verfahren ist für praktisch alle Bodenarten geeignet. Bei unerwartet im Boden auftretenden Hindernissen (Felsbänke etc.) können diese durch Einsatz von Felsmeißeln oder Felsbohrkronen zügig beseitigt werden.

Herkömmliche Verfahren zur Prüfung der Tragfähigkeit eines Großbohrpfahles sind statische bzw. dynamische Probebelastungen. Probebelastungen dienen der Ermittlung der aufnehmbaren Belastung und damit der späteren Festlegung der Pfahllängen und -durchmesser für die Gründung eines Bauwerks. Bei der statischen Probelastung wird die Last im Regelfall über im Boden eingebrachte Verpreßanker und eine über dem zu prüfenden Pfahl angeordnete Preßkrone (Bild 8.5-14) aufgebracht. Statische Prüfmethoden sind jedoch aufwendig und zeitraubend. Wesentlich schneller kann eine Pfahlprüfung mittels einer zerstörungsfreien, dynamischen Methode erfolgen. Hierbei wird eine Stoßwelle erzeugt, deren Verlauf u.a. Rückschlüsse auf die Tragfähigkeit des Pfahls liefert. Die Interpretation der Meßergebnisse ist relativ kompliziert und verlangt langjährige Erfahrung.

Bild 8.5-14 Pfahltest mit Injektionszugankern (BAUER)

Für Qualitätsprüfungen bei Großbohrpfählen stehen mehrere Verfahren zur Verfügung. Über Kernbohrungen kann man die Würfeldruckfestigkeit des Betons über die gesamte Pfahllänge ermitteln. Allerdings ist das Verfahren relativ kostspielig und zeitaufwendig. Die sog. Integritätsprüfung ist ein zerstörungsfreies Meßverfahren, bei dem am Pfahlkopf kurzzeitig eine Druckkraft eingeleitet wird (Hammerschlag). Dadurch wird eine vertikal den Pfahl hinablaufende Druckwelle erzeugt, die am Pfahlfuß reflektiert wird und als Zugwelle nach oben zurückläuft. Druck- und Zugwelle werden von Beschleunigungsaufnehmern gemessen. Aus diesen Ergebnissen lassen sich Rückschlüsse auf die Betongüte ziehen.

Die Ultraschallprüfung ist eine weitere zerstörungsfreie Meßmethode, bei der Ultraschallsender und -empfänger eingesetzt werden. Sender und Empfänger werden in Stahlrohren geführt, die im Bohrpfahl an 4 oder 6 gegenüberliegenden Punkten angeordnet sind (Bild 8.5-15). Gemessen wird jeweils die Geschwindigkeit zwischen Sender und Empfänger. Bei Stahlbeton liegen die Schallgeschwindigkeiten zwischen 3 500 und 4 000 m/sec. Sind Fehlstellen im Beton vorhanden, wird dies an einem deutlichen Abfall der Schallgeschwindigkeit erkennbar. Die Meßergebnisse werden graphisch dargestellt, so daß eventuelle Fehlstellen gut lokalisiert werden können.

Bild 8.5-15 Bewehrungskorb mit Rohren für die Ultraschallprüfung bei einem Großbohrpfahl (Grund- und Pfahlbau)

8.5.3
Dichtwandumschließungen

Man unterscheidet bei Dichtwandumschließungen zwischen Dichtwänden, die analog zu Schlitzwänden hergestellt werden und den sog. Schmalwänden. Der Aushub für Dichtwände wird mittels Schlitzwandgreifer oder mit einer Schlitzwandfräse vorgenommen. Schmalwände werden unter Einsatz einer Vibrationsbohle hergestellt.

8.5.3.1
Dichtwände

Dichtwände dienen der seitlichen Umschließung von Deponien oder kontaminierten Standorten, den sog. Altlasten. Die Herstellung der Wand erfolgt wie bei der Schlitzwand für Baugrubenumschließungen lamellenweise (Primär- und Sekundärschlitze). Die Sekundärschlitze schneiden in die noch nicht ausgehärteten Primärschlitze mit einem gewissen Überschneidungsmaß ein. Dieses beträgt in Abhängigkeit von der Schlitztiefe bei rd. 20 bis 30 cm. Die auszuführende Tiefe der Dichtwand wird anhand von vorangegangenen Sondierungsbohrungen festgelegt. Die Schlitzwand bindet in den undurchlässigen Untergrund ein. Die Einbindetiefe wird von dem jeweils eingeschalteten Büro für Geotechnik festgelegt.

Bezüglich der Dichtwandmassen unterscheidet man das Einmassen- und das Zweimassenverfahren. Das Einmassenverfahren umfaßt beim Einsatz eines Schlitzwandgreifers folgende Arbeitsschritte:

— Herstellen der Betonleitwand
— Lamellenweiser Bodenaushub bei ständiger Zuführung einer Bentonit-Suspension
— Überprüfung der Solltiefe der Lamelle und der Einbindetiefe in den undurchlässigen Untergrund

Sofern ausreichend Platz zur Verfügung steht, erfolgt der Bodenaushub im Bereich der Leitwand mit einem Bagger. Geschalt werden nur die der späteren Dichtwand zugewandten Flächen der Leitwand. Betoniert wird gegen diese Innenschalung und gegen die geböschte Baugrube. Dadurch erspart man die Außenschalung (Einschalen, Aussteifen, Ausschalen) sowie die spätere Hinterfüllung der Leitwand.

Die Bentonit-Suspension verbleibt beim Einmassenverfahren im Schlitz, härtet dort aus und bildet infolge der ineinander übergreifenden Lamellen eine fugenlose, dichte Wand um die einzuschließende Altlast oder Deponie. Für die Dichtwandsuspension sind umfangreiche Eignungs- und Überwachungsprüfungen vorzunehmen. Mit werksseitig hergestellten Fertigmischungen wird ein hoher Qualitätsstandard sichergestellt. Die einzuhaltenden Durchlässsigkeitswerte richten sich im allgemeinen nach dem Baugrundgutachten und schwanken je nach den spezifischen Anforderungen zwischen $k_f = 10^{-8}$ und $k_f = 5 \times 10^{-10}$ m/sec.

Sind besonders gefährliche Substanzen im Sickerwasser des kontaminierten Standorts enthalten, wie z.B. bei einer Sonderabfalldeponie, kann als zusätzliche Sicherheitsmaßnahme eine Kunststoffdichtungsbahn in die noch frische Suspension eingebracht werden. Die einzelnen, meist 5,0 m breiten Bahnen sind über entsprechend ausgebildete Schlösser miteinander verbunden.

Die Standardlänge eines Schlitzwandgreifers beträgt 2,80 m. Die Breite des Greifers entspricht der der auszuhebenden Dichtwand und beträgt üblicherweise 60 bzw. 80 cm. Die Flächenleistung pro Gerät und Arbeitstag beträgt rd. 100 m², Wenn die Schlitztiefen relativ gering sind, kann von dem üblichen Herstellschema (Primärschlitze 1, 3, 5...; Sekundärschlitze 2, 4, 6..) auf ein anderes Schema umgestellt werden (Bild 8.5-16) (Gossow, V., 1994). Der Greifer führt den Aushub des Bodens durch, wobei er auch hier zu beiden Seiten immer im gleichen Medium geführt wird, d.h. entweder beidseitig im Boden oder beidseitig in der Dichtwandmasse. Die Schlitzfolge ist dann:

— Arbeitsschritt 1: Lamellen 1, 3, 2
— Arbeitsschritt 2: Lamellen 5, 7, 6
— Arbeitsschritt 3: Lamelle 4
— Arbeitsschritt 4: Lamellen 9, 11, 10 etc.

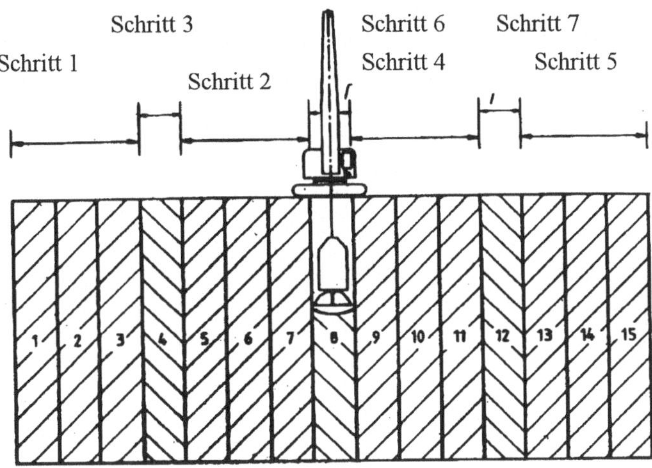

Bild 8.5-16 Lamellenweiser Schlitzwandaushub

Beim Zweimassenverfahren wird die zunächst verwendete Stützflüssigkeit gegen eine feststoffreichere Dichtwandmasse im Kontraktorverfahren ausgetauscht. Um einen einwandfreien Austausch sicherzustellen, muß ein ausreichend großer Dichteunterschied zwischen den Suspensionen bestehen. Der Vorteil dieses Zweimassenverfahrens liegt darin, daß die zweite, in der Lamelle verbleibende Dichtwandmasse auf die jeweiligen Anforderungen bezüglich der Sickerwasserresistenz optimiert werden kann.

Bei der Herstellung von Dichtwänden kann statt des Schlitzwandgreifers auch eine Schlitzwandfräse eingesetzt werden. Der Boden wird bei diesem Verfahren durch gegenläufig rotierende Fräsräder gelöst und zerkleinert. Die Fräsräder sind am unteren Ende eines Stahlrahmens befestigt (Bild 8.5-17). Das Lösen und die Förderung des Bodens erfolgen kontinuierlich. Das Gemisch aus Boden und Dichtwandsuspension wird über eine Regenieranlage geführt. Die zurückgewonnene Suspension kann erneut eingesetzt werden. Mit der Schlitzwandfräse läßt sich eine hohe Ausführungsgenauigkeit erreichen.

Zur Überprüfung der Vertikalität sind im Fräsrahmen elektronische Inklinometer installiert. Auf einem Monitor kann der Gerätefahrer eventuelle Abweichungen von der Vertikalen erkennen und entsprechende Gegenmaßnahmen ergreifen. Der Arbeitsablauf gliedert sich in folgende Arbeitsschritte:

- Voraushub mittels Hydraulikbagger
- Fräsen des Primärschlitzes
- Fräsen des Mittelstiches des Primärschlitzes
- Einbau des Bewehrungskorbes
- Betonieren des Primärschlitzes im Kontraktorverfahren
- Fräsen des Sekundärschlitzes

– Einbau des Bewehrungskorbes
– Betonieren des Sekundärschlitzes

Die Fräse ist in praktisch allen Bodenarten einsetzbar, d.h. vom Lockergestein bis hin zu mittelhartem Fels.

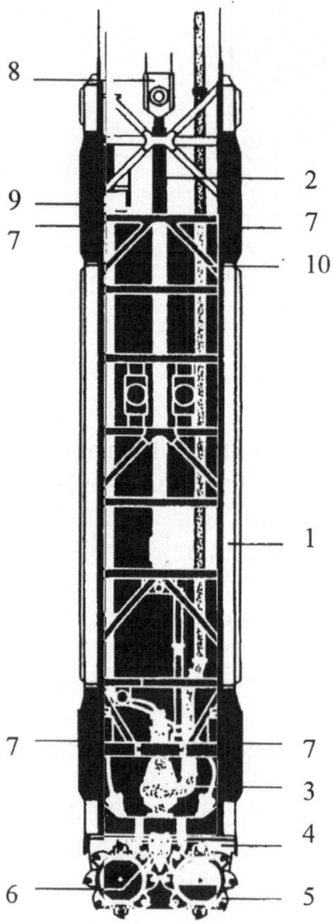

Bild 8.5-17 Schlitzwandfräse (BAUER)

1 Fräsrahmen, 2 Fräszylinder, 3 Förderpumpe, 4 Getriebe, 5 Fräsräder, 6 Saugkasten, 7 Steuerklappen, 8 Seilflansche, 9 Hydraulikschläuche, 10 Förderschlauch

Schlitzwandfräsen werden außer bei der Herstellung von Dichtwänden auch für den Bau von Schlitzwänden bei tiefen Baugruben im Innenstadtbereich eingesetzt. Insbesondere in Japan hat sich diese Bauweise durchgesetzt. Hier sind teilweise Tiefen der Schlitzwände von bis zu 100 m und mehr ausgeführt worden.

Die Investitionskosten für eine Fräse sind hoch. Nur einige wenige Baufirmen in Deutschland verfügen über eine Schlitzwandfräse in ihrem Gerätepark, weil ein wirtschaftlicher Einsatz nur dann gegeben ist, wenn die Fräse bei mehreren Großaufträgen hintereinander kontinuierlich eingesetzt werden kann.

8.5.3.2
Schmalwände

Schmalwände haben, wie der Name schon sagt, gegenüber Dichtwänden eine relativ geringe Dicke. Diese beträgt verfahrensbedingt etwa 8 cm (Bild 8.5-18). Bei der Herstellung der Schmalwand wird ein Breitflanschträger (IPB 500 bis IPB 1000) mittels Vibrationsbär bis auf die Soll-Tiefe gerammt. An dem besonders geformten Trägerfuß sind eine oder mehrere Einpreßdüsen installiert. Durch diese wird bei gleichzeitigem Ziehen des Stahlträgers die Dichtwand-Suspension, bestehend aus Bentonit, Zement und Wasser, in den während des Ziehens der Bohle sukzessive entstehenden Schlitz hineingepreßt. Die effektiv vorhandene Dicke der Schmalwand hängt von der Bodenart und vom Einpreßdruck ab. Bei kiesigem Untergrund dringt die Dichtwandmasse in die Porenräume des umgebenden Bodens ein, was zu einer Vergrößerung der Soll-Dicke führt.

Um eine fugenlose Wand zu erhalten, schneidet die Bohle mit einem bestimmten, vorgegebenem Maß in die noch frische Suspension des jeweiligen Vorgängerschlitzes ein Das Überschneidungsmaß wird in Abhängigkeit von der Soll-Tiefe der Schmalwand festgelegt. Die bautechnische Qualität der Dichtwand hängt von der präzisen Ausführung, d.h. von exakt vertikal geführten Bohlen ab. Es sind ständige Meßkontrollen notwendig, um Richtungsabweichungen zu vermeiden. Die Flächenleistungen sind bei einer sorgfältigen Geräteauswahl und einer eingespielten Kolonne gegenüber normalen Dichtwänden wesentlich höher. Die mittlere Tagesleistung liegt bei rd. 500 bis 600 m^2.

Schmalwände als Dichtungswände sind relativ kostengünstig herzustellen. In Deutschland wurde das Verfahren bisher nur einige wenige Male eingesetzt. In erster Linie ist dies mit den bestehenden Bedenken wegen der Störanfälligkeit gegenüber Ausführungsfehlern begründet. In Österreich hat man dagegen gute Erfahrungen mit Schmalwänden gemacht. Hier sind eine große Zahl von kontaminierten Standorten mit diesem Verfahren umschlossen worden. In geeigneten Böden sind Tiefen von bis zu 35 m mängelfrei ausgeführt worden.

Der Wunsch nach Kontrollmöglichkeiten für die Funktionsfähigkeit der Dichtwand hat zur Entwicklung des „Wiener Kammersystems" geführt. Es handelt sich hierbei um eine doppelte Schmalwand, die in Abständen von rd. 50 bis 70 m durch Querschotten, die aus dem gleichen Dichtwandmaterial bestehen, verbunden sind. Es entstehen damit einzelne Dichtwandkammern. Durch Absenken des Wasserspiegels innerhalb der zu prüfenden Kammer und Messung der – allerdings sehr geringen – zufließenden Wassermengen kann der Durchlässigkeitswert der Schmalwand rechnerisch ermittelt werden. Die Schmalwand ist dicht im bautechnischen Sinne, wenn der k_f-Wert kleiner als 5 x 10^{-8} m/sec ist.

Als zusätzliche Sicherheitsmaßnahme wird beim Kammersystem der Wasserspiegel innerhalb der kontaminierten Bereichs niedriger gehalten als der Wasserspiegel innerhalb der Kammern. Dadurch wird sichergestellt, daß kein kontaminiertes Sickerwasser in die Kammern eintreten kann.

Bild 8.5-18 Schmalwand (BAUER)

8.5.4
Grundwasserschonende Bauweisen

Der Schutz des Grundwassers vor Verunreinigungen hat umweltpolitisch einen hohen Stellenwert, deshalb werden seitens der Genehmigungsbehörden Grundwasserabsenkungen nur relativ selten zugelassen. Bei Baumaßnahmen unterhalb des GW-Spiegels kommen besondere Bauverfahren des Tiefbaus zur Anwendung.

8.5.4.1
Bau von Unterführungen

Zunächst wird der Baubereich mit einer Spundwand umschlossen. Bei tiefen Baugruben müssen die Spundwände rückverankert werden. Anschließend wird eine wasserdichte Sohle hergestellt. Dies kann mittels eines Injektionsverfahrens geschehen, bei dem die Injektionsrohre bis auf die gewünschte Tiefe eingebracht werden. Über Manschettenrohre wird mit Hilfe eines Packers die Abdichtungsmischung in den Untergrund eingebracht. Die eingebrachte Suspension besteht aus einer Bentonit-Zementmischung, wobei das Bentonit für die abdichtende Wirkung sorgt. Die Dicke der Sohle wird in Abhängigkeit von den herrschenden Auftriebskräften gewählt.

Bei einem weiteren Verfahren zur Herstellung einer Sohlabdichtung wird die Suspension mittel Hochdruck eingebracht. Die Hochdruckinjektion (HDI) führt zu einem Auffräsen des Bodens mittels Wasserstrahl. Die Suspension wird durch eine separate Einpreßdüse in den Boden gepreßt. Durch eine Überschneidung der einzelnen Injektionskörper entsteht eine durchgehend dichte Sohle. Bei tiefen Baugruben mit hohem GW-Stand kann es notwendig werden, die Baugrubensohle zusätzlich durch Verpreßanker gegen den Auftrieb zu sichern. Die Anker werden von einem Ponton aus in den Boden eingebracht. Anschließend wird die Unterwasserbetonsohle (bewehrt oder unbewehrt) hergestellt. Nach dem Abpumpen des Wassers können die nachfolgenden Arbeiten für die Fertigstellung des Bauwerks in der trockenen Baugrube ausgeführt werden.

8.5.4.2
Senkkästen

Senkkästen finden Anwendung in Bereichen, wo eine Grundwasserabsenkung nicht zulässig ist oder einen wirtschaftlich unverhältnismäßig hohen Aufwand erfordern würde. Mittels Senkkastenverfahren werden z.B. Pumpstationen, Klärbecken oder auch Anfahrtschächte im Tunnelbau ausgeführt. Dabei wird praktisch der komplette Rohbau des zu erstellenden Bauwerks in den Boden abgesenkt. Besonders geeignet sind Senkkästen in gleichförmigem, sandig-kiesigem Untergrund.

Zunächst wird die Arbeitskammer hergestellt. Als Schalung für die Unterseite der Kammer dient ein trapezförmig aufgebauter, verdichteter Erdkörper. Da die Arbeitskammer nach unten hin offen ist, lassen sich eventuell vorhandene Hindernisse wie z.B. Findlinge leicht orten und relativ problemlos entfernen.

In der Decke der Arbeitskammer befinden sich Material- und Personenschleusen bzw. eine Rohrdurchführung, wenn der Boden abgepumpt wird. Das Lösen des Bodens erfolgt mittels einer der verfügbaren Arbeitshöhe von rd. 2,50 m angepaßten, elektrisch betriebenen Raupe oder mittels Druckwasserspülung. Eine Wasserkanone löst dabei den Boden. Das anfallende Boden-Wassergemisch wird abgepumpt und zu einem Absetzbecken geführt, wo sich der geförderte Sand ablagert. Das Wasser läuft im natürlichen Gefälle ab und wird zur Arbeitskammer zurückgepumpt.

Der Absenkungsvorgang wird hydraulisch gesteuert, um ungleichmäßige Setzungen zu vermeiden. Der Fußbereich des Senkkastens besitzt eine besonders ausgebildete Schneide (Bild 8.5-19). Der seitliche Überstand ist zur Reduzierung der Reibung zwischen Boden und Außenwand des Senkkastens mit Bentonit gefüllt. Um die Schneidenunterkante zu schützen, ist diese häufig mit einem Stahl- U-Profil geschützt.

Für die unterhalb des GW-Spiegels auszuführenden Arbeiten sind besondere arbeitstechnische Sicherheitsvorkehrungen zu treffen. Für das Personal sind ärztliche Vorsorgeuntersuchungen vorgeschrieben. Die Arbeitszeiten unter Druckluft sind gemäß den Unfallverhütungsvorschriften streng limitiert. Für die Ein- bzw. Ausschleusung sind entsprechende Mindestaufenthaltszeiten vorgeschrieben, um eine Gesundheitsgefährdung für die Arbeitskräfte auszuschließen.

Der Absenkvorgang muß ständig bezüglich der Richtungsgenauigkeit überwacht werden. Gewisse Abweichungen sind verfahrensbedingt unvermeidlich
und müssen daher schon bei der Planung des Bauwerks berücksichtigt werden.
Nach Erreichen der Solltiefe wird die Arbeitskammer ausbetoniert. Zunächst
wird eine Unterwasserbetonsohle eingebracht. Anschließend wird das in der
Kammer anstehende Wasser abgepumpt und der noch verbliebene Hohlraum in
der Arbeitskammer sowie die Aussparungen in der Decke der Kammer mit Beton verfüllt.

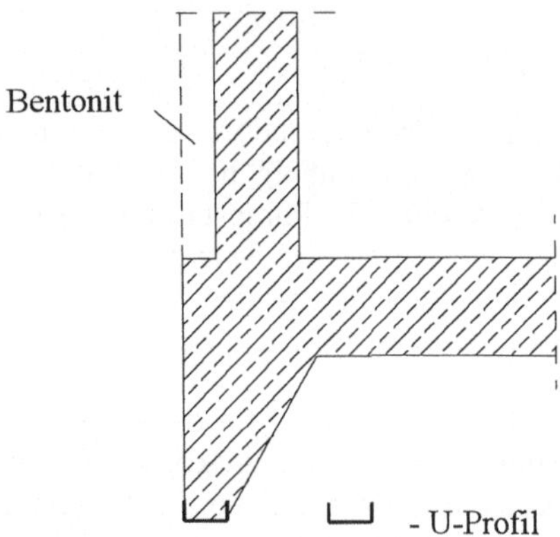

Bild 8.5-19 Ausbildung der Schneide

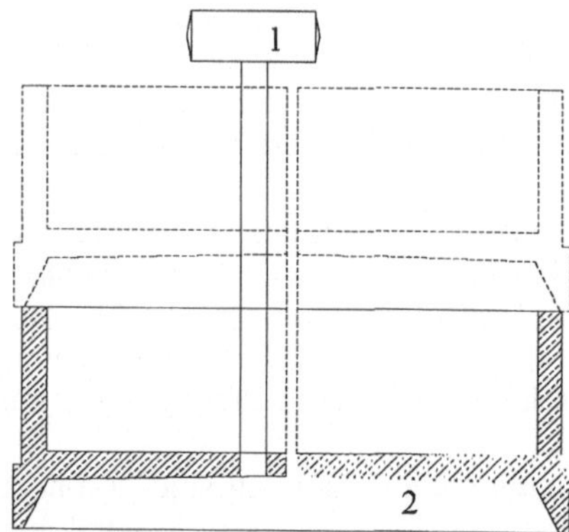

Bild 8.5-20 Senkkasten.
1 Druckluftschleuse, 2 Arbeitskammer

Literatur

Diederichs, C.J.; Hepermann, H.:
Durchgängige Kostenplanung, Kontrolle und Steuerung mit Leitpositionen für Leistungsbereiche.
BW (1983) 25/26, S. 982 ff

Gossow, V.:
Revitalisierung am Beispiel zweier Industriestandorte.
Konferenz „Altlastensanierung auf Betriebsgrundstücken".
Management Circle,·30./31. August 1994

König, H.:
Maschinen im Baubetrieb – Grundlagen und Einsatzbereiche.
Wiesbaden und Berlin: Bauverlag 1996

Maidl, B.:
Handbuch des Tunnel- und Stollenbaus. Band I: Konstruktionen und Verfahren.
Essen: Glückauf 1994

Petzold, J.:
Sprengstoffe und Zündmittel für die Anforderungen des Tunnelbaus.
Nobelhefte 6. (1996) 1/2

Sachverzeichnis